睢宁县水利志

(1998—2020)

睢宁县水务局 编

主　修　王甫报
副主修　王保乾　徐俊伟　赵亚德

中国矿业大学出版社
·徐州·

图书在版编目(CIP)数据

睢宁县水利志:1998—2020 / 睢宁县水务局编. —徐州:中国矿业大学出版社,2022.3
 ISBN 978-7-5646-5319-4

Ⅰ.①睢… Ⅱ.①睢… Ⅲ.①水利史－睢宁县－1998－2020 Ⅳ.①TV-092

中国版本图书馆 CIP 数据核字(2022)第 036941 号

书　　名	睢宁县水利志(1998—2020)
编　　者	睢宁县水务局
责任编辑	潘利梅　于世连
出版发行	中国矿业大学出版社有限责任公司
	(江苏省徐州市解放南路　邮编 221008)
营销热线	(0516)83885105　83884103
出版服务	(0516)83995789　83884920
网　　址	http://www.cumtp.com　E-mail:cumtpvip@cumtp.com
印　　刷	苏州市古得堡数码印刷有限公司
开　　本	787 mm×1092 mm　1/16　印张 22　彩插 16　字数 420 千字
版次印次	2022 年 3 月第 1 版　2022 年 3 月第 1 次印刷
定　　价	128.00 元

(图书出现印装质量问题,本社负责调换)

睢宁县水利志（1998-2020）

水务办公

县水务局门厅

县防汛抗旱指挥中心

指挥中心视频监控

河长制

节水教育基地

水利工程

徐洪河

张庄桥

故黄河

新龙河

睢北河

潼河官山镇段

睢宁县水利志（1998—2020）

水利工程

凌城闸

凌城抽水站

沙集闸

高集抽水站

庆安水库

清水畔水库

工程施工

故黄河魏集滚水坝施工

水冲法疏浚河道

大型桥梁工程(徐沙河文学路桥)

渠槽开挖

支管埋设

———— 睢宁县水利志（1998-2020）

农田水利

内三沟

防渗渠道

高效节水 滴管种菜

村庄河塘治理

小型泵站

万亩丰产方

地面水厂

地面水厂全景

沉淀池

反冲洗泵房

液氧站

送水泵房

高配间

污水处理

城东污水处理厂

创源污水处理厂

魏集镇污水处理厂

李集镇污水处理厂

王集镇鲤鱼山庄污水处理站

水利景观

房湾湿地

房湾湿地傍晚

白塘河湿地

梁山水库

城区河道

县城区小沿河整治

县城区云河

睢宁县水利志（1998—2020）

领导关怀

时任省长石泰峰来睢调研农村水利工作

时任省政协主席张连珍视察水美乡村工作

省政协主席黄莉新（左二）视察睢宁水利

省水利厅厅长陈杰参加项目评审

省水利厅副厅长朱海生在睢宁召开现场会

时任省水利厅副厅长叶健来睢检查农村饮水安全工作

省南水北调办副主任郑在洲检查工作

省水利厅副厅长王冬生来睢调研

领导关怀

徐州市委书记庄兆林（左四）到睢调研

徐州市委常委、统战部长毕于瑞来睢巡河

徐州市水务局局长杨勇指导睢宁农业水价综合改革工作

县委书记苏伟（右二）调研水利重点工程

县长张晨（左二）调度防汛抗旱工作

睢宁县水利志（1998-2020）

编纂人员

县水务局领导班子讨论工作

主修（局长）王甫报

主编王保乾

副主编徐俊伟

副主编赵亚德

顾问班子自左至右武献云、王保乾、陈庆仪、李永才

编纂办主任张健（中）、副主任王万里（右）、采编李迎（左）

睢宁县水利志（1998-2020）

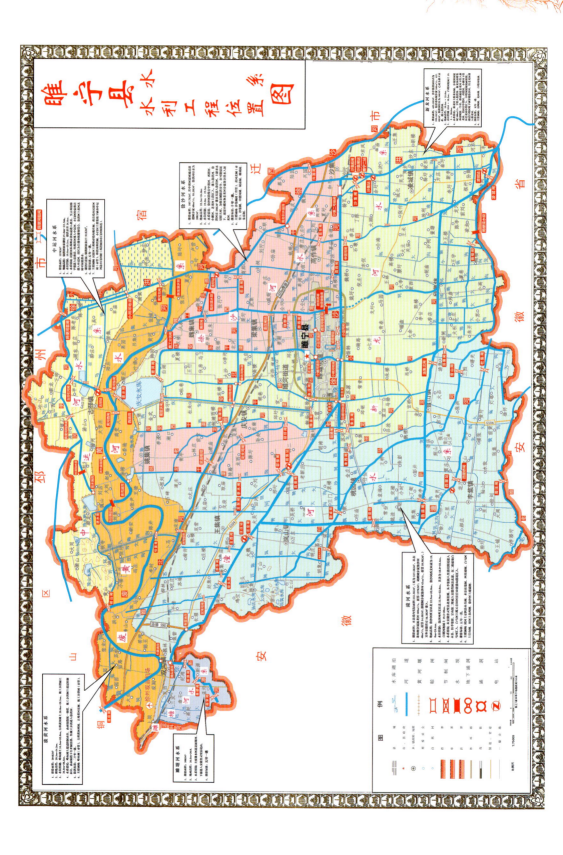

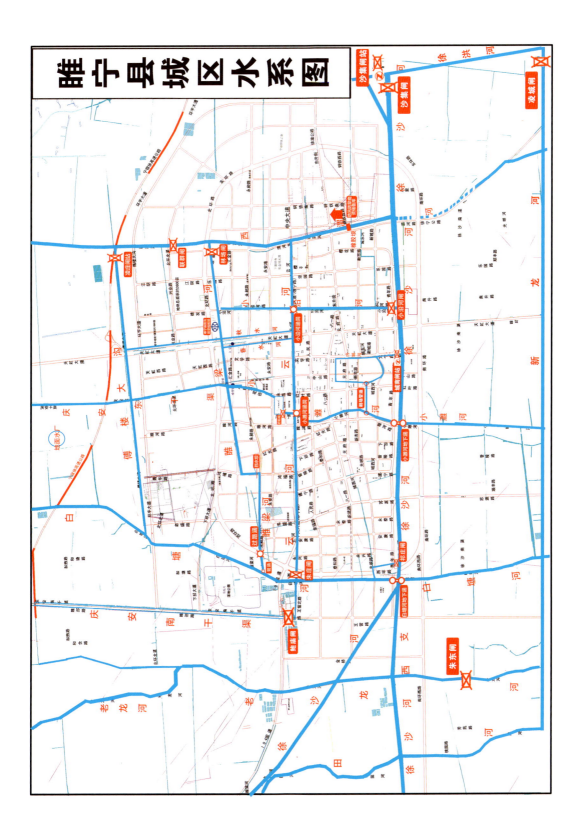

睢宁县水利志（1998-2020）

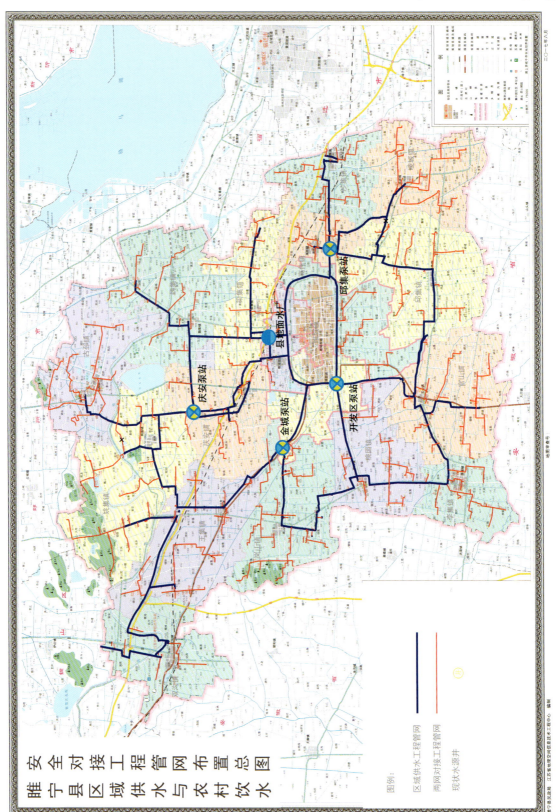

《睢宁县水利志(1998—2020)》编纂领导组

组　　　长	王甫报
副 组 长	徐俊伟　赵亚德
成　　　员	赵　亮　刘彦菊　刘　峰　朱　培
	张　超　戈振超　刘　晓
首 席 顾 问	王保乾
顾　　　问	陈庆仪　武献云　李永才
主　　　编	王保乾
副 主 编	徐俊伟　赵亚德
文 字 校 阅	武献云　周立云
编纂办主任	张　健
副 主 任	王万里
工 作 人 员	李　迎
照 片 组 合	周立云　李　迎
封 面 设 计	单一华
资 料 采 编	王　辉　王万里　王吉青　王明甫
	孙远科　朱　辉　许　宁　余家军
	张　伟　张　健　张　曼　张　颖
	张彦军　杨　君　单小雨　周　亮
	周　辉　周立云　郑之超　侯奥运
	赵海洲　徐　立　郭春玲

序

江河行地,奔流不息。水与文明息息相关,作为滋养古代文明的重要源泉,不曾间断地输送着自己的能量,浇灌着流域内的土地。在华夏先民依赖水、认识水、利用水的同时,水亦塑造淘染了中华民族的性格,对中国文化与哲学思想的形成和发展产生了深远的影响,甚至在一定程度上决定了中华文明的形态。

水运连着国运。治水用水对于经济社会发展起举足轻重,甚至决定性作用,水的分量很重。古往今来,水利事业不仅为社会创造了巨大的物质财富,而且也为社会创造了宝贵的精神财富。老子曰:上善若水。孔子曰:智者乐水。古代圣贤们对于水可谓相当推崇,也将智慧的至高境界形容为水。古语中"人往高处走,水往低处流",就是运用水自高而下的运动法则,寓意人心本向上,赓续攀登。

古睢宁北有泗水,南有睢水,尚属洪水安流。自1194年,黄河侵泗夺淮流经睢宁的661年间,河堤频繁决口,全县人民深受其害。地形大幅度变化,大量肥沃土地被淹没,人民死伤众多,存者流离失所,成为睢宁人民长期、艰苦的负担。1855年黄河虽再度北迁,睢宁仍旧灾害频繁。新中国成立后,在党和政府的领导下,人们兴利除害、改造山河。山、水、田、林、路统一规划,库、站、闸、坝、井、涵、桥统一建设,进行了系统的、长期的、波澜壮阔的治水工程。几代人筚路蓝缕,兴办了大量水利工程,水利面貌发生了翻天覆地的变化。睢宁大地田成方、渠相通、路相连,旱能灌、涝能排、渍能降,农业高产、稳产,基础牢固。系统又规模宏大的治水工程,凝聚了水利人默默付出的汗水,取得了辉煌的成就。水利事业成为保障人民生命财产安全、维持社会安定和经济高质量发展的重要基础。睢水安宁,水晏河清。

走进新时代,"节水优先,空间均衡,系统治理,两手发力"的新时期治水思路,对水利事业全面高质量发展提出了更高的要求。全力推进水利水务工程建设、提升改革创新和治理能力,统筹城乡、"供排节管用"融合,促进全县水安全保障、水资源保护、水污染防治、水环境治理、水生态修复、水景观打造、水管理补短、水经济发展和水文化彰显的跨越式发展,奋力实现"五水引领"下"全域无积水""全域消除黑臭水体"的生态水美格局,着力防范水之害、破除水之弊、大兴水之利、彰显水之善,为早日建成"全面转型、全域美丽、全民富裕"的新睢宁提供更加可靠的水基础保障。水利水务系统大有可为、大有作为、责无旁贷。

当代修志,以类系事。志广、明目,反映历史规律。首版《睢宁县水利志》出版于2000年初,记录了古往今来的水利发展过程,特别是较详细记载了新中国成立到1998年间睢宁水利建设历程,是睢宁水利的真实记录。之后的23年,全县经济社会发展和全国一样,取得了令世界瞩目、让世人惊叹的成就。值"十四五"开局之年,翔实记述23年来全县水利事业发展的蓬勃历程,对2000年出版的志书进行了补充、完善和勘误,并在此基础上,开启新的征程,赓续水利辉煌,把县委、县政府擘画的"五水引领"生态水美睢宁变为"全域美丽"的生动实践,非常有必要。由现任的同志提议,系统同志共同酝酿,水利系统的新老同志传帮带编写,数易其稿,本书是编写人员的辛勤劳动和水利系统广大干部职工共同努力的结晶。

水中蕴藏的智慧无穷无尽,贵在锲而不舍、水滴石穿,也贵在刚柔并济、源远流长。读懂水中哲学,能产生对生命的另一种参悟。漆园多乔木,睢水清粼粼。

愿睢宁水利水务事业更加兴旺发达,前途更加美好!

苏 伟

2021年10月27日

注:苏伟,睢宁县委书记。

前　言

我与水利结缘,是偶然中的必然——我在各种影响下,在自己人生重要节点上的几次偶然选择,成了学习并从事这一职业的必然。

初识水利:江天一色无纤尘

童年就帮着家里干农活,这是出生并成长在农村的人的共同记忆。由于家庭的因素,我比大多数同龄人干农活更早一些。水对于农业生产的重要性,最直观地体现在水稻栽插时争水、抢农,不时发生纠纷,甚至肢体冲突。中学的点滴和毕业前的思考也促使我在填报高考志愿时把江苏农学院(今扬州大学农学院)的"农田水利工程"专业放在了最有把握的位置。参加工作之后,经历了县直属单位和镇的多个岗位,是冥冥中注定,是"用专业的人做专业的事"的"众望所归",也是得偿所愿,我怀着崇敬和感恩之心来到睢宁县水利局的岗位上。

自知者明:正确认识自我

我对睢宁水利的真正了解,始于参加工作之后。在县农开局时,适逢《睢宁县水利志》(2000年版)出版发行,装帧排版,图文并茂,翔实严谨,62万余字的篇幅,读下来特别过瘾。它验证了自己成长中的记忆,如用"水洗、压"代替田青改良盐碱地、河水换井水不再打架争水,原来"东大渠"叫"袁圩干渠",经过了几代人的付出才奠定了梯级河网布局,保障了经济社会高质量发展,水利的作用无可替代。后来,到县政府办公室跟着分管"三农"工作的领导,更需要熟悉全县的相关情况,水是基础,更是保障,引灌排与防汛抗旱相得益彰。到镇里,无论是水系景观丰富的城区,还是古邳的黄河、庆安水库、黄墩湖,越发感觉到做好涉水工作,任务繁重,责任重大。到水利局之后,才真正明白要把水利工作做好,真不是一件容易的事。

"三百六十行,行行出状元。"选择职业时,的确有利弊得失的某种思考,会用"值不值得""好与不好"来评估衡量,甚至带有一些功利性质。"自知,是最大的精神财富",自己最终还是要想明白、想清楚,别人适合的职业,不一定就适合自己;别人干得好的职业,不一定自己就会干得好。最重要的,还是选择适合自己的职业,这才是最好的职业。

在水言水:总结、回顾、学习、提升与传承

站在"两个一百年"的交汇点上,从"靠天吃饭"到"旱涝保收",再到民生水利;从防汛抗旱到水利水务一体,再到城乡供排水一体化。党领导下的水利事业始终坚持以人民为中心,以服务保障经济社会发展为使命,适应县情水情特点,适应各个时期中心工作需要,不断优化调整治水方针思路和主要任务,革故鼎新、攻坚克难,以治水成效支撑和保障全县经济社会高质量发展。以治水成效支撑和保障全县经济社会高质量发展,为"全面转型、全域美丽、全民富裕"作出积极贡献。

事物的成长发展都有其规律。伴随着人类文明与发展的水利工作必须严谨、精湛、专注,涵养工匠精神,容不得浮躁,容不得唯利是图,容不得急功近利。作为水利从业者,务必诚实做人、踏实做事,一步一个脚印,行稳致远,书写好自己精彩的职业篇章。水利之花盛开在蓝天下,根已植入我心间。

《睢宁县水利志》续编,接续1998—2020年,翔实记载了23年来全县水利事业发展的蓬勃历程,对2000年出版的志书进行了补充、完善和勘误。读完本志,睢宁水利之门也将为您打开。

2021年9月15日

注:王甫报,睢宁县水务局局长。

凡 例

一、全志坚持历史唯物主义和辩证唯物主义的观点，贯彻"求实存真"的方针，力求思想性、科学性、知识性和资料性之统一。

二、全志记述睢宁1998—2020年的水事活动，计23年。"大事记"记述到2021年年底。1998年前的水利志（2000年版，包括新中国成立前）中水事活动有漏记者，此次续志予以补充。

三、全志采用述、记、志、图、表、录等体裁，以志为主，图、表、照片相对集中。设章、节两个层次。大事记以编年体为主，辅以记事本末。志前列概述，末列大事记，后有后记。志正文分十六章，均以属性分类，每章围绕一个主题详加记述。

四、本志采用语体文、记述体，简化字按国家统一规定使用。

五、全志采用公元纪年。新中国成立前所用历史纪年，均加注公元纪年。年、月、日，新中国成立前用汉字码，新中国成立后均使用阿拉伯字码。凡文中提到"××年代"而未提"××世纪"者均指20世纪。

六、计量单位，采用国家法定计量单位，并用中文表示，不用外文符号。如长度用米、千米（公里）等。土石方用"立方米"，如遇以前旧制，如"方"或"公方"等，志中可改成法定计量单位。但个别录用原文的，为保持历史原貌，不再修正。水流量统一用立方米/秒。重量用"千克（公斤）""吨"等表示。土地面积用"亩"和"顷"，全志不统一换算，但各章内统一用"亩"或"顷"，不宜混用。机电设备功率用"千瓦""千伏安"。

七、各项数据，以县统计部门年报为准。统计部门缺失部分，采用水利局或有关单位提供的数据。

八、全志资料主要来源于县水利局和各科室档案，同时也选录了有关资料，另有部分当事人回忆和口述资料。志中一般不注明出处。

九、各种名称，多用简称。如新中国成立前、后，指中华人民共和国成立前、后；"中国共产党睢宁县委员会"简称"县委"；"睢宁县人民政府"简称"县政府"。

十、志文中"废黄河"指黄河遗留下来的故道。志中录用原文的,其"废黄河"和"故黄河"提法通用,不统一修改。此次新写志书内容,统一书写成"故黄河",不再写成"废黄河"。

十一、志中使用的高程,均指故黄河零点。

十二、新中国成立后,周边县曾更改过名称,如"邳县"改为"邳州市","宿迁县"改为"宿迁市"等,志文中所使用的名称,均以记事当时所使用的名称。

2020 年 11 月 7 日

目 录

概述 ··· 1

第一章　自然概况 ·· 5
第一节　位置区划 ·· 5
第二节　地理环境 ·· 5
第三节　河流水系 ··· 10

第二章　水利规划及分期实施 ·· 13
第一节　20世纪规划目标明确重点突出 ··· 13
第二节　21世纪规划升级 ··· 15
第三节　"十四五"水务发展规划 ··· 22

第三章　河流 ··· 24
第一节　安河（徐洪河）水系 ·· 24
第二节　故黄河 ·· 33
第三节　潍唐河水系 ·· 36
第四节　骆马湖水系 ·· 37

第四章　闸、涵 ··· 41
第一节　水闸 ··· 41
第二节　涵、坝 ··· 54

第五章　抽水站 ··· 59
第一节　凌城抽水站 ·· 59
第二节　沙集抽水站 ·· 60

第三节 古邳抽水站 ………………………………………………… 61
   第四节 高集抽水站 ………………………………………………… 63
   第五节 袁圩抽水站 ………………………………………………… 64
   第六节 汪庄抽水站 ………………………………………………… 64
   第七节 梁庙抽水站 ………………………………………………… 64
   第八节 宋湾抽水站 ………………………………………………… 64

第六章 桥梁 …………………………………………………………… 65
   第一节 徐洪河桥梁 ………………………………………………… 65
   第二节 新龙河(跃进河)桥梁 ……………………………………… 68
   第三节 徐沙河桥梁 ………………………………………………… 70
   第四节 故黄河桥梁 ………………………………………………… 73
   第五节 睢北河桥梁 ………………………………………………… 76
   第六节 潼河桥梁 …………………………………………………… 77
   第七节 民便河桥梁 ………………………………………………… 78

第七章 县城区水环境建设 …………………………………………… 80
   第一节 城区河道治理工程 ………………………………………… 80
   第二节 城区节制闸涵 ……………………………………………… 85

第八章 水库 …………………………………………………………… 90
   第一节 庆安水库 …………………………………………………… 90
   第二节 清水畔水库 ………………………………………………… 106
   第三节 镇管小型水库除险加固 …………………………………… 107

第九章 建设管理 ……………………………………………………… 117
   第一节 建筑队伍 …………………………………………………… 117
   第二节 工程施工 …………………………………………………… 120
   第三节 工程监理 …………………………………………………… 122

第十章 农田水利和灌区建设 ………………………………………… 124
   第一节 灌区规划 …………………………………………………… 124

第二节　与时俱进的投入政策 …………………………………… 126
　　第三节　专项投入项目 …………………………………………… 129

第十一章　供水和排污 ……………………………………………… 143
　　第一节　地面水厂 ………………………………………………… 143
　　第二节　污水处理厂 ……………………………………………… 147

第十二章　防汛抗旱 ………………………………………………… 155
　　第一节　水旱灾害记述 …………………………………………… 155
　　第二节　防汛组织和规章制度 …………………………………… 161
　　第三节　防汛防旱调度 …………………………………………… 164

第十三章　工程管理 ………………………………………………… 170
　　第一节　机构设置 ………………………………………………… 170
　　第二节　水资源管理 ……………………………………………… 175
　　第三节　水政执法 ………………………………………………… 180
　　第四节　河长制 …………………………………………………… 184

第十四章　财务与审计 ……………………………………………… 192
　　第一节　水务投资和财务管理 …………………………………… 192
　　第二节　水费收交 ………………………………………………… 198
　　第三节　审计 ……………………………………………………… 204

第十五章　水利机构 ………………………………………………… 206
　　第一节　局机关 …………………………………………………… 206
　　第二节　领导更迭 ………………………………………………… 211
　　第三节　职工队伍 ………………………………………………… 212

第十六章　人物 ……………………………………………………… 245
　　第一节　睢宁水利人爱岗敬业的典范 …………………………… 245
　　第二节　省、市、县三级政府表彰的先进集体和先进个人 …… 250
　　第三节　主要技术骨干（高级职称） …………………………… 253

大事记 255

附录 280

  附录一 睢宁水系演变简述 280

  附录二 黄河泛滥灾害年表 285

  附录三 古黄河流经睢宁期间10处重大灾害纪实 290

  附录四 老碱地变成米粮川 297

  附录五 居民饮水 303

  附录六 更正三则谬误 309

  附录七 水利工程安全管理案例 311

  附录八 睢宁县"十四五"水务发展规划（节录） 319

后记 339

概　　述

睢宁县位于江苏省西北部,徐州市东南部,距徐州市市区约 87 千米,地理坐标为东经 117°31′—118°10′,北纬 33°40′—34°10′,东接宿迁市宿豫区,北接邳州市,西北部与铜山区接壤,南部与西部同安徽省泗县、灵璧县毗邻,是徐州都市圈"一城两翼"的重要一"翼",也是苏皖边界北部区域性生态宜居、商贸物流中心,以及徐州市域重要的制造业、服务业中心。

最近一次统计全县共辖 15 个镇、3 个街道、1 个省级经济开发区,共有 132 个居民委员会、268 个村民委员会、4557 个村民小组,总户数为 328455 户,总人口为 1417952 人(其中男性为 743366 人,女性为 674586 人),乡村总人口为 1136323 人,农村劳动力人口为 638700 人。

全县总面积为 1769.34 平方千米,土地总面积为 265.40 万亩,其中可耕地面积为 157.98 万亩,农业人均耕地面积为 1.11 亩,农业劳动力人均负担面积为 2.47 亩。人口密度为 750 人/平方千米。

一

自古以来,睢宁河道北有泗水,南有睢水。睢水入泗水,泗水入淮水。当时淮河宽广,泗、睢入淮畅流,虽有涝年,尚不为患。自 1194 年黄河夺泗至 1855 年再度北徙,黄河途经睢宁 661 年,睢宁生态环境遭到不可逆的破坏。水系剧烈变化,县境内水系被打乱。黄河经常决堤泛滥,大片沃土变成了泡沙盐碱土。水冲沙淤,大量的民房甚至县城墙被埋入土中,民众死伤无数,存者流离失所,睢宁人民深受黄泛之灾。1855 年黄河北徙改道后至 1949 年的 94 年间,故黄河是一片荒滩,两侧是湖洼之地,其间虽有局部疏理,但无系统的根治措施。加之战乱不宁,水利不兴,睢宁人民仍受水害之苦。

20 世纪从 1949—1999 年,是睢宁人民艰苦奋斗、大兴水利的 50 年。中华人民共和国成立初期,在极端困难的情况下,党和政府带领全县人民穷办苦干,白手起家,艰苦创业。每年冬春季节,睢宁县政府动员全民动手,坚持自力更生为主、群众自办为主,大搞群众治水运动。人工挖河40多年都是在寒冷冬天施工,农民仅靠两只手,肩挑、人抬、土车推。农民出工投劳,集资筹粮。水工建筑没有材料,就自采自运;没有技术,就先土法上马。在党和政府的正确领导下,全县人民前赴后继,坚持不懈、全面系统地大搞水利建设。经过近50年的努力奋斗,终于取得了翻天覆地的变化。水利从单纯为农业服务进一步发展为为整个国民经济建设服务。

二

21世纪是水利事业飞速发展的大好时期,党和国家运用新的治水思路,制定了一系列新的方针政策。特别是在2014年,习近平总书记提出了"节水优先、空间均衡、系统治理、两手发力"的新时期治水方针,更明确了河湖治理的目标和方法。新思路、新政策促进了水利事业向更高层次发展,并实行城乡水务一体化,安全水利、资源水利、环境水利、民生水利协调发展。

在20世纪大搞梯级河网规划卓有成效的基础上,县政府进行规划升级、骨干河道扩大标准、中小河流重点整治等一系列重要工程。开发睢北河是升级版的梯级河网规划,徐洪河航道升级、黄河故道深层次开发都是事关睢宁水利事业发展的骨干工程;中小河流全面治理也使排灌系统网络功能全面提升。

水利建设普及机械化施工使农民从繁重的河工劳动中解脱出来。农民不再为河工筹粮筹款,从群众自办为主改为国家投入和各级财政配套投资。改革开放20年后,国家经济实力大大增强,对农业投入也大大增加。从此农田水利建设不再靠"人海战术",即使是农民群众家门口的水利工程也可以立项补助,而且大多是机械化施工。

在较短时间内将四五十年的老旧工程全部更新改造、除险加固,时间之短,完成数量之多,速度之快,前所未有。2006—2012年,县内大小水库都进行了除险加固;2013—2016年,县内主要水闸、泵站,如凌城、沙集、高集、古邳等几组枢纽工程都进行了拆除改建,这充分体现了睢宁县水利局适应经济发展的建设能力,也充分体现了当今水利人的高超智慧。

为改变生态环境，县政府也进行了大量的水利工程建设。

（1）兴建污水处理厂净化水环境，将随处可见的黑水河、臭水河变为清水河、净水河，从根本上改变了水质。同时，全面兴办农村饮水安全工程，先后兴建了一期、二期地面水厂。供水管网覆盖全县，实现农村与城市同水源、同管网、同水质、同服务管理，城乡供水一体化。过去多用土井水，现在全县居民用上了干净、清澈的自来水。过去是一村人同喝一井之水，现在是全县人同饮一厂之水。优质水源提高了人民的生活质量，方便、稳定、安全的饮用水供应到千家万户，全县人民享受到了改革开放的成果。

（2）通过兴办水利工程，水环境大大改善。县政府以水域为依托开发水景点，建设水景观。治理一条河就形成一条景观带，建成一座水工建筑物就成为一处美丽的景点，全县人们的生存环境得到进一步改善。例如，通过故黄河治理工程，打造了房湾湿地水利风景区。该风景区于2018年顺利通过省级风景区创建现场考评，荣获"省级水利风景区"称号。

（3）实施河湖长效管理战略。从前多是边建边管，管理时紧时松，一度形成"重建设轻管理"的局面。近年来，全县逐渐推进水利工程管理各项硬性措施：① 水作为资源，依法进行规范化管理。② 睢宁县水政监察大队是常设的水利执法队伍，严格执法管理。③ 执行河长制，即各级党政主要负责人担任河长。大力治水、强制管水才能兴水。睢宁县河长制高起点开局、高标准推进、高质量落实，从此破解了全县水环境治理的困局。

三

看过去，艰苦奋斗大兴水利的几十年令人心潮澎湃；看今朝，成就满满，仍令人激动；看未来，水务发展大有可为，任重道远。审视当今水利，发展潜力仍很大。区域防洪除涝和灌区配套标准仍需提高；水资源保障能力还需进一步加强；水污染防治虽有成效，但形势严峻不容松懈；农村水利综合保障能力相对薄弱；城乡供排水设施标准偏低。

今后仍应坚持"水利工程补短板、水利行业强监管"的总基调；继续坚持"先节水后调水、先治污后通水、先环保后用水"的原则，加强运行管理。要以提升水利现代化建设质量与水平、构建水利"大安全"保障体系为总揽，以水生态文明建设为重要抓手，以转变水利发展方式为主线，以改革创新为动力。同时，更加注重水安全、水资源、水环境、水生态统筹,大中小工程配套,城乡水利协调发展,建设与管理均衡推进。要全面加强水利建设,强化水利管理,深化水利改革,创新水利发展。全面构建防洪除涝、水资源供给、水生态环境、农村水利和城乡供排水的水安全保障新格局。

睢宁水利发展的前景将更美好!

第一章 自然概况

第一节 位置区划

睢宁县位于江苏省西北部,徐州市东南部,距徐州市市区约87千米,地理坐标为东经117°31′—118°10′,北纬33°40′—34°10′,东接宿迁市宿豫区,北接邳州市,西北部与铜山区接壤,南部与西部同安徽省泗县、灵璧县毗邻,是徐州都市圈"一城两翼"的重要一"翼"。

全县共辖15个镇、3个街道、1个省级经济开发区,共有132个居民委员会、268个村民委员会,4557个村民小组,总户数328455户,总人口为1417952人(其中男性为743366人,女性为674586人),乡村总人口为1136323人,农村劳动力人口为638700人。

全县总面积为1769.34平方千米,土地总面积为265.40万亩,其中可耕地面积为157.98万亩,农业人均耕地面积为1.11亩,农业劳动力人均负担面积为2.47亩。人口密度为750人/平方千米。

第二节 地理环境

一、地形地貌

睢宁县的总体地势是西北高、东南低,从西北向东南徐缓倾斜,西北最高,东北、西南略高,中间沿白塘河一线低洼,东南最低。境内除西北部、西部、西南部有零星分布的低山残丘外,其余均为黄泛冲积平原。黄河故道横贯东西,成为县境内的天然南北分水脊。全县平原面积为1667.57平方千米,占全县总面积的94.25%;丘陵面积为9.45平方千米,占全县总面积的0.53%;水域面积约为92.32平方千米,占全县总面积的5.22%。全县多为低山丘陵,除北部巨山最高峰为204.2米外，其余高程均在200米以下。低山丘陵坡度平缓，面积为44.15平方千米，占全县总面积的2.5%。黄墩湖地区在故黄河一线北部，地势低洼，地面高程为19~23米，面积为160平方千米，占全县总面积的9.0%。平原地区高程一般为18.0~24.5米（平均高程为22.0米）。故黄河滩地高程在30.0米以上，西北部最高，为37.2米。故黄河河底高于两侧地面2.5~4米。

二、水文地质

根据江苏省地质勘探及睢宁县内打井土层资料分析，县内广大的平原区，广为结构松散的第四纪土层覆盖，属黄泛冲积平原。仅在县西北、西南地带有由局部基岩裸露而成的低山丘陵地貌，其山区一般由震旦纪灰岩、硅质灰岩、白云质灰岩及页岩等组成。

由于县东部沂、沭河冲积，洪积物被故黄河泛滥物覆盖、沉积或互层状，给县内地下水的富集和储存提供了有利条件。加之县东部高作以东至宿迁马陵山以西，又处于郯庐断裂带的穿越地区，该断裂带自太古代末期形成以来，一直活动未断。另外，在睢宁县和邳州市之间，还存在着"睢邳隆起"的地质构造以及县南的"睢南断陷"等。因此，睢宁县地质构造十分复杂，这些复杂的地质构造却提供了有利于开发地下水资源的水文地质条件，特别是基岩以上。县内开发了三个承压含水层。

根据钻孔资料及专门抽水试验成果分析，县内广大富水区可划分为三个承压含水层和一个无压含水层。无压含水层一般离地面3~4米，水量小，水质差，无开采价值。承压含水层为20世纪60年代以来的主要开采对象，分别为以下三个：

（1）第一承压含水层。此层水为井灌区主要开采对象，一般埋藏层位离地面25~30米，县北埋深20~40米，县南延深至50米左右。岩性为石英质中粗砂含物，层厚变化10~20米，县城北较厚，县城南较薄。该含水层顶板由黏土及砂质黏土组成，底板由砂质黏土夹钙质结构物组成。此层水位一般从地面向下3~6米，动水位一般10~15米，水量大小直接受砂层厚度控制，单井出水量为50立方米/小时。根据专门水样分析，其水质一般矿化度为1克/升，氯离子浓度pH值为7~8，近中性水，水温一般为16℃左右。该层水分布广泛，埋藏较浅，水量较大，水质良好，适合作为工农业用水及生活用水。

（2）第二承压含水层。该层水主要分布在县中、东部，埋藏层位离地面50~70米，单井出水量达30~40立方米/小时，水质良好，适合作为工农业用水及生活用水。该含水层的顶板、底板多由黏土层组成,也是开采层之一。

(3) 第三承压含水层。此层水埋藏层位离地面100米左右,主要分布在高作、睢城、梁集、魏集一带。该层岩性为中细砂粒,在高作一带层厚最大,为60米左右,向西至高集变薄,为5米左右,由此延伸到王集而尖灭。该层静水位为2~9米,县北埋藏较深,县南埋藏较浅,单井出水量达50立方米/小时,适合作为工农业用水及生活用水。

根据江苏省钻孔资料分析,县内地质构造十分复杂,广大地区基岩以下存在石灰溶洞水、断层破碎带水以及砂岩含水层水,尤其是张圩山区有古墩自流泉、官山有赵山自流泉,水量都较大,为远景开采岩石构造水的后备水源提供了有利条件。

根据取水样分析,除去李集的镇区、姚集的高党、庆安的梁庙、高作的张庄、官山的汤集、梁集的龙庄以及原苏塘果园场等局部地带的矿化度个别值达到1.63克/升,结果超标、不适合饮用外,其余90%以上地区的水质良好,符合国家饮用水标准,适宜灌溉。

三、土壤分布

土壤分布受河流变迁所影响。睢宁县县内土壤原状大多为黄泛冲积物沉积而成,除零星分布的褐土和砂礓黑土外,绝大部分是沙质土,其中还有相当严重的泡沙盐碱土。经过几十年治水改土,泡沙盐碱土已改造成沙壤土。

(一) 土壤原状

睢宁县有四片不同的原状土壤。

(1) 黄河故道内的土壤。故黄河上游经铜山区、在双沟镇大白村进入睢宁,至魏集镇卢营村出境入宿迁市宿豫区,长度为69.5千米,面积为204平方千米,占全县总面积的11.5%,由于泥沙大量沉积,形成了宽3~8千米、高出两侧地面5~6米的故黄河河床和滩地。由于河道水流的扫移作用,使河床曲折多弯,水流的曲折流向又增强了水流对土粒的分选作用,形成了不同的土壤类型,在近河床的两侧及河流陡弯后迎水面,由于湍急的水流,不利土壤细颗粒的沉积,形成质地粗的飞泡沙土和沙土;在平缓的河漫滩上及河弯滩地的背水面,由于平缓的水流,有利于颗粒的沉积,形成了淤土。

(2) 故黄河以北的土壤。故黄河北岸由于青羊山决口,基本决定了黄墩湖地区的土壤形成和分布。从西部姚集镇的杜湖、古邳镇的望山开始,直至东部的魏集镇东蔡桥庄止,形成真高24~21米、比降1.3/10000的微倾斜低平原。

土壤质地以砂壤至中壤为主,东部有少量黏质土壤,含有轻重不同的盐碱,是县内主要花碱土分布区。

(3) 故黄河以南的土壤。故黄河以南由于可怜庄、鲤鱼山、峰山、辛安、郭家房、魏家庄、朱家海等处多次决口,决口点的沉积物及睢水、闸河泛滥冲积物相互重叠覆盖,既决定了现在的地面景观,也决定了故黄河以南土壤的形成和分布,构成了西北高东南低、比降 1.8/10000 的缓坡平原。西北最高点在峰山和方林一带,真高为 31 米左右,东南最低点在官山镇东傅圩和凌城镇东南七咀一带,真高为 19.5~18.5 米。

故黄河南侧飞泡沙土即分布在上述决口点近处所形成的冲积扇的扇顶。双沟镇东部和王集镇境内的田河和双洋河上游,是县内最大的飞泡沙土地区,这主要是由双沟、峰山四次决口冲积而成;姚集镇北部飞泡沙土由辛安、郭家房两次决口冲积而成;魏集镇东北部和梁集镇北部的西渭河上游之飞泡沙土由魏工决口冲积而成。

在上述飞泡沙土以下,即冲积扇的中部,是沙土、二合土和花碱土相间分布区。大致可分为三大片:① 双沟、峰山和辛安、房湾决口所形成的两大冲积扇,相互重叠,是西北部花碱土、沙土、二合土分布区。所及范围为南部到徐沙河、东部到庆安干渠的广大三角地带,真高为 24~30 米。② 魏工决口和朱海决口所形成的两大冲积扇,在中渭河一线相重叠。所及范围为西部到白塘河,南部到新龙河,东部和宿迁市宿豫县相接壤,是东部花碱土、沙土分布区,真高为 20~25 米。③ 睢水和闸河泛滥,形成了西南稍高、东北稍低的两个小冲积扇,是县内西南部的沙土分布区。所及范围为西部和安徽接壤,东部至白马河以西,直至黄圩西一线,真高为 21~24 米。

在以上三大片沙土、花碱土的过渡地带分布着二合土。县内七大冲积扇及西南部的两个小冲积扇的扇缘是故黄河南侧淤土地集中分布区,即白塘河两侧、徐沙河和白马河之间并向东延伸直至新龙河以南和安徽接壤,形成的白塘湖、官山荡大面积淤土分布区。分布区地势低洼,新龙河至安徽接壤处真高为 19.5~20.0 米;白塘湖地区真高为 20~23 米,相对于两侧沙土、花碱土地区低 1 米左右。

(4) 低山残丘的土壤。在姚集镇张圩北、岚山镇西、古邳镇北和官山镇等地,有真高为 50~150 米的裸石山丘。除古邳镇北部的巨山、半戈山和羊山等有石英砂岩露头外,其余都是石灰岩。这些山丘的共同特点是上部岩山裸露,仅在石缝间有少量泥土,山麓被河流冲积物覆盖,尚存下来的土壤面积极少,且分布地带很窄,故山红土、山黄土难以区分。仅张圩山区北部、岚山镇西部在小山丘环绕的山间谷地形成少量山淤土。山地土壤真高为 35～55 米。

（二）土壤现状

经过几十年的水利建设,治水改土,耕作层土壤发生了根本性的变化。到了 21 世纪,上述四片原状土壤中所含大面积的沙性劣质土已改造成良性沙壤土,泡沙盐碱土不复存在。

四、气候

睢宁县气候属暖温带略呈海洋性季风气候;位居鲁淮干平原南缘半湿润区,夏季炎热,雨水集中;冬季干冷,雨雪稀少;春季温和;秋季干爽。年平均气温为 15.8 摄氏度左右,多年平均年降水量为 1014.1 毫米;年日照为 2007.1 小时;光、热、水、风等农业气候条件较为优越。因降水与温度的年季变化差异明显,常有涝、渍、旱、冻、雪、雹等自然灾害发生。

五、降水统计

根据 1998—2020 年的降水资料（表 1-1）分析,全县 23 年平均降水量为 937.56 毫米。年降雨量最多的是 2007 年,年降雨量为 1525.7 毫米;最少的是 2002 年,年降雨量为 617.6 毫米,丰枯差 2.47 倍。雨季一般在每年 6 月至 9 月,降水量占全年的 67.8% 左右。

表 1-1　1998—2020 年月降水量统计表　　　　单位:毫米

年份	月份												
	一	二	三	四	五	六	七	八	九	十	十一	十二	全年合计
1998	52.9	31.8	96.0	80.9	170.0	133.0	153.4	454.6	0.0	20.5	0.2	12.0	1205.3
1999	10.4	7.8	47.2	53.5	132.1	83.0	37.8	58.9	149.7	137.5	3.9	0.0	721.8
2000	131.2	17.6	2.3	9.2	54.4	230.4	171.5	292.8	96.8	95.5	70.7	9.8	1182.2
2001	69.2	59.6	2.2	27.1	10.7	62.6	195.3	144.3	25.2	16.4	4.6	56.8	674.0
2002	4.4	12.8	45.1	75.9	95.9	91.8	166	43.8	38.7	12.8	2.7	27.7	617.6
2003	12.2	30.3	132.6	76.2	16.2	272.9	474.6	302.1	81.4	62.2	47.6	13.5	1521.8
2004	9.1	16.9	19.7	15.2	79.8	95.0	191.0	49.8	177.3	21.0	45.8	16.8	737.4
2005	11.3	39.4	43.4	10.3	32.3	154.2	342.3	276.2	97.7	5.1	24.8	13.7	1050.7

表 1-1(续)

年份	月份												全年合计
	一	二	三	四	五	六	七	八	九	十	十一	十二	
2006	27.7	20.7	0.1	46.9	64.1	184.9	237.6	68.6	56.4	2.2	83.1	21.3	813.6
2007	2.7	45.5	89.0	26.6	41.9	98.9	564.3	407.4	181.7	34.0	12.3	21.4	1525.7
2008	34.7	3.3	18.0	180.3	64.0	117.3	383.5	187.5	27.8	23.2	14.2	5.2	1059.0
2009	0.7	3.3	28.8	20.5	92.3	99.7	151.1	160.3	39.7	13.8	41.8	16.2	668.2
2010	0.2	62.2	20.0	62.2	78.2	46.0	124.9	134	201.6	3.3	0.0	0.0	732.6
2011	0.0	39.9	11.6	12.4	75.7	44.6	166.1	350.9	65.8	12.8	45.9	21.4	847.1
2012	1.4	7.4	64.4	28.5	6.8	118.6	287.1	174.8	129.2	3.1	45.4	56.8	923.5
2013	10.3	27.4	25.2	10.0	136.4	29.9	166.9	93.2	179.6	2.9	32.8	0.7	715.3
2014	8.9	40.1	31.6	73.3	76.5	83.7	172	183.5	270	75.3	55.4	0.0	1070.3
2015	5.9	20.4	55.9	60.3	36.6	183.3	54.9	72.3	81.3	29.2	100.9	8.4	709.4
2016	6.0	27.6	24.0	30.7	104.8	193.0	146.6	212.7	5.4	279.6	15.2	40.4	1086.0
2017	46.6	29.5	9.6	24.5	42.5	46.4	146.5	223.4	159.7	140.7	5.4	0.7	875.5
2018	35.1	13.2	64.0	13.1	180.4	72.6	237.5	320.7	43.9	3.3	67.3	52.0	1103.1
2019	40.1	13.9	39.9	28.3	23.0	161.0	129.0	138.9	4.2	19.9	9.8	22.8	630.8
2020	76.9	37.7	13.7	12.5	29.8	363.1	301.7	165.7	24.9	14.2	39.7	13.0	1092.9
合计	597.9	608.3	884.3	978.4	1644.4	2965.9	5001.6	4516.4	2138	1028.5	769.5	430.6	21563.8
平均	25.99	26.45	38.45	42.54	71.5	128.95	217.46	196.37	92.96	44.72	33.46	18.72	937.56

第三节 河流水系

新中国成立后的睢宁水系,由于1992年徐洪河的开通,前后变化很大。

一、1992年以前的三个独立水系

1992年以前,以故黄河为界,按照排水功能,睢宁水系被划分为以下三个水系。

(1)故黄河滩地。故黄河自身高亢形成故黄河滩地独立水系,而且成为南北两个水系的天然分水岭。

(2) 运河水系（骆马湖水系）。故黄河北黄墩湖地区为运河水系，或称沂沭泗骆马湖水系。民便河、小阎河两条排水干河，经宿豫区境内排入皂河闸下入中运河。

(3) 安河水系（徐洪河水系）。故黄河以南除西北双沟南部一块小面积属濉唐河水系外，其余大面积属安河水系。安河长期作为睢宁故黄河以南排水总出口，后开挖徐洪河，安河成为徐洪河的一段，因此过去叫安河水系，现在统称为徐洪河水系。该水系在县境内又分为龙河、徐沙河、潼河及徐洪河本身四个小水系。

二、1992年以后的两个排水系统

1992年，徐洪河贯通三个水系后形成两个排水系统，如图1-1所示。徐洪河切断故黄河后，在魏工水箱建魏工分洪闸作为滩地洪水出路，并在闸下顺故黄河南堤外开挖魏工分洪道，睢宁故黄河滩地洪水直接排入徐洪河。因此，故黄河滩地不再是独立水系，而是加入了徐洪河的排水系统。自此，睢宁县形成两个水系：一是故黄河以北黄墩湖地区仍属于沂沭泗骆马湖水系；二是故黄河滩地和故黄河以南广大地区，统属于洪泽湖水系。龙河、徐沙河、潼河、故黄河以及后来开通的睢北河，都汇入徐洪河后流入洪泽湖。即使双沟南新源河一小块面积，排水入安徽濉唐河，最终也流入洪泽湖。

两个水系之间既独立又相通。二者既可独立自成体系单独运作，又可通过徐洪河上黄河北节制闸进行防洪、排涝、引水相互调度。各体系内有统一的治理标准，相互调度后可增加排水、引水机会，进一步提高了工程标准。

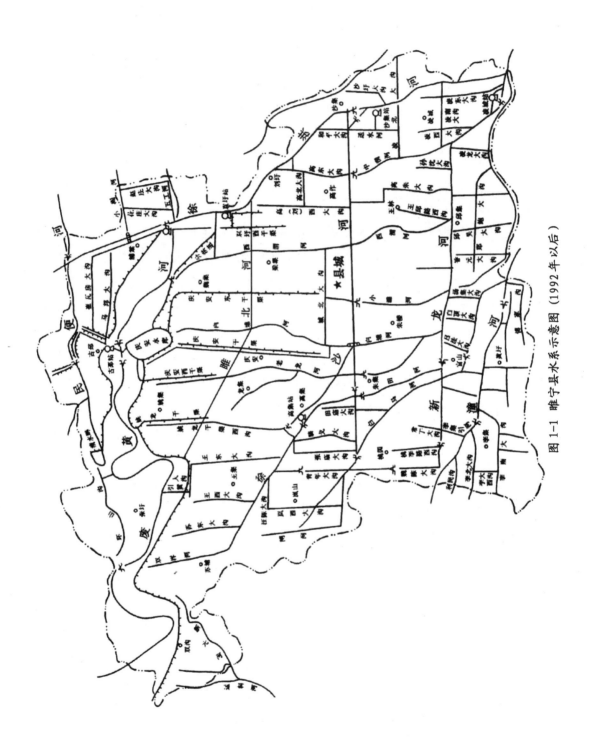

图 1-1 睢宁县水系示意图（1992 年以后）

第二章　水利规划及分期实施

经过 20 世纪四次水利规划，新世纪规划升级开启。回首看睢宁县的水利规划，总体目标明确，分阶段实施重点突出，在大格局相对稳定的情况下，不断细化、充实、提高。

第一节　20 世纪规划目标明确重点突出

一、四次水利规划

在上级不断出台大流域规划的基础上，睢宁县系统地制定了四次水利规划。

第一次是 20 世纪 50 年代制定的规划。具体为：以徐洪运河为纲，以原有沟渠河道为网，纲网成系，排灌分开。以庆安水库为头，以凌城、沙集节制闸为尾，首尾相顾，调度自如，达到大引、大蓄、大排、大调度。此次规划虽在 1958 年的实施中有些急躁冒进、急于求成，但后来几十年其又被作为总体奋斗目标，在实施中逐步实现。

第二次是 1963 年制定的系统排水规划。睢宁县灾害特点是易涝易旱，涝渍干旱交替为害。其中，涝渍是主要灾害。群众常说宁可旱死，不让涝死，旱是收多收少的问题，但大涝一场会导致作物绝收。当年，苏、皖两省共同制定了安河、潼河流域规划，在此基础上，睢宁县制定了干、支河排水规划。同时，各公社广泛进行内部排水工程规划，根据地形高低、耕作方向决定外三沟（大、中、小沟）和内三沟（毛、腰、丰沟）。县规划掌握到中沟级，施工掌握到大沟级。公社负责本社全面规划，施工掌握到小沟级。排水是基础，经过多年实施，全县形成了完整的排涝系统。

第三次是 1970 年制定的三水并用规划。县政府南引洪泽湖湖水，北引骆马湖湖水，西部高亢地区发展打井，实行"南水、北水、井水"三结合的水利规划，在先建立排水系统的基础上发展引水灌溉,方向正确,效益显著。县政府建了一座船闸和四座抽水站,形成南、北引水局面。南、北引水为后来发展为梯级河网起到了承上启下的作用。

第四次是1977年在徐洪河总体规划的指导下,睢宁县政府全面制定了梯级河网规划。其内容为:以"三横一竖"为骨干,建成四组控制工程、五个梯级、七个灌区、八十二条引水大沟。

(1)"三横一竖"骨干工程:以徐洪河一竖为总动脉,以新龙河、徐沙河、故黄河三条横河为骨干,组成大骨架。

(2)四组控制工程:建凌城、沙集、高集、袁圩四组枢纽工程,每组设节制闸、抽水站、船闸(后只有沙集船闸建成)。

(3)五个梯级:即通过"三横一竖"骨干工程和四组控制工程将全县划分成五个治理片,分别为睢北片、睢南片、西北片、黄墩湖片和故黄河滩地片。

(4)七个灌区:建六座抽水站,对应形成凌城站灌区、沙集站灌区、高集站灌区、古邳站灌区、清水畔站灌区和袁圩站灌区。另外,黄墩湖片分散建小站形成黄墩湖提水灌区。

(5)八十二条引水大沟:全县计划大沟113条,其中排、灌、航综合利用的大沟(或相当于大沟的支河)有82条。这些大沟都沟深、底平,保证长年有水。

20世纪90年代,经过近半个世纪的兴建各种水利工程,规划图纸上的项目一个一个地落实在了睢宁大地上,50年代规划的"大引、大蓄、大排、大调度"目标得以实现。

二、总纲和龙头

(一)徐洪河是总纲

中华人民共和国成立初期,睢宁历史遗留下来的16条河,都是古黄河冲决而成,是长条形低洼地,无明显的河泓、河堤,名曰为"河",实则长年无水。旱时河中干枯,风沙飞扬。涝时河水猛涨,两岸漫溢,泛滥成灾。故黄河南大面积排水经安河流入洪泽湖,安河口门狭小,排水经常受阻。当时,陆路交通尚不发达,大量的物资吞吐依靠水运,而睢宁没有航运水道。当年群众都说,睢宁苦就苦在没有一条长流水的河。因此,创造条件搞一条流域性的骨干河道做到涝能排、旱能引、能通航,成为睢宁广大干群的共同认识和迫切愿望。所以,20世纪50年代的水利规划头一项就是"以徐洪运河为纲",它是规划的重中之重。可徐洪河从规划到实施并非易事。回顾徐洪河从规划设想、规划确定到实施完成,经历了30多年的漫长历程。睢宁人民长期地、不间断地为积极争取该项工程凝聚了几代人的心血,其间经历了不少苦难,也为徐洪河多期施工付出了高昂的代价。徐洪河一期、二期工程完成后,有了徐洪河这个"纲",睢宁县自80年代初开始连续几年农业增产迅猛。农业基础牢固了,其他行业也得以迅速发展。

(二) 庆安水库是龙头

20世纪50年代的水利规划提出"以庆安水库为头,以凌城、沙集节制闸为尾"。几十年来,庆安水库一直处于"龙头"的位置。1958年,水库大坝土方仅用100天就由人工筑成,以后多年,库内护坡翻修,堤外加筑戗台,大坝灌浆加固,蓄水能力逐步提高,其效益在每个阶段都有突出表现。

(1) 调蓄防洪。水库建成当年(1958年)就拦蓄故黄河滩地迳流,并逐年减缓故黄河两侧险工地段的防洪压力。

(2) 自流灌溉。庆安水库建成后,灌区按干、支、斗、农、毛五级渠道配套,自流灌溉。60年代县政府曾从干渠尾部沿老龙河东堤延伸到朱集以东,供朱集东片稻改用水,后水库建东闸、东干渠,建西闸、西干渠,扩大自流灌溉面积。庆安水库自流灌溉面积曾超过10万亩。

(3) 调水补给。庆安灌区灌水季节有大量尾水(回归水)退到徐沙河二次利用,可供徐沙河两侧用水,同时高集抽水站向西北片补水。每年6月水稻栽插季节,凌城灌区用水紧张,可通过干渠退水闸经白塘河向新龙河调水300~400立方米。20世纪后30年,只要通过蓄水和古邳抽水站补水,庆安水库按计划蓄足水,就可大大增加全县供水的保障系数。

(4) 居民饮水。进入21世纪,睢宁县办地面水厂,庆安水库为水厂提供水源。县政府整治库边水环境,为地面水厂提供可靠的优质水源。地面供水覆盖全县绝大部分区域,实现农村与城市同水源、同管网、同水质、同服务管理,城乡供水一体化。过去睢宁县人是一村人同喝一井之水,现在是全县人同饮一厂之水。进入21世纪,庆安水库担负着国计民生的重任,新时期、新任务,它依然起到龙头的作用。

第二节　21世纪规划升级

进入21世纪,随着国民经济快速发展,人们对水环境提出了更多、更高的要求。在江苏省和徐州市的规划指导下,结合睢宁县具体情况,睢宁县将原规划升级。按规划,睢宁县进行了骨干河道扩大标准,中、小河流重点整治,排灌系统网络功能全面提升等工作,加大了城乡供水一体化规划,强化县、镇、村三级污水治理规划、河道水质保障与水环境水生态规划等。

一、规划升级

21世纪初,睢宁县"十五"水利总体规划确定开挖睢北河,这是对睢宁梯级河网规划最好的补充和完善,是发展了的梯级河网工程。原梯级河网规划是"三横一竖"骨干工程,睢北河形成后,成为"四横一竖"骨干工程。原来引水的"三水西进"发展成为"四水西进"的总体格局。

20世纪60年代至80年代,县内关心水利建设的有识之士提出睢北片再挖一条横向河道的提案。但出于多种原因,只有争议未有定论。到了世纪之交,宁徐高速公路穿过睢宁北片,给长期有争议的睢北河线路提供了有利的条件。睢北河主要作用是调度排水、调度引水,大面积提高睢宁境内的排灌标准。将北部部分涝水直接排入徐洪河,减少了徐沙河的集水面积,扩大了徐沙河、新龙河的排水标准。徐洪河形成后,按照省内江水北调的安排,沙集闸站以上的水位高于原县梯级河网规划中睢北片水位19.0米。睢北河可将徐洪河高水引入境内,从而减小抽水站的提水扬程,降低农业用水成本。在缓解南北用水的同时,还可向西北片高地送水。世纪之交,国民经济快速发展,工业用水、城镇用水迅速增加,冲污改善水环境等亦提上日程,开挖睢北河缓解了水资源紧缺的困难局面。因此,增加一条睢北河使梯级河网功能效益全盘皆活。

二、河道扩浚

(一)徐洪河航道升级工程

徐洪河原设计以调水功能为主,结合航运只是五级航道。随着国民经济的快速发展,其水运功能逐渐不能满足需求。为提高航运效益,加强水资源综合利用价值,2012年下半年睢宁县政府实施徐洪河航道"五改三"升级工程(徐沙河—民便河段)。该工程扩大河道长度33.8千米,开挖土方360万立方米,改建沿线配套建筑物。沿线碍航桥梁改造以后,徐洪河航道由五级航道上升为三级航道,可通过洪泽湖与金宝航道相连,形成贯穿全省南北、与京杭运河平行的又一条水运大动脉,对改善苏北地区航运条件、带动县域经济发展起到重要作用。

(二)黄河故道深层次开发工程

故黄河虽经多次治理,但其防洪、排水、蓄水、引水等能力仍不能满足要求,进入21世纪后,县政府对故黄河进行深层次的开发。

(1) 扩浚故黄河中泓,对其加深扩宽,大幅度提高工程标准。从2011年开始,睢宁县水利局进行了新一轮的开发治理工程、对原有河道扩大标准,对不适应的老化工程进行更新改造;将原来只能中段引水,变成上、中、下三段都具备引水功能;河道中泓增加蓄水1500万立方米,改善灌溉面积31万亩;黄河故道干河的防洪标准达到20年一遇,排涝标准达到10年一遇。至2016年年底,睢宁县完成治理长度54千米,开挖中泓土方1600万立方米,共拆建危桥16座,完成配套建筑工程百余座,修建水泥路10余千米。

(2) 严格保护水资源,确保水质不被污染。古邳镇位于故黄河北侧,古邳抽水站坐落于该镇,该站抽水送入故黄河中泓,然后向故黄河南侧庆安水库补水。庆安水库原本只为农业灌溉供水,进入21世纪,也作为全县地面水厂的水源地,向地面水厂供水。为保证水厂用水质量,睢宁县水利局对故黄河和庆安水库实行了一系列管理措施:古邳站抽水扎根徐洪河,供水量有保证;将居民饮用的污染井水,改为饮用地面水厂的清洁水,优质水源提高了睢宁县人民的生活质量。

(3) 全面开发故黄河综合利用价值。原本治理故黄河只是单纯治水,进入21世纪,黄河故道被打造成集生态、旅游、开发于一体的清水走廊;开挖中泓土方的同时,在黄河大堤顶修建324省道,形成以黄河中泓为核心、两侧滩地植果的现代农业观光带;在故黄河徐、淮大观光带睢宁一段,同原有的古下邳景点相衔接;黄河治理工程中重点打造房湾湿地和黄河闸湿地两个景观点,在湿地景点带动下,黄河故道一线成为名副其实的旅游观光带,具有较高的旅游开发价值。故黄河清水走廊形成后,其价值向河道两侧延展,加快促进河两侧的经济发展。

(三) 保持高水高排的徐沙河扩浚工程

进入21世纪,徐沙河上、中、下段及县城区段都进行了扩浚工程,但睢宁县水利局仍将县西北片排涝时的高水和白塘河(包括县城区)流域的低水区分开。徐沙河线路东西贯穿县中部一条线,但在高集南被阻断,并不衔接。因高集以西属西北高亢地区,如徐沙河全线贯通,西部高水会对地形较低的县城造成洪涝灾害。当初规划徐沙河时,西北高水高排,睢宁县水利局将徐沙河上段之水仍从原来的田河排水入潼河。高集以东的徐沙河排水直接进入徐洪河,21世纪扩浚徐沙河后仍维持原规划。

田河是睢宁县内的一条高水河,县西北片地面比降陡,降雨汇流快,来势较凶猛。20世纪60年代曾做过调研,在全县普降大雨的情况下,田河水位高于老龙河、白塘河水位1米多。朱集是低洼地区,排水入不了田河。朱集一段田河只是让西北高水过境的客水河。田河东堤是县龙河水系和潼河水系的分界线。

(四)中小河流治理工程

睢宁县共有省级骨干河道15条,其中有6条河道、7个河段列入"十二五"国家中小河流治理工程建设规划。6条河道分别是民便河、故黄河双沟段、老龙河上段、徐沙河上段、徐沙河中段、新龙河和老滩河。工程于2010年开始,至2016年5月全部完工并投入使用。工程共治理河道长度106千米,配套桥梁42座、涵洞76座、拦河蓄水闸7座、灌溉泵站35座、河道沟头防护10处。工程治理后,河道防洪标准达到20年一遇,排涝标准达到5年一遇。保护农田约112万亩,年增加拦蓄水量1200万立方米,新增旱涝保收田达到24.89万亩,增加水田面积7万亩,每年可增加粮食产量7000吨。

三、规划分期实施

为了适应新时期的发展,根据总体规划又制定一些单项规划,如2012年12月发布的《睢宁县水利水务现代化规划(2011—2020)》,2016年2月发布的《睢宁县城市防洪规划(2016—2030)》,还有县城区排水规划、县城区污水处理规划、县农村生活污水治理专项规划、凌城灌区续建配套与现代化改造实施方案等。自来水工程也有了供水项目规划、设计、咨询、建设安装、污水处理及其再生利用等实施细则。

根据这些规划,睢宁县水利局进行了分期实施。

(一)"十一五"规划实施情况(含"十五"部分内容)

"十一五"期间,紧紧围绕防洪减灾、水资源管理、农村水利、水环境保护、工程管理与服务、水利现代化建设等事关国计民生重大水问题进行规划部署。

按"十一五"规划目标,在计划内完成9项工作:睢北河续建配套工程、徐沙河治理工程(沙集至西渭河)、黄墩湖滞洪区安全建设工程、县乡河道疏浚工程、庆安水库除险加固工程、小型水库除险加固工程、农村饮水安全工程、山区水源建设工程、民便河船闸改造工程。

根据江苏省徐州市有关文件,在"十一五"规划外又完成村庄河塘疏浚、小型泵站改造、节水灌溉示范工程、中央财政小型农田水利专项资金等四个项目。

(二)"十二五"规划实施情况

"十二五"期间完成10项水利(务)任务:① 防洪除涝工程。包括城区防洪工程、徐洪河关帝庙桥、浦棠桥两座大桥等。② 区域河道及洼地治理。包括老龙河下段治理工程、民便河治理工程、故黄河治理工程、老濉河治理工程、徐沙河上段治理工程、老龙河上段治理工程、新龙河治理工程、睢北河西延工程、庆安水库西扩工程、新源河治理工程、东沙河治理工程、黄墩湖洼地治理工程、官山洼地治理工程等。③ 泵站更新改造工程。包括凌沙泵站更新改造工程、古邳泵站更新改造工程以及小型泵站改造工程。④ 病险水闸加固改造工程。⑤ 徐洪河沿线影响工程。⑥ 城乡供排水工程。⑦ 农村水利工程。包括县乡河道疏浚与村庄河塘整治工程、农村饮水安全工程、庆安灌区节水配套改造工程、王集节水灌溉示范项目、梁山小流域水土保持工程等。⑧ 睢宁县尾水导流工程。⑨ 水环境治理工程。包括城区水系沟通工程、污水处理厂工程等。⑩ 庆安水库移民工程。

(三)"十三五"规划实施情况

"十三五"期间,睢宁县水务局按照"四个全面"战略布局,遵循新时期治水方针,紧紧围绕"强富美高新睢宁"的目标要求,以提升水务现代化建设质量与水平、构建水务"大安全"保障体系为总揽,以水生态文明建设为重要抓手,进一步加强水务建设、强化水务管理、深化水务改革、推进依法治水、创新水务发展,完成了一大批关系国计民生的重大项目。

1. 全面提升防洪保安能力

① 提升流域防洪标准。流域性河道故黄河、徐洪河防洪标准达到 20 年一遇,黄墩湖滞洪区安全建设工程也进展顺利。② 提高区域防洪排涝标准。先后实施并完成了列入国家专项规划的 6 条中小河流治理、2 座大型泵站更新改造、6 座病险水闸除险加固等工程,黄河故道综合开发干河治理工程和后续工程在全省率先实施并全面完成,灾后水利薄弱环节建设西沙河治理工程全面完成,黄墩湖洼地治理工程开工建设。区域防洪标准达 10~20 年一遇,区域排涝标准达 3~5 年一遇。③ 提高城市防洪排涝能力。宁宿徐高速公路的修建使得城区北部防洪屏障可以抵御故黄河 50 年一遇洪水。城区先后实施了内城河、小睢河、小沿河、云河、睢梁河等 5 条河道清淤,以及新城区水系连通治理,排涝能力基本达 5 年一遇。这一系列工程解决了城区一批易淹易涝片区,成功防御了近年来局部地区的暴雨冲击。

2. 增强水资源供给与节水能力

在水资源供给方面:① 南水北调一期工程发挥效益。县境内实施完成的睢宁二站工程,大大提高了徐洪河向县境内供水能力。② 区域调水能力得到增强。实施完成了古邳泵站、凌沙泵站等大型泵站更新改造,提高了全县水资源保障水平。③ 提高境内雨水资源利用率。黄河故道中泓贯通、中小河流治理、农村河道疏浚、水库加固等,区域水资源配置体系进一步完善,供给能力明显增强。

在节水能力方面:① 水资源管理用水总量控制、用水效率控制和水功能区限制纳污"三条红线"体系初步形成。睢宁县水利局全面落实了《国务院关于实行最严格水资源管理制度的实施意见》(国发〔2012〕3号),提高了水资源保障和公共管理能力。② 深化节水型社会建设。创建节水型载体25个,完成节水示范项目2项,实现节水载体建设全覆盖。积极推广利用雨水、非常规水,开发利用再生水。③ 全面实施农业节水工程。完成了灌区节水配套改造,为发展高效生态农业提供了保障。

"十三五"期间,全县推进强化水资源统一调度,严控区域取用水总量,在经济快速增长的情况下,全县用水总量基本稳定在4.7亿立方米左右。全县工业、生活供水保证率分别基本达到95%、97%的目标,山丘区及高亢地区水源条件不断改善,农业灌溉保证率达到70%。万元GDP用水量控制在90立方米,万元工业增加值用水量控制在18立方米,再生水利用率基本达到20%,基本实现"十三五"规划目标。

3. 有效改善水生态环境

① 治理黑臭水体。按照"控源截污、内源治理、生态修复、长效管理"的技术路线实施黑臭河道整治工程,完成13条黑臭河道整治工程,城市水体水质得到有效提升。② 加大水污染防治力度。新扩建污水处理厂2座,污水处理能力达4万吨/天,集中处理率达93.5%。新增镇级污水处理厂5座,建制镇污水处理设施实现全覆盖。省级村庄污水处理试点全面展开,行政村污水治理覆盖率达到75%。③ 完成县、镇、村污水处理厂提升与改造工程及污水管网铺设。县、镇、村污水得到有效治理,减少污染物排放量,为地表水质量达到规划标准奠定了基础,水环境得到有效改善。④ 加强地下水保护。完成封井101眼,压缩地下水开采量1182.69万立方米,深层地下水位平均埋深回升4米。⑤ 强化河湖管护。通过落实河长责任,协调解决难点问题,深入开展问题排查、日常监管、黑臭水体治理、水污染防治、"两违三乱"专项整治和生态河湖示范样板打造等活动,全县河湖管理秩序被不断规范,水生态环境质量持续好转。⑥ 积极创建水利风景区,完成了房湾湿地省级水利风景区创建及9个省级水美乡村。

"十三五"期间,全县通过黑臭水体整治及加大水污染防治力度,境内水功能区达标率持续好转,最高达 83.3%。城市污水集中处理率 90%,工业废水达标率达到 100%,水域面积达标率达到 5.15%。地下水压采工程已实施 90%,集中式饮用水源地水质达标率达到 100%。基本实现"十三五"规划目标。

4. 农村水利建设提上重要日程

① 高标准实施农田水利建设。睢宁县水利局实施完成了 2016—2018 年小型农田水利重点县工程、凌城中型灌区节水配套改造工程,完成千亿斤粮食产能规划田间工程、2016—2018 年省级公益农桥建设工程,大大改善了农业生产条件。② 实施农村河道疏浚整治工程。睢宁县水利局共完成县级河道 9 条,疏浚长度 89.92 千米,疏浚土方 264.33 万立方米;完成乡级河道 77 条,疏浚长度 318.16 千米,疏浚土方 608.85 万立方米;完成农村河塘疏浚整治行政村 75 个,疏浚土方 401.37 万立方米。③ 抓好庆安水库移民后期扶持工作。"美丽库区 幸福家园"项目、库区和移民安置区后期扶持项目、水库移民安置村环境综合整治项目等全面完成,改善了移民区群众生产生活条件。

"十三五"期间,通过加大农田水利工程的投入,旱涝保收面积率达到 85%、灌溉水利用系数达到 0.62、农村河道治理率达到 90%、节水灌溉工程面积率达到 45%、水土流失治理率达到 85%,基本实现"十三五"规划目标。

5. 城乡供排水一体化

① 完成了城乡供水一体化工程。全县形成城乡供水一体化格局。全面实现了同水源、同水质、同管网、同服务的供水目标,惠及人口 140 余万人。同时积极推进骆马湖原水输送工程建设,使百姓喝上更优质的水。② 稳步提升城市排水能力。睢宁县先后实施了南环路排水工程、城区闸站维修改造及管网搭接疏通工程、西客运站及八一西路北侧排水防汛应急工程等,切实解决了一批易淹易涝片区,成功防御了近年来局部地区特大暴雨的冲击。

"十三五"期间,通过城乡一体化工程的实施,城市供水水质综合合格率达到 98%、区域供水覆盖率达到 90%,基本实现"十三五"规划目标。

6. 创新水管理体制

① 河长体系全面建立。河长制工作方案全面出台,河长认河巡河全面到位,示范样板基本建成,"一河一策"方案部署执行,生态河湖行动计划研定完成,河长制基础工作已经打牢。② 推进城乡水务一体化管理。促进城乡统筹融合发展,实行水务一体化管理,强化水行政执法工作,丰富水行政执法内容,切实解决以前由多个部门管水形成的困难局面。③ 全面划定河湖水利工程管理范围。全县 21 条县级河道、9 座水库、36 座涵闸站、124 镇级大沟被规划确定管

理范围,建立了"范围明确、权属清晰、责任落实"的河道管理保护体系。④ 完成水流产权确权试点任务。全县完成了徐洪河、潼河两条河段自然登记确权。⑤ 推进农业水价综合改革。全县完成改革面积130万亩,小型水利工程产权制度改革全部完成验收。⑥ 推进建设管理改革。全县探索建立集中项目法人,加强建设管理,做好工程建设信用管理建设,质量安全监督、电子化招标实现全覆盖,创建省市文明工地5项,水建公司完成安全生产标准化建设。

7. 强化依法治水规范管理

① 强化综合执法。全县依法规范水政监察执法建设,加强水政执法力量,开展涉水违法案件排查整改和"两违三乱"专项整治。② 强化队伍建设。全县坚持内强素质、外树品质,开展人才招引和培训,水利人才队伍能力全面提升。③ 加强水文化建设。睢宁县水利局编写完成《水利人 水利情》《睢宁水利事业壮丽七十年》等水利宣传册。黄河故道房湾湿地入选省级水利风景区,黄河故道水景观更加优美、水生态日益向好、水文化不断丰富。④ 建成农村基层防汛预报预警体系。全县建设完成自动监测系统、监测预警平台、群测群防体系和应急保障体系。

"十三五"期间,通过依法治水规范管理,管理体制不断创新,水资源管理达标率达到100%、骨干河湖管理达标率达到100%、骨干水利工程设施完好率达到95%、农田水利工程设施完好率达到75%、防汛抗旱管理与应急能力达到100%、基层水利管理服务水平达到90%,基本实现"十三五"规划目标。

第三节 "十四五"水务发展规划

水利规划是水利建设总体作战方案,在每个发展阶段之前总会详细制定该阶段的水利发展规划。2020年是"十三五"规划最后一年,睢宁县水务局即开始制订"十四五"水务发展规划,经过反复核算和方案比较,终于成稿,并于2021年7月获有关方面审核批准。

"十四五"期间,我国将在实现全面建成小康社会的基础上开启建设社会主义现代化国家新征程。"十四五"水务发展规划是国家机构改革后的第一个五年规划,是新时期、新要求、新形势下睢宁经济与社会发展规划的一项专项规划,也是"十四五"规划及今后一段时期水务发展的统领性规划。

睢宁"十四五"水务发展规划的指导思想是:牢固树立"创新、协调、绿色、开放、共享"的发展理念,全面践行"节水优先、空间均衡、系统治理、两手发力"的新时代治水思路,坚持"水利工程补短板、水利行业强监管"的总基调,全面落实河长制工作要求,实行最严格的水资源管理制度,围绕"五年再造一个新睢宁"的宏伟蓝图而努力奋斗。

睢宁"十四五"水务发展规划目标是:坚持绿色发展、人水和谐,坚持节水优先、高效利用,坚持统筹兼顾、综合治理,坚持深化改革、创新驱动。深入践行"绿水青山就是金山银山"的理念,着力推动水务行业固根基、补短板、强弱项、增优势,不断提高统筹贯彻新发展理念的能力和水平。控减水旱灾害损失,着力化解资源环境约束,维护河湖健康,夯实农业发展基础,高效发挥水务功能,以优良水安全、优质水资源、优美水生态、优越水环境构建水生态水美样板。推进全域无积水、全域消除黑臭水体,实现"全面转型、全城美丽、全民富裕"新睢宁的发展目标。

(睢宁县"十四五"水务发展规划具体内容见本志附录八。)

第三章 河　　流

本次续志 23 年间，睢宁县新开挖一条睢北河；不同程度扩浚或整理的有徐洪河、新龙河、徐沙河、老龙河、白塘河（城区段）、小睢河（城区段）、西渭河（城区段）、西沙河（东渭河）、潼河、老滩河、故黄河、民便河，共计 12 条；未经整理的有中渭河、田河、白马河、闸河、运料河、新源河、小阎河，共计 7 条。下面按排水水系分述 20 条河（另县城区美化水环境几条小河在本志第七章专述），并附徐州市分解到县骨干河道名录（分解到县）以供参考。

第一节　安河（徐洪河）水系

一、徐洪河

徐洪河原设计以调水功能为主，其结合航运只是五级航道。随着国民经济的快速发展，其水运功能逐渐不能满足需求。为提高航运效益，加强水资源综合利用价值，2012 年下半年睢宁县政府实施徐洪河航道"五改三"升级工程（徐沙河至民便河段）。工程由徐州市发展和改革委员会批准实施。2012 年 10 月 22 日，县委、县政府召开了徐洪河河道扩挖工程建设动员大会，并成立"睢宁县徐洪河河道扩挖工程建设指挥部"，具体负责工程建设工作，县水利局、交通局等相关部门及沿线五镇共同参与。工程于 2012 年 11 月开始清障，同年 12 月开工建设，共分为六个标段，通过招投标确定五家施工单位负责施工。2013 年 2 月底完成河口以下土方工程开挖，3 月 20 日完成滩面及堤防整理，3 月底土方工程全面完成，4 月 25 日通过睢宁县徐洪河工程指挥部组织的完工验收，5 月 10 日通过省交通运输厅航道局组织的竣工验收。

本次治理河道长 33.8 千米，河道扩挖标准为：河底宽 45 米，河底高程为 16.0 米，河坡为 1∶3，两侧滩面宽 7—10 米，开挖土方 360 万立方米，包括修建沿线电灌站 23 座、涵洞 16 座等配套建筑物，总投资 1.2 亿元。工程实施后，睢宁县东部地区防洪排涝、农田灌溉能力大大提高，少雨受旱、多雨受涝等自然灾害得到有效缓解。徐洪河航道由五级提升为三级、沿线碍航桥梁改造以后，2015年，全县经水路运输货物超2000万吨。徐洪河通过洪泽湖与金宝航道相连，形成贯穿全省南北、与京杭运河平行的又一条水运大动脉，对改善苏北地区航运条件、带动县域经济发展起到重要作用。

二、新龙河（包括跃进河）

新龙河和跃进河是中华人民共和国成立后人工开挖的一条干河，是县故黄河以南主要排水河道。其西起桃园镇鲁庙闸，向东穿越白马河、田河、老龙河，沿老龙河向东与白塘河相接，到汤集闸向东经邱集北穿过西渭河，再向东到凌城小陈庄西北，过中渭河折向东南到黄庙至凌城闸，与老龙河相接汇入徐洪河，全长37.7千米，流域面积为474平方千米，沿线提水灌溉面积37万亩。

2014年9月，江苏省水利厅下达《关于睢宁县新龙河治理工程初步设计的批复》，批准了新龙河邱集小李庄至凌城闸上一段疏浚工程。疏浚河长19.0千米，设计河底高程14～11.5米，河底宽30～40米，河道边坡比为1∶3。同时，拆建涵洞9座，新建赵庄涵洞1座，加固余海闸1座，拆建沿线灌排站12座，加固桥梁5座，工程总投资2989万元。治理标准按排涝5年一遇疏浚河道，沿线排涝涵闸拆建后按10年一遇标准建设，灌溉泵站按原规模拆建，引水涵洞按设计灌溉模数2.1立方米/（秒·万亩）建设。工程于2015年10月15日开工，2016年5月完工。

2020年11月30日，江苏省水利厅下发苏水许可〔2020〕54号文，同意对新龙河上游段魏陈大沟至汤集闸段及下游段凌城闸至徐洪河段按10年一遇排涝标准进行治理。治理河道长20.8千米，开挖土方150万立方米；拆除龙山闸，新建汤集北闸；拆建沿线涵闸2座以及跨河桥梁5座、过路涵8座；拆除阻水危桥2座等。概算投资为6458万元，其中省级投资为4521万元，县级配套投资为1937万元。

三、徐沙河

徐沙河为徐洪河支流，发源于双沟镇大赵村，横穿睢宁腹地，流经睢宁县城，东至沙集镇三丁村入徐洪河，具有防洪、排涝、灌溉及航运等综合功能。徐沙河全长59千米，承担着393.1平方千米的排涝及8个镇30多万亩农田的灌溉任务，属于区域骨干型河道。沿线有双洋河、苏东大沟、王西大沟、王东大沟、老龙河上段、西渭河、高西大沟、高东大沟、杜庄大沟、和平大沟等汇入。徐沙河线路东西贯穿县中部一条线,但在高集南被阻断,并不衔接。因高集以西属西北高亢地区,如徐沙河全线贯通,西部高水会对地形较低的县城形成洪涝灾害。当初规划徐沙河时,西北高水高排,睢宁县水利局仍将徐沙河上段之水从原来的田河排入潼河,高集以东的徐沙河排水直接进入徐洪河。

2001年冬,睢宁县结合县城区水环境改造对徐沙城区段进行治理。徐沙河城区段自西渭河至104国道岗头桥,长7.3千米,河道断面按20年一遇排涝标准设计(可满足引水灌溉要求),堤防按50年一遇防洪标准设计,通航按六级航道标准设计,开挖中泓,结合筑堤防,堤顶筑路,滩面植树。河道开挖标准为:河底高程为16.0米,底宽40米,边坡比1∶4,滩面宽50米,堤顶高程为设计洪水位高程加1.5米安全超高(堤顶高程24.0米左右),堤顶宽12～15米。2001年,冬安排10个镇上工,完成土方130万立方米。睢宁县自筹资金新建沿线滩面集水槽和泄水槽水土保持工程,开挖后城区段徐沙河标准高于上下游河道标准。

2013年起,睢宁县对徐沙河上段(大赵至埝头闸)进行了治理。2013年9月23日,江苏省水利厅批准了《睢宁县徐沙河上段治理工程初步设计》,按5年一遇排涝标准对双沟镇大赵村(运料河口)至王集镇杨集村总长17.41千米河道进行治理,设计河底高程为22.83米,河底宽5～12米,边坡比1∶3。

包括配套建筑物,概算总投资为2996万元,其中省级以上补助经费2097万元,市、县自筹配套899万元。工程于2013年11月完成招投标工作,施工中标单位为睢宁县水利工程建筑安装公司,监理中标单位为徐州市水利工程建设监理中心。2014年1月7日开工建设,8月13日通过徐州市水务局组织的通水检查,全部工程于12月底通过竣工验收。工程除完成17.41千米河道土方外,建成配套建筑还有新源闸一座,完成沟头防护10座,建成灌排泵站3座,新建桥梁3座、老桥防护4座,顶管施工穿路涵2座。

2014年,睢宁县对徐沙河中段(埝头闸至田河口)进行了治理。2014年7月1日,江苏省水利厅下达了《江苏省水利厅关于睢宁县徐沙河中段(埝头闸至田河口)治理工程初步设计的批复》(苏水建〔2014〕68号)。治理范围从徐沙河埝头闸至田河口段总长15.645千米,排涝标准按5年一遇进行治理,河底高程为22.83～18.18米,河底宽12～30米,边坡比1∶3,兴建配套建筑物33座。其中,新建埝头蓄水闸1座;新建河道沿线支沟跌水15座,拆建2座,维修1座;拆除重建阻水桥梁6座,加固桥梁1座;拆建沿线灌排站7座。概算总投资为

2942万元,其中省级以上补助70%,县级配套30%。同年8月,监理招标公告在江苏水利网等权威网站发布,9月17日至18日完成招标工作。施工中标单位为睢宁县水利工程建筑安装公司,监理标中标单位为徐州市水利工程建设监理中心。工程于2014年10月20日正式开工建设,2014年12月底完成主体工程,2015年汛期前全部完工,2015年年底前竣工验收。

徐沙河田河至104国道段,多年维持原状,河底高程为16.0米,河底宽40.0米,边坡比1∶3。

2014年,睢宁县对徐沙河下段(外环路桥下至沙集西闸段)进行了治理。徐沙河下段治理工程于2014年1月由省水利厅批复实施,治理范围为外环路桥下(桩号9+900)至沙集闸上(桩号X1+280)段,河道治理长度为10.62千米,工程等级为Ⅲ等,相应主要建筑物等级为3级,次要建筑物等级为4级。主要建设内容包括:河道拓浚10.62千米,新建12座跌水,拆除/重建10座沿线灌溉泵站。河道按5年一遇排涝标准,设计河底宽50米,河底高程为16.0~15.0米,河道边坡比1∶4。工程批复概算为2878万元,其中省级补助1726.8万元(60%),市县配套1151.2万元(40%)。工程于2014年8月中旬进行施工、监理单位的招标工作,2014年11月21日开工,2015年4月21日完成水下部分工程,2015年5月21日完成全部工程,2015年11月27日通过竣工验收。

四、睢北河

睢北河利用徐宿高速公路取土坑整理开挖成河道,为睢宁县东水西进打开了一条通道,源自双沟镇境内故黄河堰下胥北村,途径双沟、王集、庆安、梁集4个镇,在梁集镇袁圩村接入徐洪河,全长39.0千米,流域面积108平方千米。

2002年,江苏省发展计划委员会以苏计农经发〔2002〕1338号文对《睢宁县睢北河工程可行性研究报告》进行批复,河道工程按5年一遇排涝标准结合灌溉抽水及蓄水确定开挖标准。河道口宽按高速公路取土坑65米左右作为控制,河底宽度采取缓变宽度,各段河道断面开挖标准如下。

前袁至梁庙段长21.0千米,设计河底高程为18.0米,底宽为18~9米,两侧滩面宽度各为10米;梁庙至宋湾段长为6.86千米,设计河底高程为21.0米,底宽为18~9米,两侧滩面宽度各为10米;宋湾至胥北段长10.64千米,设计河底高程为25.0米,底宽为18~9米,两侧滩面宽度各为10米,河坡1∶4。

睢北河按照20年一遇防洪标准筑堤,从梁庙枢纽以下筑堤防洪,设计堤顶超高洪水位1.5米,顶宽4米,边坡比1∶3。

睢北河上有前袁闸、梁庙枢纽、宋湾枢纽三座跨河建筑。

五、老龙河

老龙河是故黄河决堤而形成的一条古河,源于故黄河南侧,经龙集南流过朱集、南庙、武宅、小朱折向东,经小夏、找沟、七咀,入徐洪河。睢宁县境内全长62.32千米,总流域面积为225.7平方千米。老龙河历史上是县内最长的排水干河,根据现状水系情况,分级向徐沙河、新龙河以及徐洪河排水。

（一）老龙河下段（汤集闸至七咀段）治理工程

2009年老龙河下段治理工程上报江苏省水利厅年度立项,被列入省区域治理项目。2011年4月9日,江苏省水利厅批准《睢宁县老龙河下段治理工程初步设计》。老龙河下段汤集闸至七咀段全长25.2千米,排涝标准按5年一遇、防洪标准20年一遇设计。疏浚河道土方65.8万立方米,加固堤防10.29千米。土方和相关配套建筑物共批准工程总投资2799万元,其中省级以上补助经费1959万元,市、县自筹配套840万元。总投资主要包括土方及配套建筑物经费2233万元、临时占地经费93万元、独立费用340万元、基本预备费用133万元。

工程于2011年9月20日开工建设,2011年年底完成河道土方及配套建筑物主体工程,2012年5月全部工程完工。

（二）老龙河上段（姚集公路至～104国道段）治理工程

2012年10月31日,江苏省水利厅下发《关于徐州市睢宁县老龙河上段治理工程初步设计的批复》。建设内容为:疏浚河道20.96千米,设计河底高程为22.83～16.33米,河底宽3～10米,河道边坡比1:2.5～1:3,设计滩面高程为25.8～22.51米;新建鲍滩、邱圩2座节制闸,加固程刘节制闸1座,拆建跨河生产桥6座,新建鲍滩电灌站1座,新建支沟跌水21座,改建龙东跌水1座。工程总投资为2790万元,其中省级以上补助为1953万元,市、县配套投资为837万元。工程于2013年2月20日进场,3月1日正式开工建设,6月25日主体工程完成,10月8日工程建设内容全部完成,11月1日通过投入使用验收,12月31日通过竣工验收。

（三）老龙河中段现状

老龙河（104国道～徐沙河段）长4.24千米,现河底高程为16.33米左右,底宽10米左右,已经达到5年一遇排涝标准。

老龙河（徐沙河～新龙河段）长12.0千米。现河底高程为17.40～

16.50 米,底宽 10 米左右。

六、白塘河

白塘河上游从庆安水库东侧向南经杨圩、杜巷、王老家、刘王庄、梁河、岳大桥、高塘、毛岗、马厂棚、土山、南庙注入龙河,全长 27.9 千米,流域面积为 128.7 平方千米,是重要的县域河道。

1976 年,睢宁县于白塘河与徐沙河十字口处建白塘河地涵,实行立体交叉。该地涵已列入《江苏省大中型病险水闸除险加固工程》,2020 年年底开始拆除重建。

白塘河是县内中部一条低水河道,沿途多低洼地区。1962 年、1976 年、1982 年进行过疏浚,后除县城区段外,其余河段没有再治理过,现状河底高程为 18.5~17.4 米,河道底宽 5~25 米,河道边坡比 1∶3。

七、小睢河

小睢河原发源于梁集镇王瓦庄,经县城西,最终于汤集八大家处入新龙河,全长 23.1 千米,流域面积为 84.7 平方千米。

20 世纪 70 年代实行梯级河网工程后,小睢河分三段处理:小睢河上段,即县城以北,原河平段,已不存在;小睢河中段,是县城区段,随着城区建设,先后几次整理美化;小睢河下段,从徐沙河到新龙河长 10 千米。1977 年冬对小睢河南段进行疏浚,河底高程为 15 米,河底宽 12 米,河道边坡比 1∶3。以后没有再整理。

2009 年,睢宁县于小睢河与徐沙河交汇处建小睢河地涵,排水立体交叉,在涵洞南首开天窗,可两河相通,方便水源调度。

八、西渭河

西渭河原从魏工南流经沈家湖,由戚姬院西边往南到王家村西边,走邱集东北偏东南方向流入新龙河,全长 25.7 千米,流域面积为 116.3 平方千米,是重要的县域河道。由于人工开挖睢北河、徐沙河和新龙河,西渭河被分为四段:上游排水入睢北河,睢北河以南排水入徐沙河,徐沙河以南排水入新龙河,新龙河以南排水入老龙河。新龙河以南的老龙河被邱集作为大沟级工程使用,所以习惯称之为西渭河,止于新龙河,中华人民共和国成立初西渭河排水就是入老龙河。西渭河、徐沙河以北段于 1997 年冬季进行疏浚,以后没有再整理。

九、中渭河

中渭河自沈集开始向东南行经高作东,再向东南在找沟集北入龙河。其全长为18.2千米,流域面积为112.1平方千米,是重要县域河道。徐沙河开挖后,中渭河被分成南北两段,北段排水入徐沙河,南段排水入新龙河。南段于1995年疏浚后,没再整理过,排涝标准不足5年一遇。

十、西沙河(东渭河)

西沙河起点为朱海水库,讫点为徐洪河(金镇),是一条重要的跨县河道。该河是分别于清雍正元年(1723年)和清雍正三年(1725年)两次黄河决口于朱海(当年睢宁与宿迁交界处)冲决而成,其沙集镇一段是睢宁和宿迁交界河,沙集镇大寺庄在河东有插花地。中华人民共和国成立后睢宁县整治河道时,称为东渭河(和西渭河、中渭河相对应),宿迁称西沙河。该河总长约为46.9千米,其中睢宁县部分起于沙集镇蔡吴村,讫于沙集镇东风村,境内河道长度为11.1千米、集水面积为40平方千米。

该项工程取名为西沙河剩余段治理工程(朱海水库至叶苌段、闸塘口至孟河头段)。江苏省水利厅于2018年10月下发《关于西沙河剩余段(朱海水库至叶苌段、闸塘口至孟河头段)睢宁县境内工程初步设计的批复》,批准兴建,核定投资为4179万元,其中省以上补助资金为2953万元,县级配套资金为1226万元。工程主要建设内容为:疏浚河道6.73千米,河坡防护1.58千米;拆建大寺闸;拆建杨集大桥、仲夏站,新建穿堤涵闸6座、拆建2座;沟口护砌3处;新建防汛道路7.775千米,新建顺堤桥2座。批复工程量为:开挖土方33.57万立方米,回填7.4万立方米,砂石垫层0.05万立方米,混凝土0.77万立方米,钢筋361吨,联锁块护坡0.64万平方米。

该工程河道排涝标准为10年一遇,防洪标准为20年一遇。工程等别为Ⅳ等,大寺闸等主要建筑物级别为4级,其他建筑物级别为5级。桥梁汽车荷载等级均为公路Ⅱ级。

该工程疏浚西沙河朱海水库至叶苌段(桩号6+540至11+230、11+230至13+270)长6.73千米,河底高程为18.15~16.98米,底宽14~24米,边坡比1∶3。

工程的建设管理工作由睢宁县西沙河剩余段治理工程建设处组织实施,2019年1月18日完成招投标工作,在征迁到位、开工备案、质量监督、安全监督、施工图设计审查等准备工作完成后,于 2019 年 2 月 26 日工程正式开工建设,2020 年 12 月 23 日全部完工。

十一、潼河

潼河发源于安徽省灵璧县张庙之北、闸河东堰下,向南流经高楼,转向东南大姚庄进入江苏省睢宁县李集镇的八里张,折向东到黄圩乡二郎庙,此处有白马河注入,继续向东进入安徽省泗县汕头集,再东经江苏省泗洪县归仁集到大子口与龙河汇合排水入安河,全长 64 千米,流域面积为 806 平方千米,其中睢宁县段长 21.49 千米,流域面积为 434.8 平方千米。属于区域骨干型河道,白马河、田河为其主要支流。

潼河跨越江苏、安徽两省,矛盾较多,每次治理必须经过双方充分协商。中华人民共和国成立后分别于 1952 年、1957 年、1966 年进行过三次疏浚。1998 年 8 月大雨,潼河流域大面积受灾,当年江苏省水利厅批复实施潼河治理工程。治理河道长度为 21.49 千米,河道标准为:除涝 5 年一遇,防洪 20 年一遇;河底宽 10～30 米,滩面宽 10～15 米,河底高程为 16.66～14.08 米,边坡比 1:3～1:2.5;配套建筑物 41 座,其中维修干河节制闸 2 座,改建干河桥 12 座,重建穿堤涵洞 22 座,机电站 5 座。省、市各补助经费 500 万元,县筹款 200 万元。1998 年 11 月 5 日开工,上工 18 个乡镇、7 万人,机械 2600 台套,12 月 15 日土方工程竣工。

十二、老濉河

老濉河是睢宁和安徽泗县的交界河位于睢宁县西南部。1949 年之前老濉河是奎濉河水系的排水干道,1949 年之后浍塘沟以下另辟新濉河,60 年代濉河调尾后,已成独立水系。按 1963 年苏皖两省的协议,周庄闸以上老濉河以北江苏境内区域涝水排入潼河,老濉河泗县、灵璧县和睢宁县三县交界以上安徽境内区域涝水排入虹灵沟。

老濉河全长 20.1 千米,流域面积为 52.07 平方千米,主要承担睢宁县老濉河以北李集镇南部地区灌溉和排涝任务。排涝时经黄南大沟排涝水入潼河杜集闸下,灌溉时通过李南大沟引潼河水经过五里王大沟引入老濉河。

老濉河治理工程由江苏省水利厅于 2014 年 12 月 16 日下发《关于睢宁县老濉河治理工程初步设计的批复》批准兴建,核定投资为 2985 万元。治理内容包括:疏浚老濉河河道 19.6 千米,疏浚黄南大沟 0.7 千米,新建周汪闸,拆建 4 座穿堤涵洞,新建、拆建灌溉泵站11座,拆建桥梁15座。工程量为:河道开挖土方45万立方米,砂石垫层0.14万立方米,混凝土1.23万立方米。河道工程具体为:老濉河按5年一遇排涝标准疏浚(桩号0+500～20+100),河道长19.6千米。疏浚设计河道中心线以原河道中心线为基准,安徽侧河口线维持原状,微弯段进行适当切角抹弯,弯道段维持现状弯道半径,不作裁弯取直。河道底宽15～10米,底高程为18.0米,边坡比1:3。

在桩号10+480处新建周汪闸,设3孔,每孔净宽4.0米,钢筋混凝土开敞式水闸。闸室底板顶高程为19.00米,设计流量为39.7立方米/秒。

工程于2015年10月20日开工建设,2016年2月20日完工,工期4个月。

十三、田河

田河发源于王集镇唐庄,经高集南,朱集西,最终于官山镇南入白马河,白马河又入潼河。河长25.2千米,流域面积为53.3平方千米。徐沙河把田河分为上、下两段:上段原河弯曲狭窄,后平毁被苏东大沟、王西大沟、王东大沟等代替,排水入徐沙河;下段因是高水河,河两侧几乎无涝水排入。田河于1997年治理后,没有再整治。目前,河道底宽为10～12.5米,河底高程25.50～17.50米,河道边坡比1:3。

2020年11月27日,徐州市水务局以徐水农〔2020〕82号文对睢宁县高集灌区续建配套与节水改造实施方案进行批复,治理田河(高集闸—徐沙河西支)6.2千米。田河治理投资概算为525万元。

十四、白马河

白马河为潼河分支,上游接闸河经万庄水库向东南桃园镇散卓,又经过官山镇大彭庄穿越跃进河,继续向东南方向到张山东南与田河交汇,经张山闸下泄到黄圩东二郎庙入潼河。白马河全长30.8千米,流域面积为130.2平方千米,是重要的县域河道。1965年疏浚后,白马河再未治理。现河底高程为21.0～16.5米,河道底宽8～25米,河道边坡比1:3。

十五、闸河

闸河是清康熙年间在峰山建闸为黄河分洪,黄河北迁后闸河从峰山至岚山境内万庄水库形成一片废滩地。1974年自徐沙河以南至万庄水库(长度5.67千米)疏浚一次,以后再没治理。

第二节 故 黄 河

睢宁县境内黄河故道横穿睢宁县北部,西接铜山区温庄,东至宿豫区朱海。河道流经双沟、王集、姚集、古邳、魏集5个镇,流域面积为226.3平方千米,全长69.5千米,占全市黄河故道近三分之一、全省黄河故道七分之一。

故黄河治理本着"综合开发、水利先行"的原则,坚持水利、交通、农业、生态、文化旅游、扶贫"六位一体",重点实施中泓贯通、道路畅通、土地整治、农业提升、生态建设、文化旅游、环境整治和扶贫开发八项工程。

一、干河治理

故黄河由于工段长,多年来进行分期分段治理。

（一）2011年双沟段治理工程（睢铜交界至高速路2号桥）

江苏省水利厅于2011年7月29日以苏水建〔2011〕46号文批复了《徐州市废黄河睢宁双沟段治理工程初步设计》。按10年一遇排涝标准进行治理。治理工程等别为Ⅳ等,主要建筑物级别为4级。建设内容为:疏浚河道6.305千米,恢复原河道两侧截渗沟10.585千米,拆除重建生产桥3座,维修加固交通桥1座,拆建跌水10座,加固观音机场灯光带墩等。工程总投资为2584万元,省以上投资1809万元,地方配套资金为775万元。该工程于2011年12月3日正式开工建设,2012年5月25日完成主体工程,6月1日通过水下工程验收,7月20日完成全部工程,8月17日通过投入使用验收,9月14日通过档案专项验收,12月24日通过审计部门审计,12月29日通过竣工验收。

（二）2013年故黄河高速路2号桥至峰山闸段治理工程

故黄河2号桥至峰山闸段长6千米,其中睢宁境内长3.24千米,铜山境内长2.76千米。徐州市水利局以徐水计〔2013〕11号文批准建设,核定睢宁县工程总投资为1587.7万元（不含拆迁补偿费）,其中市级补助为1111.4万元,县配套为476.3万元。建设内容为:疏浚河道3.24千米,开挖土方59万立方米,拆除重建生产桥2座,拆建涵洞及跌水9处。该工程于2013年1月18日正式开工,5月28日工程基本完成,6月3日通过水下部分阶段验收,8月15日全部工程完工,11月1日通过完工验收,11月9日通过档案验收。

（三）2014年开始实施从峰山闸至徐洪河治理工程

2014年4月2日,江苏省发改委以苏发改农经发〔2014〕308号文件批复了睢宁县黄河故道干河治理工程初步设计。

1. 工程批复内容

（1）治理范围：黄河故道峰山闸至房湾桥、黄河西闸至徐洪河段总长41.63千米干河治理任务（徐洪河以东4.47千米划入宿迁市治理范围）。

（2）治理标准：河道按10年一遇排涝标准疏浚，沿线薄弱段及缺口段防洪大堤按20年一遇防洪标准进行加固。

（3）主要建设内容：开挖土方1400万立方米，配套建筑物工程82座，其中新建滚水坝1座，加固峰山闸1座，新建峰山补水站1座，拆建灌溉泵站8座，拆建桥梁11座、加固4座，配套穿堤涵洞56座。

（4）各河段设计标准。① 峰山闸至房湾桥段。长25千米，设计中泓河底宽80米，底高程为25.0米，边坡比1∶4。其中，刘庄桥至房湾桥段长3.8千米，结合房湾湿地工程，规划建设房湾蓄水工程，将此河段开挖成复式断面，设计标准为：中泓河底宽80米，底高程为25.0米，边坡比1∶4。中泓两侧向外各扩挖100米浅滩，设计高程为27米，使本段水面总宽度达到300米（后进行调整，水面宽度约500米）。② 黄河西闸至黄河东闸段。全长1.9千米，设计中泓河底宽100米，底高程为25.0米，边坡比1∶4。中泓两侧向外各扩挖75米浅滩，设计高程为27米，使本段水面总宽度达280米。③ 黄河东闸至张庄滚水坝（新建）段。全长12.5千米，规划中泓河底宽80米，底高程为24.0～23.0米，边坡比1∶4。④ 张庄滚水坝至徐洪河段。全长2千米，规划中泓河底宽50米，底高程为16米，边坡比1∶4。

（5）批复施工工期：2014年4月至2015年12月。

（6）批复工程投资：概算总投资为5.16亿元，其中工程部分为3.73亿元，征迁部分为1.43亿元，省级补助3.6亿元（约占70%），县配套1.56亿元（约占30%）。

2. 工程实施情况

（1）一期工程完成情况。

一期工程为峰山闸至刘集桥段，长16.9千米，于2014年3月20日正式开工建设。睢宁县委、县政府领导对该工程高度重视，县水利局更是把黄河故道干河治理工程建设作为重中之重来抓。施工高峰期时，各类施工机械约700台套，至5月10日河道土方基本完成，完成土方近500万立方米。2014年年底，建筑物工程已基本完成。2016年6月，通过工程验收。一期工程完成投资约1.6亿元。

(2) 二期工程完成情况。

二期工程为刘集桥至黄河东闸段,长10千米。2014年8月12日,睢宁县委、县政府召开工程动员大会。二期工程时间紧、任务重,为保证河道土方工程的顺利完成,在施工高峰期,施工单位共组织各类施工机械约570余台套,保证了工程的顺利实施。二期工程河道总土方约400万立方米,2014年年底,河道中泓土方及配套建筑物基本完成,二期工程完成投资约1.56亿元。

(3) 三期工程完成情况。

三期工程为自黄河东闸至徐洪河,长14.73千米,土方近500万立方米,工程总投资2亿元。工程分两个标段实施。2014年12月初开工,2015年春节前完成土方工程,2015年5月底全部完成。

(四) 黄河故道后续工程

在黄河故道干河治理工程全面完成基础上,为进一步解决黄河故道分洪不畅、管护不到位、支沟引灌排水标准不足及两侧农田水利配套不完善等问题,根据《黄河故道地区发展水利专项规划》,全省启动了黄河故道后续工程建设。县建设内容包括整治魏工分洪道长7.9千米,拆建桥梁3座、涵洞3座,加固魏工分洪闸,新建周庄滚水坝,修建堤顶混凝土防汛道路4.28千米,新建管理房300平方米等,工程批复概算3087万元。工程于2018年4月开工建设,2019年5月全部完成。

二、魏工分洪道

1991年开挖最后一期徐洪河,将故黄河穿断。为解决故黄河一线的排水出路,在开挖徐洪河的同时兴建魏工分洪闸。该闸位于魏集以北、睢浦公路以西魏工小水库处。将故黄河南堤切开建魏工分洪闸,然后沿故黄河南堤外开挖魏工分洪道,东入徐洪河。魏工分洪道全长8.6千米,其标准为:河底高程为19~17米,河底宽5米,边坡比1:3,堤顶高程为24.5~25.5米,堤顶宽一般为3~4米。魏工分洪闸设计流量为50立方米/秒,孔径为3孔,每孔宽4.0米,底板高程为24.0米。

三、房湾湿地

房湾湿地水利风景区位于睢宁县姚集镇,依托古黄河而建,属于湿地型水利风景区。景区北至清水畔水库,南至王塘村,东起房湾桥,西至刘集桥,总面积为13.43平方千米,其中水域面积为2.18平方千米,是睢宁县重要的一处自然湿地,也是睢宁县人民政府批准规划的多维度打造的集生态农业、休闲度假、运动娱乐、乡村旅游于一体的徐州东部休闲新地标。

2014—2015年,借助黄河故道二次综合开发,结合黄河故道干河治理工程,重点打造房湾湿地。建设标准为:中泓河底宽80米,底高程为25.0米,边坡比1∶4。中泓两侧向外各扩挖100~200米浅滩,设计高程为27.8米,水面总宽度平均达到400米,同时完成了3座景观岛的堆筑和10.1千米游道、隔离沟的开挖,共完成土方280万立方米。通过水系和地形整理,在保持原生态基础上,形成了长约4千米、平均水面总宽度达到400米、总面积3000余亩的水利风景区。整个房湾湿地的河道蜿蜒曲折,河面宽阔,植被水草生长茂密,白鹭等野生鸟类较多,保持了原生态的湿地形态。

景区以古黄河传承文化和两汉文化为底蕴,结合张良匿邳、季子挂剑等人文资源及水利元素,经过多年建设已形成颇具规模的"一带五区三十景",主要景点有元帅题词、镇河铜牛雕塑、亭台水榭、荷塘月色、断桥残雪、湖心岛、鸟类栖息生态岛链、亲水观景平台、科普教育展示基地、芦苇荡、儿童画写生画基地、游船码头、莲花池、古黄河九曲十八弯、房湾灌溉涵洞、刘庄橡胶坝等,各景点相互衬托,突出水利元素。房湾湿地景区既有自然风景文化,又有积淀深厚的历史文化、水利文化、建筑文化及园林园艺文化。工程完工后有大量的游客参观,成为睢宁旅游的又一亮点。

第三节　濉唐河水系

一、运料河

运料河为濉河支流,发源于铜山区张集镇,主要承泄铜山东南部、睢宁双沟南部排水。江苏境内长17.5千米,流域面积为191平方千米,其中睢宁段长2.6千米,流域面积为10.7平方千米。该河下游在安徽灵璧县境内,河标准较高,上游在江苏境内,在20世纪曾作为边界工程整理成交界沟,没有进行过大规模扩浚。

二、新源河

新源河属运料河支流,上游在双沟镇苗圃村,下游在安徽灵璧竹园村入运料河,全长12.4千米,其中在双沟镇境内11.165千米,流域面积为34.9平方千米。

1986年下半年,江苏省水利厅批复同意睢宁按3年一遇排涝标准疏浚新源河,具体标准为:苗圃桥至徐沙河一段河底宽3米,河底高程为27.9~25.27米;徐沙河至双灵路河底宽4.5米,河底高程为25.27~23.22米;双灵路至省界河底宽4.5~7米,河底高程为23.22~22.91米,边坡比1:2.5。工程于1987年11月20日开工,1988年6月全部完工,此后没再整修过。

第四节 骆马湖水系

一、民便河

民便河治理工程由江苏省水利厅于2010年12月9日以《关于徐州市民便河治理工程初步设计的批复》(苏水建〔2010〕78号)文件批准兴建。原批复建设内容为:疏浚民便河长5.9千米,民便河南支长5.4千米,花河长1.54千米;环山沟长4.3千米,拆建排涝涵洞11座,生产桥3座,总投资为1891万元。治理河道标准为:防洪标准20年一遇,排涝标准5年一遇。疏浚后河坡比均为1:3,民便河河底高程为16.77~17.59米,河底宽20~30米;民便河南支河底高程为17.59~18.67米,河底宽10米;南支河加固两岸堤防长10.8千米,设计堤顶高程为24.17~27.4米,堤顶宽不小于3.0米,滩面宽不小于5米。

建筑物工程涵盖两方面。① 桥梁工程:拆除重建三座桥梁为青山西桥、杜湖东桥及骑河桥,桥面高程分别为24.35米、24.25米和24.15米,桥总宽5.5米,为3跨,每跨13米,钢筋混凝土灌注桩基础,钢筋混凝土预制板桥面。② 涵洞工程:赔建、新建涵洞均为钢筋(C25)混凝土箱型结构,单孔。洞身断面为1.5米×2.0米、2.0米×1.5米及1.5米×1.5米三种形式。

工程于2011年3月25日在江苏水利网进行发布了招标公告,4月20日在徐州开标,选定的监理单位为徐州市水利工程建设监理中心,施工单位为睢宁县水利工程建筑安装公司。工程于2011年6月11日开工,2012年2月20日完成主体工程建设任务,并于当年3月6日举行了水下部分阶段验收,5月20日完成全部建设任务,9月5日通过投入使用验收,9月14日通过档案专项验收,12月24日通过审计部门审计,12月29日通过竣工验收。完成工程量为:挖掘土方88.5万立方米,浆砌石800立方米,混凝土3580立方米,钢筋345吨,垫层1150立方米,拆除2300立方米,购置安装0.8米×1.0米铸铁闸门11扇,购置安装80千瓦螺杆式启闭机11台,启闭机房110平方米,完成投资1891万元。

由于民便河在批复前,花河、支沟环山沟已由当地古邳镇政府自筹资金进行了治理,治理标准基本满足民便河治理批复中设计标准。故睢宁县水利局城建项目建设处于2011年8月25日组织徐州市有关专家召开了方案调整专家论证会,与会专家同意将原批复的资金用于民便河主河道治理800米(标准同民便河)、拆建1座漫水桥(花沈桥:3跨10米,宽5.5米)和赔建1座电灌站(华庙站:1台300HW-5混流泵)。

江苏省淮河流域重点平原洼地近期治理工程睢宁县黄墩湖洼地治理工程经江苏省发展和改革委员会以苏发改农经发〔2019〕740号文件批复同意实施,江苏省水利厅以苏水建〔2019〕44号文件进行转发。工程总投资为19268万元,其中省以上投资为15384万元,县级配套资金为3884万元。批复工期为36个月,即2020—2022年。其中,治理民便河6.42千米。

二、小阎河

小阎河上接马帮大沟、崔瓦房大沟,然后顺徐洪河西侧向南再折向东经小阎河地涵穿越徐洪河,向东经老张集、赵庄到袁宅子注入黄墩湖小河,全长23.7千米,其中睢宁段为15.2千米,睢宁流域面积为55平方千米。该布局于1978年调整定型,1997年疏浚一次马帮大沟,以后没再整修过。

江苏省淮河流域重点平原洼地近期治理工程睢宁县黄墩湖洼地治理工程经江苏省发展和改革委员会以苏发改农经发〔2019〕740号文件批复同意实施,江苏省水利厅以苏水建〔2019〕44号文件进行转发。工程总投资为19268万元,其中省以上投资为15384万元,县级配套资金为3884万元。批复工期36个月,即2020—2022年。其中,治理小阎河2.45千米。

徐州市分解到县骨干河道名录如表3-1所列。

表3-1　徐州市境内骨干河道名录(分解到县)

河道行政区	河道类别	河道(或河段)名称	河道数量	所在水利分区	起点	讫点	河道长度/千米	河道等级	涉及行政区
睢宁县	流域性河道	徐洪河	1		民便河	七咀	49.5	2	邳州市、睢宁县、宿迁市区、泗洪县

表 3-1(续)

河道行政区	河道类别	河道(或河段)名称	河道数量	所在水利分区	起点	讫点	河道长度/千米	河道等级	涉及行政区
睢宁县	区域性骨干	黄河故道	4	废黄河区	铜睢界	宿迁界	69.5	3	丰县、徐州市区、铜山县、睢宁县、宿迁市区、泗阳县、淮安市区
		徐沙河		洪泽湖周边及以上区	双沟	徐洪河(沙集)	60	4	睢宁县
		潼河		洪泽湖周边及以上区	苏皖界(南陈集)	徐洪河(归仁)	22	4	睢宁县、泗洪县
		老濉河		洪泽湖周边及以上区	苏皖界(义井)	溧河洼	19.6	4	睢宁县、泗洪县
	重要跨县	民便河	4	骆马湖以上中运河两岸区	清水畔水库	中运河(民便河船闸)	28.1	5	睢宁县、邳州市
		小圌河		骆马湖以上中运河两岸区	徐洪河(张集地涵)	黄墩小河	8.2	6	睢宁县、宿迁市区
		老龙河		洪泽湖周边及以上区	汤集闸	徐洪河	25.7	5	睢宁县
		西沙河		洪泽湖周边及以上区	朱海水库	徐洪河(金城镇)	11	5	睢宁县、宿迁市区
	重要县域	白马河	7	洪泽湖周边及以上区	岚山镇	潼河	30.8	5	睢宁县
		魏工分洪道		洪泽湖周边及以上区	废黄河(魏工分洪闸)	徐洪河	8.6	5	睢宁县
		睢北河		洪泽湖周边及以上区	双沟	徐洪河	39	5	睢宁县
		新龙河		洪泽湖周边及以上区	魏陈大沟	徐洪河	39.8	6	睢宁县
		白塘河		洪泽湖周边及以上区	庆安水库	新龙河	27.9	6	睢宁县
		中渭河		洪泽湖周边及以上区	刘圩	新龙河(凌城)	18.2	6	睢宁县
		西渭河		洪泽湖周边及以上区	韩坝废水库	新龙河	25.7	6	睢宁县
	合计		16						

表 3-1(续)

河道行政区	河道类别	河道（或河段）名称	河道数量	所在水利分区	起点	讫点	河道长度/千米	河道等级	涉及行政区
睢宁县	非骨干河道	徐沙河西支	5				10.8		
		田河					21.9		
		牛鼻河					10.5		
		引水河					3		
		小睢河					12.4		
合计			5						

第四章 闸、涵

本章翔实记录了 1998—2020 年间改建和新建的 30 座水工建筑（1998 年以前所建旧建筑本章只略记），其中改建和新建水闸 23 座，改建和新建涵、坝 7 座。

几十年积累的水利建筑工程，由于从前受施工技术水平所限，质量不均，加之年代久远，工程老化，不断出现险情，迫切需要更新改造。例如，1958 年开工的凌城闸，3 年完成；1970 年冬施工的凌城抽水站，工期两年半。像这些工程都已经使用多年，正在发挥效益，拆除重建工程必须当年完成，不影响当年使用。众多工程需要改建，是量大；需要短时改建成功，是时间紧迫。然而县内一些主要闸、站拆建工程大都是在 2013—2016 年期间进行，而且没有影响当年使用，这充分显示进入 21 世纪后水工建筑水平。

第一节 水 闸

一、凌城节制闸

（一）工程概况

凌城闸位于睢宁县凌城镇新龙河上，距离徐洪河 3.4 千米，原状闸共 16 孔，总净宽 48 米，主要承担排泄新龙河上游 474 平方千米流域面积来水和配合凌城站抽引蓄水以解决上游 25 万亩农田灌溉的任务。该闸建设于 1959 年，原设计标准较低。经 50 多年运行，闸门漏水严重，启闭机老化，排架和工作桥等结构强度、闸室抗震稳定安全系数、消能设施长度、交通桥安全性能等都不能满足规范要求，且无启闭机房，存在严重的安全隐患。

2015 年 7 月 23 日，江苏省发展和改革委员会、江苏省水利厅下发《江苏省发展改革委、江苏省水利厅关于睢宁县凌城闸除险加固工程初步设计的批复》（苏发改农经发〔2015〕757 号），同意重建凌城闸。

（二）设计标准

新建凌城闸属中型水闸，工程等别为Ⅲ等，主体建筑物级别为3级，次要建筑物级别为4级。排涝标准为10年一遇，防洪标准为20年一遇。新建凌城闸采用开敞式钢筋混凝土结构，总净宽40.00米，设5孔，每孔径宽8.0米，设计流量为414立方米/秒，设8.12米×6.3米（宽×高）闸门5扇、5台QP-2×160千瓦卷扬式启闭机。

（三）工程施工

工程实际于2015年12月18日开工，2016年5月30日进行水下工程阶段验收，2016年12月28日完成批复建设内容，2018年8月29日进行完工验收，2019年12月27日进行竣工验收。

（四）工程管理

凌城闸除险加固工程于2019年8月29日移交给睢宁县凌城抽水站进行管理。睢宁县凌城抽水站共有管理人员14人。管理人员中，站长兼支部书记1人，副站长1人，副书记2人，泵站机电运行人员6人，水闸管理员4人。睢宁县凌城抽水站是财政拨款的事业单位，经费来源主要依靠财政拨款。工程投入运行以来，凌城闸发挥了防洪、排涝、蓄水灌溉等综合作用。图4-1所示为凌城闸。

图4-1 凌城闸

二、沙集节制闸

沙集闸位于睢宁县沙集镇境内，徐沙河的斜叉河上，1978年2月开工建设，1979年5月竣工。老闸共6孔，闸孔净宽7米，闸底高程为15.0米，闸顶高程为24.0米,闸身总宽47米。沙集闸采用反拱底板、浆砌石墩墙、拱板式交通桥,净宽5.4米。老闸为钢丝网水泥波形面板闸门,配2×16吨卷扬式启闭机。2009年3月12日睢宁县水利局组织对该闸进行安全鉴定,鉴定结果为四类闸。

2015年12月17日,江苏省发展和改革委员会、江苏省水利厅以《江苏省发展改革委、江苏省水利厅关于睢宁县沙集闸除险加固工程初步设计的批复》(苏发改农经发〔2015〕1351号)予以批复,核定初步设计概算投资为2831万元。本工程建设任务主要是拆除重建沙集闸,设计排涝标准为10年一遇,防洪标准20年一遇。工程可提高徐沙河防洪、除涝能力,解决北部部分高亢地区灌溉问题,为该地区农业发展提供可靠的水源保护。

新建沙集闸工程等别为Ⅲ等,主体建筑物级别为3级,临时工程建筑物级别为4级,临时建筑物为5级,设计排涝标准为10年一遇,防洪标准20年一遇。新建沙集闸采用开敞式钢筋混凝土结构,总净宽40.0米,设5孔,每孔净宽8.0米,设计流量405立方米/秒。

工程主要建设内容包括:拆除重建闸室、上下游翼墙、上游铺盖、下游第一级消力池、上下游护坡、护底及下游防冲槽等,配备闸门、启闭机及电气设备,新建启闭房等,保留、加固下游第二级消力池。

沙集闸除险加固工程于2016年10月20日开工,次年5月23日完成水下工程。2018年12月28日完工,2019年12月27日进行了竣工验收。

沙集闸于2019年6月26日办理移交证书正式移交凌城抽水站进行运行管理。工程投入试使用以来,运行正常,发挥了重要的蓄水灌溉和防洪排涝功能。图4-2所示为沙集闸。

图4-2 沙集闸

三、民便河船闸

民便河船闸于 1971 年 9 月建成，2019 年下闸首改建，旧闸拆除后按原标准重建。图 4-3 所示为民便河船闸。

图 4-3　民便河船闸

四、民便河节制闸

民便河节制闸位于徐洪河和民便河交叉处，徐洪河东侧。闸北是邳州土地，闸南部大部分是睢宁土地，闸东南角有邳县插花田块。民便河节制闸于 1986 年 10 月建成，当时是县建县管，1992 年 12 月 2 日收归徐州市水利局管理，2013 年改建仍为市建市管。

除民便河节制闸外，在县境内还有徐洪河上黄河北闸、故黄河上魏工分洪闸和峰山闸，均属徐州市水利局管理。

五、高集节制闸

（一）工程概况

高集闸位于睢宁县岚山镇境内徐沙河上，具有排涝和蓄水灌溉功能，建成于 1975 年，设 4 孔，总净宽 14 米。经过 40 多年的运行，闸身整体抗震性能较差，过流能力不足，闸室及翼墙抗滑稳定性不符合规范要求，闸门面板、交通桥、工作桥、排架等混凝土结构碳化膨胀,局部剥落露筋,启闭设备老化,管理设施简陋,存在严重的安全隐患。2009年3月12日,睢宁县水利局组织对该闸进行安全鉴定,鉴定结果为四类闸。

2015年7月23日,江苏省发展改革委、省水利厅以《江苏省发展改革委、江苏省水利厅关于睢宁县高集闸除险加固工程初步设计的批复》(苏发改农经发〔2015〕754号)予以批复,核定初步设计概算投资为1076万元。

(二)设计标准

新建高集闸工程等别为Ⅲ等,主体建筑物级别为3级,临时工程建筑物级别为4级,临时建筑物为5级,设计排涝标准为10年一遇。新建高集闸采用开敞式钢筋混凝土结构,总净宽18.0米,设3孔,每孔净宽6.0米,设计流量175立方米/秒。工程可提高徐沙河行洪除涝能力,保护沿线工农业生产和人民生命财产的安全,改善上游5万亩农田灌溉条件。

(三)工程建设情况

工程自2015年12月5日正式开工,建设过程中,江苏省水利厅、徐州市水利局、睢宁县政府、睢宁县水利局等单位领导多次到工地检查指导工作,并及时会办解决影响工程进度的有关困难和问题,保证了工程的顺利实施。2016年5月16日完成水下部分,2016年5月30日通过由徐州市水利局组织的水下验收,2019年7月19日通过由徐州市水利局组织的竣工验收。图4-4为高集节制闸。

图4-4 高集节制闸

六、新龙河沿线控制闸

新龙河沿线有汤集闸、汤集北闸、鲁庙闸3座节制工程。

（一）汤集闸

汤集闸1966年6月建成，设3孔，每孔宽4米。

（二）汤集北闸

1973年10月建成的原龙山闸（1孔6米）被拆除，移址重建汤集北闸。

汤集北闸为拦河闸，位于小睢河入新龙河口之西约200米的老龙河上，主要作用为蓄水、排涝，将闸上蓄水抬高至19~20米（设计最高蓄水为20米），提高灌溉效益。主要建筑物级别为3级，次要建筑物级别为4级，临时建筑物级别为5级。设计排涝标准为10年一遇。汤集北闸设计为3孔、每孔宽8米，闸门采用直升式平面钢闸门，门体尺寸为8.12米×6.3米，配QP-2×160千瓦-11米双吊点卷扬式启闭机3台套。

汤集北闸2021年2月1日开工建设。

（三）鲁庙闸

鲁庙闸位于跃进河最西端，桃元到李集公路上。老鲁庙闸于1981年11月建成，设5孔，每孔3米。当年老闸施工全部用细石屑代替黄沙，中华人民共和国成立后，县内建筑用沙都取自宿迁北井儿头沙矿，后该矿枯竭，又向北移到新沂县境内购沙。用沙运距越来越远，成本越来越高，沙质还越来越差。为此，睢宁县水利局进行技术革新。用官山镇龙山采石厂石子粉碎机加工中退废下的细石屑，做成标准砂浆和混凝土试块，到县官山水泥厂试验室，分别进行7天、14天、28天龄期抗压、抗拉试验，结果石屑浆试块强度均高于砂浆试块。20世纪七八十年代，县小型农田水利配套建筑大多用细石屑。鲁庙闸是县内全用细石屑代替黄沙最大的一个水工建筑，当年节省了工程经费，其工程寿命至今有近40年。

2009年3月12日，睢宁县水利局组织对该闸进行安全鉴定，鉴定结果为四类闸。2019年10月进行拆除重建，设计为3孔、每孔径宽4.0米开敞式水闸，净宽12.0米，总宽15.6米，设计最大流量为103立方米/秒。

七、潼河水系节制闸

潼河水系有杜集闸、四里桥闸和张山闸3座节制工程。

（一）杜集闸

杜集闸在官山镇境内潼河上，位于白马河进潼河之入口以上。1979年7月建成，1998年疏浚潼河时曾对该闸维修加固。

杜集闸于 2016 年 12 月拆除重建，为 5 孔、每孔宽 5 米开敞式水闸，底板顶高程为 14.60 米，闸墩顶高程为 21.20 米。主闸门采用 5.12 米×4.2 米(宽×高)平面钢闸门 5 扇，配 QP-2×60 千瓦-9 米卷扬式启闭机 5 台套。该闸为潼河排涝、灌溉重要的节制建筑物。

（二）四里桥闸

四里桥闸位于李集镇潼河上，于 1971 年 6 月建成，设 14 孔，闸孔净宽 2.0 米，总宽 39.4 米。闸顶高程为 20.86 米，底板高程为 16.16 米，最大流量 206 立方米/秒。该闸为浆砌块石闸墩、上下游翼墙，钢筋混凝土闸门，配 5 吨手电两用螺杆式启闭机。2009 年 3 月 10 至 12 日，徐州市水利局主持召开了该闸安全鉴定审查会。会议成立了专家组，形成安全鉴定结论如下：该闸工程存在严重的安全问题，运用指标无法达到设计标准，按照《水闸安全鉴定规定》(SL 214—98)第 6.0.2 条规定，确定该闸安全类别为四类，建议拆除重建。

该闸已于 2019 年 8 月经批准拆除重建，目前正在重建中。

（三）官山闸

官山闸起初叫张山闸，位于睢宁县官山镇 104 国道与白马河交汇处，下游进入潼河，闸上游流域面积为 213 平方千米，具有排涝和蓄水灌溉功能。该闸于 1967 年 7 月建成，设 10 孔，每孔净宽 2.6 米，2004 年维修过一次。2009 年 3 月 10 至 12 日，徐州市水利局主持召开了该闸安全鉴定审查会。会议成立了专家组，形成安全鉴定结论如下：该闸工程存在严重的安全问题，运用指标无法达到设计标准，按照《水闸安全鉴定规定》(SL 214—98)第 6.0.2 条规定，确定该闸安全类别为四类，建议拆除重建。

2015 年 10 月江苏省发展和改革委员会批准移址重建官山闸。新建官山闸总净宽为 22.5 米，设 5 孔，每孔净宽 4.5 米，设计流量为 204.0 立方米/秒，设计排涝标准为 10 年一遇，防涝标准为 20 年一遇。新建灌溉涵洞设计流量为 5.0 立方米/秒，新建排涝涵洞设计流量为 5.0 立方米/秒。工程总投资为 1252 万元。工程于 2016 年 3 月 1 日正式开工建设，2016 年 11 月 24 日通过水下工程验收。

八、徐沙河中、下段控制闸

（一）朱东闸

朱东闸位于睢宁县桃园镇境内，位于朱集东老龙河上。2009 年 3 月 10 日至12日,徐州市水利局主持召开了该闸安全鉴定审查会。会议成立了专家组,形成安全鉴定结论如下:该闸工程存在严重的安全问题,运用指标无法达到设计标准,按照《水闸安全鉴定规定》(SL 214—98)第6.0.2条规定,确定该闸安全类别为四类,建议拆除重建。该闸老旧,列入除险加固工程项目。

具体工作有原址拆除重建闸室及上下游连接段水工建筑物,更换闸门、启闭机及电气设备,增设部分管理设施等。新建闸设计流量为85.7立方米/秒,校核流量为142.8立方米/秒。该闸设3孔,每孔宽为5.0米。闸门采用平面钢闸门,配QP-2×80千瓦-7米卷扬式启闭机。闸上公路桥荷载等级为公路Ⅱ级,桥面宽度9.0+2×0.5米。该闸改建后,老龙河排涝能力达到5年一遇,防洪能力达到20年一遇。该工程于2013年4月25日开工,同年12月完工,2015年8月28日通过徐州市水利局组织的竣工验收。朱东闸除险加固工程总概算为1065万元,其中省以上投资为746万元,市县配套资金为319万元。

(二) 朱西闸

朱西闸位于县桃园镇境内,朱集西田河上,1974年2月开工,同年10月竣工。该闸设6孔,每孔宽度3.8米,闸顶高程为22.35米,闸底板高程为18.2米。该闸为浆砌块石闸墩、上下游翼墙、钢丝网立拱闸门,配6台10吨螺杆启闭机。桥面为钢筋混凝土微弯板,净宽4.1米,最大流量166立方米/秒,排涝面积为158平方千米。朱西闸建成后,属桃园水利管理服务站管理,具体负责日常管理、巡查及维护,保护工程完整性和运行安全。

2009年3月10至12日,徐州市水利局主持召开了朱西闸安全鉴定审查会。会议成立了专家组,形成安全鉴定结论如下:该闸工程存在严重的安全问题,运用指标无法达到设计标准,按照《水闸安全鉴定规定》(SL 214—98)第6.0.2条规定,确定该闸安全类别为四类,建议拆除重建。拆除重建报告于2019年10月9日获批复,目前正在拆除重建。

(三) 胡滩闸

胡滩闸位于睢宁县桃园镇境内,徐沙河西支上。该闸是县内龙河水系和潼河水系控制闸,向西部引水时闸门提起,排涝时落闸防西部高水东流,1980年9月开工,1981年12月竣工。水闸设1孔,净宽5.8米,上闸门顶高程为22.30米,下闸门顶高程为19.0米,闸底板高程为16.5米,河底高程为16.5米,最大流量为136立方米/秒。该闸为浆砌石闸墩、上下游翼墙,闸门型式为钢筋混凝土弧形门,配10吨手电两用螺杆式启闭机。混凝土微弯板交通桥净宽4.0米。

胡滩闸建成后,属桃园水利管理服务站管理,具体负责日常管理、巡查及维护,保护工程完整性和运行安全。由睢宁县防汛抗旱指挥中心根据水情、工情统一进行调度。经30年运行,已形成胡滩闸管理运行的规章、操作程序,机电设备维修养护等制度。

2009年3月10日至12日,徐州市水利局主持召开了胡滩闸安全鉴定审查会。会议成立了专家组,形成安全鉴定结论如下:该闸工程存在严重的安全问题,运用指标无法达到设计标准,按照《水闸安全评价导则》(SL 214—98)规定,确定该闸安全类别为四类,建议拆除重建。2020年8月3日,胡滩闸拆除重建报告已获批复,正在拆除重建。

(四)中渭河闸

中渭河闸位于睢宁县高作镇,徐沙河南侧中渭河上,建于1983年,同年11月竣工。该闸为单孔闸,闸孔净宽6米,闸顶高程为22.0米,闸底高程为15.5米,设计流量为100立方米/秒。闸门采用钢丝水泥网双曲扁壳形式,配2×16吨电动鼓绳启闭机。该闸使用混凝土微弯板交通桥,净宽6.0米。

该闸底板下土质不好,貌似黏土,实际是稀淤,承载能力很差。施工时闸边墩已建到顶,突然倾覆倒塌,后拆掉改为井柱基础。

中渭河闸属高作水利站负责管理,水闸运行严格服从县防指统一指挥。自1983年建成以后,没有投入经费进行维修加固,目前该闸损坏严重,存在问题较多。2020年12月4日由扬州大学进行安全鉴定,鉴定结果为四类闸。

九、徐沙河上段和西北片控制闸

20世纪县西北片由徐沙河上高集闸(已改建)、青年大沟的青年沟闸、白马河上游的散卓闸、魏陈大沟的魏洼闸、老田河上的郭楼闸所控制,至今未变,1998年后新建汪庄闸和埝头闸。

21世纪初建汪庄闸。汪庄闸(站)位于睢宁县王集镇和岚山镇交界处徐沙河上、王岚公路桥下游100米处,站南处于岚山镇,站北处于王集镇,因靠近岚山镇汪庄村,故名汪庄闸站。汪庄闸(站)是睢宁县徐沙河上的第三个梯级,闸站结合,于2001年4月开始施工,2002年5月建成并投入运行。工程总投资为504万元。工程规模为:设3孔,每孔径宽5米,闸底板高程为21.0米,闸室顶高程为27.0米,闸顶布置有宽4.5米的交通桥和宽1.6米的检修桥各一座,排架宽2.6米、高5.8米。下游扶壁翼墙一侧安装2台轴流式潜水电泵,另一侧预留两个机坑,以便将来扩建时备用。翼墙后部为出水汇水箱,出水箱绕墙后进入闸室。该闸设计排涝流量为143立方米/秒,排涝面积为85.7平方千米。

2014—2015年,在苏塘南徐沙河上建成埝头闸,为3孔、孔径3米开敞式水闸。底板高程22.83米,按10年一遇排涝标准设计,设计流量为90.0立方米/秒。

十、故黄河沿线控制闸

睢宁县境内故黄河分三个梯级治理。下段控制工程,也是本县故黄河总控制,是魏工分洪闸,属于市建市管。中段控制工程是黄河东闸,后又建黄河西闸。上段控制工程是峰山闸。2016年在下段建张庄滚水坝(在本章第二节中详述),2018年在房弯湿地之西建刘庄橡胶坝(在本章第二节中详述)。

(一)黄河东闸

1. 工程概况

黄河东闸位于睢宁县古邳镇的故黄河干流,建成于1967年,最大设计流量为160立方米/秒,共8孔,单孔净宽4.4米,闸顶高程为31.0米(废黄河高程系,下同),底板面高程为27.0米。该闸既为故黄河中段梯级控制闸,又是庆安水库的溢洪闸,主要承担故黄河上游来水,控制古邳抽水站抽水进入庆安水库。工程自建成投入运行以来,工程日趋老化,无法满足安全运行条件。2013年江苏省发展和改革委员会批准进行除险加固。2014年7月1日,江苏省水利厅以〔2014〕69号文下发《关于睢宁县黄河东闸除险加固工程设计变更的批复》,核定工程初步设计概算投资为2117万元。

2. 设计标准

新建黄河东闸闸孔总净宽35.0米,单孔净宽5.0米,共7孔;工程等别为Ⅲ等,主要建筑物级别为3级,次要建筑物为4级,临时建筑物为5级;设计排涝标准为20年一遇,相应排涝流量为177立方米/秒,防洪标准为100年一遇,相应校核流量为351立方米/秒。闸上公路桥荷载设计标准为公路Ⅱ级。

3. 工程施工

工程于2014年11月15日开工,2015年5月24日通过了由徐州市水利局组织的水下验收,2016年7月14日通过了由睢宁县中型水闸除险加固工程建设处组织的完工验收,并移交给管理单位睢宁县古邳抽水站,2017年1月12日通过了由徐州市水利局组织的竣工验收。

(二)黄河西闸

黄河西闸位于睢宁县姚集、古邳镇交界处,故黄河睢邳公路上,于1994年

11月开工,1995年7月竣工,完成土方6万立方米、石方2527立方米、混凝土2495立方米。

该闸共7孔,闸孔净宽4.5米,总宽41.4米;按20年一遇设计,流量为185立方米/秒。50年一遇校核,流量为220立方米/秒。该闸为井柱基础,梁板结构。闸门顶高程为28.7米。底板高程为中间3孔26米、两边4孔26.5米。闸门型式为钢筋混凝土闸门,配2×8吨手电两用螺杆启闭机7台。2020年10月30日由扬州大学进行安全鉴定结果为四类闸。

(三)峰山闸

1987年初建时为橡皮坝,坝宽30米,坝底板高程为29米。当时该工程属县建县管,1992年12月收归徐州市水利局管理,于1993年3月至7月被改建成小型节制闸。该闸计3孔,孔径3.5米,底板高程为29.7米,排涝标准为20年一遇,流量为75立方米/秒。

十一、黄墩湖地区控制闸

黄墩湖地区共有5座控制工程,其中,古邳、新工两抽水站引水闸各1座,系1978年以前所建。1978年建古邳东部引、排水调度闸2座,即圯桥闸和白门楼闸。1996年冬至1997年夏,在睢邳公路东民便河上建挡洪涵洞。洞身6孔,两边孔孔径为3.75米,中间4孔孔径3.9米,底板高程为17米,洞顶高程为21.5米,防洪堤顶高程为26.5米。在洞首,每2孔配一块闸门板,闸门为叠梁式钢闸门。用2台3吨悬挂式电动葫芦启闭机。该涵洞在半山北侧,涵洞底板底下不深处便是半山北坡脚,坡脚南高北低。为确保涵洞安全,坡脚上土全部被挖掉,做框格形基础,框格内填土夯实后,浇筑底板。

十二、睢北河节制闸

睢北河共有3座控制工程。

(一)前袁节制闸

前袁节制闸又称袁圩节制闸,2006年建在睢北河与徐洪河连接处,主要作用是挡洪、蓄水、排涝。排水面积为108平方千米,设计排涝流量为90.5立方米/秒,校核流量为165.8立方米/秒(表4-1)。闸孔为3孔,每孔径宽5米,闸上交通桥面净宽4.5米。工程投资为519万元。该闸同已建成的袁圩抽水站共同组成一组枢纽工程。

表 4-1　水位组合及底板高程

名称	上游/米	下游/米	流量/(立方米·秒$^{-1}$)
正向挡水（睢北河高水）	21.50	19.70	
反向挡水（徐洪河高水）	21.50	22.50	
5年一遇排涝标准	21.65	21.53	90.50
20年一遇防洪标准	22.79	22.59	165.80
底板高程	18.00	18.00	

袁圩渡槽位于袁圩节制闸东，是钢筋混凝土矩形槽，宽 1.5 米，设计流量为 2 立方米/秒，工程投资为 39 万元。

（二）梁庙闸站

梁庙闸是睢北河最重要的一个梯级枢纽工程，为闸站一体化布局。闸上设计蓄水位 25.0 米，闸孔为 3 孔，每孔净宽 3 米，两侧分别安装 2 台 φ900 毫米的潜水电泵，总装机容量为 880 千瓦，工程投资为 1112 万元，于 2006 年开始建。

表 4-2　水位组合及底板高程

名称	上游/米	下游/米	流量/(立方米·秒$^{-1}$)
正常蓄水位	25.00	21.50	
设计抽抽水水位	25.00	19.70	8.00
5年一遇排涝标准	23.16	22.96	38.30
20年一遇防洪标准	25.38	25.08	70.20
底板高程	21.00	17.50	

（三）宋湾闸站

宋湾闸站为一体化布局。闸上正常设计蓄水位为 28.0 米，闸孔为 3 孔，每孔净宽 5 米。两侧分别安装 2 台 700 毫米直径的潜水电泵，总装机容量为 528 千瓦，工程投资为 530 万元，于 2004 年兴建。

表 4-3　水位组合及底板高程

名称	上游/米	下游/米	流量/(立方米·秒$^{-1}$)
正常蓄水位	28.00	25.00	
设计抽抽水水位	28.00	23.50	5.00
5年一遇排涝标准	27.00	23.68	15.60
20年一遇防洪标准	28.00	25.20	28.60
底板高程	25.00	20.50	

十三、老龙河上段节制闸

老龙河上段节制闸有程刘节制闸、夏场节制闸、鲍滩节制闸、邱圩节制闸。

程刘节制闸在姚集镇程刘村牛鼻河上,闸底高程为22.64米。该闸于2012年将闸门、启闭机、上下游护坡、翼墙等维修加固。

夏场节制闸位于姚集至龙集交通路东侧牛鼻河上,现状尺寸为3孔,孔径为1.3米,闸底板高程为21.33米,设计流量为10立方米/秒。该闸建于1984年,现状已经十分破旧。

鲍滩节制闸位于庆安至龙集交通路北侧牛鼻河上。2012年,将原龙东闸被拆除北移改建于此。新建闸为3孔,孔径3米,是开敞式水闸,闸底板高程为18.83米,按10年一遇排涝标准设计,设计流量为47.1立方米/秒。

邱圩节制闸位于牛鼻河入老龙河后之老龙河上,于2012年新建,为3孔,孔径为3.5米开敞式水闸,闸底板高程为17.33米,按10年一遇排涝标准设计,设计流量为85.5立方米/秒。

十四、县周边节制闸

(一) 双沟镇南新源河闸

新源河闸于1988年兴建。兴建前,睢宁、灵璧两县水利部门协商后同意疏浚新源河并同时兴建新源河闸。该闸位于徐沙河和新源河交叉处,徐沙河南侧。该闸为2孔,孔径为2米,底板高程为25.6米,平板闸门,配2台3吨启闭机。后经改造,其按引水流量为7.74立方米/秒设计,为单孔,孔径为2.0米,为钢闸门,下游设6米宽的交通桥。

(二) 县西南边界老濉河上周汪闸

2016年初,周汪闸在老濉河上新建,为3孔,每孔净宽4.0米,为钢筋混凝土开敞式水闸,闸室底板顶高程为19.00米,设计流量为39.7立方米/秒。

(三) 县东部边界东渭河(亦称西沙河)上大寺闸

2020年底,大寺闸在东渭河上拆建。其10年一遇设计流量64.2立方米/秒,20年一遇校核流量为86.4立方米/秒。新建水闸采用C30钢筋混凝土平底板开敞式结构,共3孔,单孔径宽5.0米,上设排架及工作桥、交通桥、检修便桥。启闭机工作桥桥面高程为27.6米,上设启闭机房,建筑面积为81.84平方米;闸上交通桥净宽为4.5米。

第二节 涵、坝

一、徐沙河上白塘河地下涵洞

徐沙河上白塘河地下涵洞位于白塘河与徐沙河十字交叉口上。建成后,在涵洞北白塘河东堤上建王场涵洞,在涵洞东徐沙河北堤上建祁庄涵洞。

白塘河地下涵洞设计排水面积为 115 平方千米,按 10 年一遇标准,流量为 110 立方米/秒。该涵洞设 5 孔,每孔净宽 3.5 米,净高 3 米,洞身长 120 米,洞底板高程为 10.5 米,洞身结构为盖板式方涵洞,为钢筋混凝土底板和盖板,浆砌块石墩墙。涵洞北段设直升式闸门。该涵洞设 1975 年 11 月 5 日开工,1976 年 4 月底竣工,总投资为 91 万元。如图 4-5 所示。

图 4-5 白塘河地下涵调

2009 年 2 月,无锡市水利设计研究院有限公司作为安全鉴定承担单位对地涵进行安全复核计算分析。2009 年 3 月 10 至 12 日,徐州市水利局主持召开了白塘河地涵安全鉴定审查会。会议成立了专家组,形成安全鉴定结论如下:该闸工程存在严重的安全问题,运用指标无法达到设计标准,按照《水闸安全评价导则》规定,确定该闸安全类别为四类,建议拆除重建。

拆除重建报告 2019 年 10 月 9 日已获江苏省批复,目前正在拆除重建。

注:本节按涵、坝兴建时间先后记述。

二、徐洪河上小阎河地下涵洞

徐洪河上小阎河地下涵洞位于黄墩湖地区徐洪河与小阎河十字交叉处。小阎河与徐洪河立体交叉,使小阎河之水经地下涵洞从徐洪河底部穿过。

小阎河地下涵洞按10年一遇排涝标准68立方米/秒设计,设5孔,孔宽3米,孔高3米,洞身总长为136米。

该涵洞于1979年2月28日获江苏省水利局以苏革水〔1979〕计字第73号文批准,1978年12月开工,1979年12月底竣工,总投资为126万元。

三、睢北河上白塘河地下涵洞

睢北河上白塘河地下涵洞位于睢北河与白塘河交叉处,睢北河与白塘河立体交叉,钢筋混凝土箱涵。该涵洞设4孔,孔径4米,设计排涝流量为66.9立方米/秒,校核流量为122.5立方米/秒,工程投资为580万元,如表4-4所列。

表4-4 水位组合及底板高程

名称	上游/米	下游/米	流量/(立方米·秒$^{-1}$)
5年一遇排涝	22.49	22.32	66.90
20年一遇防洪	24.12	23.57	122.50
底板高程	18.00	18.00	

四、睢北河庆上安干渠地下涵洞

睢北河上庆安干渠地下涵洞建在睢北河同省道睢邳公路交汇处。该涵洞一次性穿越庆安干渠西沟、庆安干渠和睢邳公路,为钢筋混凝土箱涵,设4孔,每孔断面宽4米、高3.5米,引水流量为8立方米/秒,设计排涝流量为66.9立方米/秒,涵洞总长为196米,工程投资为799万元,如表4-5所列。

表4-5 睢北河上安庆干渠地下涵洞水位组合及底板高程

名称	上游/米	下游/米	流量/(立方米·秒$^{-1}$)
正常蓄水位	20.50	20.50	
5年一遇排涝	22.73	22.53	66.90
20年一遇防洪	24.76	24.16	122.50
底板高程	18.00	18.00	

五、徐沙河上小睢河地下涵洞

徐沙河上小睢河地下涵洞位于青年路与小睢河南段交汇处,于 2009 年建成。该涵洞设 2 孔,每孔孔径为 3 米,钢筋混凝土箱涵结构,配备 15 吨手电两用螺杆式启闭机,闸门双向止水。工程设计标准为 10 年一遇设计排涝流量为 17.44 立方米/秒,20 年一遇校核排涝流量为 24.19 立方米/秒,徐沙河天窗设计灌溉流量为 20.0 立方米/秒。

小睢河地下涵洞建成后,原小睢河睢城闸被废。

六、故黄河上张庄滚水坝

故黄河上张庄滚水坝位于睢宁县境内黄河故道干河上,在徐洪河以西 2 千米处,为黄河故道睢宁段控制工程之一,是控制黄河东闸下游水位,具有蓄水灌溉、交通等综合功能的Ⅲ级水工建筑物,也是睢宁县黄河故道干河治理工程单体投资量最大的建筑物。工程于 2015 年 2 月开工,2016 年 1 月完工。

本坝采用上下坝两级布置,一级坝进口段长 50 米,设钢筋混凝土翼墙、护底,控制段采用钢筋混凝土结构,坝长 76 米,设计坝高为 3.5 米,坝顶高程为 26.5 米,坝后设消力池。二级坝设计坝高为 2 米,坝顶高程为 22 米。坝上设交通桥 1 座,桥面净宽 4.5 米,滚水坝顺河道方向总长为 151 米。

七、西渭河橡胶坝

(一)工程位置

西渭河橡胶坝位于西渭河上八里新庄排涝中沟北侧,北距 324 省道约 500 米,距南侧的八里新庄桥南约 50 米,由原云河上的城东闸移址至此。本工程有两个功能:一是拦蓄西渭河上游来水,保持坝上水位稳定,改善区域水环境;二是扩大水域面积,结合城市景观建设,提升西渭河、云河、睢梁河等北部城区河道景观效果,改善了人们的居住和生活条件,为城区居民提供一个娱乐休闲的好去处。

(二)立项、初设文件批复

2017 年 6 月 30 日,睢宁县发展改革委以睢发改投〔2017〕175 号文对睢宁县水利局上报的《关于上报睢宁县西渭河橡胶坝新建工程项目建议书的请示》批复,同意实施睢宁县西渭河橡胶坝新建工程,要求睢宁县水利局编制《可行性研究报告》并上报。

2017年8月31日,睢宁县发展改革委以《关于睢宁县西渭河橡胶坝新建工程〈可行性研究报告〉的批复》(睢发改投〔2017〕215号)同意实施睢宁县西渭河橡胶坝新建工程,项目建设地址为睢宁县西渭河上八里新庄排涝中沟北侧,项目估算总投资为786.3万元,资金来源为睢宁县财政拨款。

(三)工程设计标准

本次工程任务采用橡胶滚水坝形式,将上游正常水位维持在20.3米,提升西渭河、云河、睢梁河等城区北部河道景观效果,汛期可放空坝袋至与河底基本相平,满足河道防洪、排涝的要求。上游缺水时还可通过补水泵站抽徐沙河水向上游补水,保证城区河道水位稳定。

根据《水利水电工程等级划分及洪水标准》(SL 252—2017),西渭河橡胶坝最大流量为118立方米/秒,工程等别为Ⅲ等,主要建筑物按3级水工建筑物设计,次要建筑物按4级水工建筑物设计,临时建筑物级别为5级,设计20年一遇流量为118立方米/秒,设计坝高为4.0米,坝袋长45米,坝袋底板顺水流向长11.0米,垂直水流方向长45米,底板顶高程为16.5米,岸墙顶高程为22.70米。

(四)工程施工

西渭河橡胶坝新建工程计划工期6个月,工程于2018年2月22日开工,2018年7月30日前完成全部水下工程,2018年9月18日前完成全部工程。新建西渭河橡胶坝已移交管理单位睢宁县供排水管网管理处(图4-6)。

图4-6 西渭河橡胶坝

八、故黄河上刘庄橡胶坝

刘庄橡胶坝位于黄河故道房湾湿地上游,姚集镇刘庄村刘庄桥北侧。

为有效保障黄河房湾湿地的常态水位,确保古邳抽水站送水能够及时补充到湿地,经睢宁县县领导多次向江苏省发展和改革委员会、水利厅协调,江苏省发展和改革委员会以苏发改农经发〔2017〕37号文件批复建设刘庄橡胶坝。

工程设计坝上蓄水位为29.1米,坝底板高程为25.4米,坝袋长80米,坝高3.7米。工程于2018年4月开工建设,次年5月完成,工程投资约为850万元。

第五章 抽 水 站

本章着重记载梯级河网规划中流域性调度的、县建县管的8座抽水站。

20世纪县管抽水站由于供电、水源紧张,每到用水高峰季节便加班加点日夜抽水。那时县办的纱厂、化肥厂等用电大户都要停产检修,为农业抽水让电。1991年徐洪河全线开通。1993年6月,省管沙集抽水站建成,通过徐洪河抽引洪泽湖水,提高一级再向徐洪河上游送水,抽水机单机功率为1600千瓦,抽水能力为10立方米/秒,共装机5台。从此,徐沙河、新龙河可从省管沙集抽水站上游补水,从而也减轻了凌城抽水站和沙集抽水站的抽水负担。

第一节 凌城抽水站

凌城抽水站也称凌城翻水站,位于凌城镇东南皇庙村,在凌城闸东1.2千米。和凌城闸相配套,属于梯级河网规划中的凌城枢纽工程。它提取徐洪河水,抽到凌城闸上之新龙河,承担徐沙河以南与徐洪河以西区域内灌溉任务。2015年前使用老站抽水,2015年后更新改造用新站抽水。

一、老站概况

1972年4月土建工程完工,安装6台机组先进行试抽水。1973年4月10台机组全部安装完毕,并投入使用。工程初建时使用黄桥电机厂的电动机,质量较差,耗能量大,经常损坏,修理频繁。1983年使用农水经费15万元,将5台400千瓦电机更换为上海产的480千瓦电机。1984年又更换5台。水泵叶片角度由-6度调为-2度。至此,抽水能力由原设计的25立方米/秒增加至32立方米/秒(扬程大时可保证28立方米/秒)。凌城抽水站是当年县建县管的最大的一座抽水站,下游徐洪河开通后水源比较充足,引水效益显著。

二、更新改造

2014年11月26日,江苏省发展改革委、江苏省水利厅以《江苏省发展改革委、江苏省水利厅关于睢宁县凌沙泵站更新改造工程初步设计的批复》(苏发改农经发〔2014〕1214号)予以批复。

设计标准为工程按防洪标准为30年一遇,改造完成后,灌溉保证率可达75%,工程等别为Ⅲ等,主要建筑物级别为3级,次要建筑物为4级,临时工程为5级,设计流量为25.0立方米/秒,装机5台套,总装机功率为2500千瓦。

该工程于2015年8月25日开工,2016年5月25日徐州市水利局组织对该工程水下阶段验收,2018年12月进行完工验收。工程完工后移交凌城抽水站管理所进行管理。

第二节 沙集抽水站

沙集抽水站位于沙集南部第二期开挖的徐洪河西侧的余圩庄,从徐洪河余圩桥向南677米处。为防止沙集闸下游淤积影响抽水,闸、站距离较远,沙集站在沙集闸下约3千米。

1993年6月,省管沙集抽水站建成,通过徐洪河抽引洪泽湖水,提高一级再向徐洪河上游送水。此站后称沙集大站,而睢宁县在余圩所建沙集站称为小站。2016年前使用老站抽水,2016年后更新改造,用新站抽水。

一、老站概况

1984年10月1日工程完工。工程采用开敞式布置,在徐洪河西堤下建涵洞,起到引水、防洪两个作用。该站设3孔,孔径为2.2米,洞身长55米,引水能力为20立方米/秒。涵洞西(徐洪河西堤外)建抽水站,站内安装28ZLB-70轴流泵(28寸轴流泵,直径700毫米)配10台套155千瓦电动机,抽水能力为10立方米/秒。

1985年5月15日,江苏省水利厅、徐州市水利局等单位负责人验收沙集抽水站工程,检查后认为完全符合设计要求。该工程于1987年被评为"徐州市水利全优工程"。

1984年4月初开挖沙集站送水河,在凌(城)沙(集)公路西85米处挖出清代建的"通济桥"。坍塌的旧桥有碑文记载,故将凌沙路建桥取名为"通济新桥",也立碑纪念。新、老桥碑同立在通济新桥东北角。

建站后第二年三四月份进行了全面绿化,并专门聘请一名花工,培育花木。沙集站环境优美,风景宜人,每年春季,机房四周鲜花盛开,春意浓浓,成为睢宁东部一景。后有江苏省水利厅原厅长熊梯云、原副厅长李子健,在其年高退岗之际特到沙集站走一趟,观后对其幽雅环境十分欣赏,并赋诗一首以作纪念。

1998年8月14日,由于特大暴雨袭击,徐洪河水位猛涨,沙集抽水站进水涵洞中心线北46米处徐洪河大堤发生管涌,进水涵洞工程失事,机房被淹,电机、变压器、配电屏等设备均被淹于水中(具体经过见本志附录七)。1999年批准沙集抽水站水毁修复工程,具体内容是挡洪堤加固和前池维修。2001年9月进行沙集抽水站电气设备的更新和10台套水泵的大修,10台套机泵全部进行重新调整安装,对10台套电动机进行大修烘干处理。

二、更新改造

2014年11月26日,江苏省发展改革委、江苏省水利厅以《江苏省发展改革委、江苏省水利厅关于睢宁县凌沙泵站更新改造工程初步设计的批复》(苏发改农经发〔2014〕1214号)予以批复。

设计标准为:沙集站工程按防洪标准为30年一遇,改造完成后,灌溉保证率可达75%,工程等别为Ⅲ等,主要建筑物级别为3级,次要建筑物级别为4级,临时工程为5级,设计流量为10.0立方米/秒,装机10台套,总装机功率为1320千瓦。

工程于2015年8月25日开工,2016年5月25日徐州市水利局组织对该工程水下阶段验收,2018年12月进行完工验收。工程完工后移交凌城抽水站管理所进行管理。

第三节 古邳抽水站

古邳抽水站位于古邳镇东头的新建村,故黄河北堤处,堤下建机房,堤上建出水池,将北水通过民便河船闸、民便河、古邳站引水河利用古邳站抽水入故黄河中泓,然后进庆安水库,也称"古邳扬水站"。

古邳抽水站主要作用有:① 抽取民便河之水,向庆安水库补水;② 抽水入故黄河后,沿中泓向西部送水;③ 汛期如古邳东部旧城湖低洼地积水,古邳站可开机为其排涝。

古邳站和庆安水库是一组非常理想的配套工程,为扩大其效益,古邳抽水站经过多年改建、扩建,逐步扩大规模,特别是进入21世纪,睢宁办地面水厂,庆安水库为水厂提供水源,古邳抽水站为其进行相应的更新改造。现古邳抽水站是县内装机和抽水流量最大、年抽水总量最多的一座抽水站。

一、多次扩建、增容

古邳站规划早,改建、扩建次数多,早在20世纪50年代有建站规划,1960年开始筹办,1961年2月开工,三年困难时期导致工程停工,只做了部分土石方,是"半拉子"工程。

1968年兴建的古邳抽水站,安装5台20寸(直径500毫米)混流泵,总装机功率为500千瓦,抽水能力为2.5立方米/秒,于1970年5月建成,并抽水发挥效益。此站后来称作古邳东站。该站因经费所限,采购来的多是旧货,使用时常出毛病。

1970年,徐州地区革命委员会批准兴建古邳西站,但因经费不足,一直拖到1973年5月才安装完毕。该站用20寸(直径500毫米)离心泵,配用130千瓦电动机,计15个台套,装机1950千瓦,抽水能力为7.5立方米/秒。在西站施工的同时,对东站进行扩建,即1972年3月紧接东站机房向东架5台机组,用20寸混流泵,配100千瓦电机,总装机功率为500千瓦,抽水能力为2.5立方米/秒。这一期工程,东站扩建,西站新建。到1973年,东站有10台机组,装机功率为1000千瓦,抽水能力为5立方米/秒;西站有15台机组,装机功率为1950千瓦,抽水能力为7.5立方米/秒,合计抽水12.5立方米/秒。因机、泵、管质量较差,常有损坏,使用时经常不能满负荷运转。1982年12月31日,江苏省水利厅拨款对其进行维修、补救。

1986年,经江苏省水利厅、徐州市批准,对古邳东站进行改建,原机、泵、房全部拆除,另建新站。该站选用5台套36寸(直径900毫米)立式混流泵,配用260千瓦电动机,共装机1300千瓦,抽水能力为9立方米/秒。自此,古邳东站改建后抽水能力为9立方米/秒,古邳西站抽水能力为7.5立方米/秒。

1995年12月,睢宁县水利局提出古邳西站改建工程设计,于1996年春完成。在古邳东站西侧建一新站,选用36寸(直径900毫米)轴流泵,配用330千瓦电动机,4个台套,共装机1320千瓦,抽水能力为10立方米/秒。自此古邳抽水站共有9台机组(全部是高压启动),总装机功率为2620千瓦,抽水能力为19立方米/秒。

二、更新改造再增容

2013年2月5日,江苏省发展改革委员会、江苏省水利厅以《江苏省发展改革委、江苏省水利厅关于睢宁县古邳泵站更新改造工程初步设计的批复》(苏发改农经发〔2013〕244号）批复该站初步设计报告。

设计标准为：工程防洪标准为20年一遇，改造完成后，灌溉保证率可达75%，工程等别为Ⅲ等，主要建筑物级别为3级，次要建筑物为4级，临时工程为5级，设计流量为29.0立方米/秒，装机5台套，总装机功率为3550千瓦。

工程于2014年10月10日开工建设，2015年6月初通水检查验收，2018年12月进行完工验收。工程完工后移交古邳抽水站管理所进行管理。

第四节　高集抽水站

高集抽水站和高集节制闸是一组枢纽工程，也是沙集抽水站的二级站。沙集站抽水入徐沙河，到高集闸下，再经高集站抽入高集闸上，向西北片补水。

一、老站概况

按规划要求高集抽水站1989年夏由睢宁县水利局编制工程设计，经江苏省、徐州市批准后先后分两期施工。

第一期工程于1989年11月竣工。原设计土建应按7台规模建成，但因经费所限，当时只安装4台套机组，28寸（直径700毫米）轴流泵，配用155千瓦电动机，共装机620千瓦，抽水能力为6.6立方米/秒。

第二期工程完成剩下3台套机组的安装和变配电工程的改造，1993年11月开工，1994年5月完成。新购3台泵选用高邮水泵厂生产的28寸轴流泵，配用80千瓦电动机，同时将原4台机组降速运行，转速由每分钟730转，降为每分钟580转，动力仍使用原155千瓦电动机。

两期工程完成后，7台机组共装机860千瓦，设计抽水能力为11.55立方米/秒（实际测试抽水能力为11.3立方米/秒）。

二、更新改造

2014年11月26日，江苏省发展改革委、江苏省水利厅以《江苏省发展改革委、江苏省水利厅关于睢宁县凌沙泵站更新改造工程初步设计的批复》（苏发改农经发〔2014〕1214号）予以批复。

设计标准为：高集站工程设计防洪标准为30年一遇，改造完成后，灌溉保证率可达75%，工程等别为Ⅲ等，主要建筑物级别为3级，次要建筑物为4级，临时工程为5级，设计流量10.0立方米/秒，装机7台套，总装机功率为924千瓦。

该工程 2015 年 8 月 25 日开工,2016 年 4 月 14 日徐州市水利局组织对该工程水下阶段验收,2018 年 12 月进行完工验收。工程完工后移交高集抽水站管理所进行管理。

第五节 袁圩抽水站

1991 年开挖徐洪河穿过袁圩水库,水库废,建袁圩抽水站。

袁圩站于 1991 年 11 月 11 日由徐州市徐洪河续建工程指挥部以徐洪指〔1991〕79 号文批准,由睢宁县水利局工程队承建,1993 年 3 月 26 日竣工。该站装机 3 台套,28 寸轴流泵,配用 155 千瓦电动机,总装机功率为 465 千瓦,抽水能力为 4.8 立方米/秒。

第六节 汪庄抽水站

汪庄抽水站是睢宁县徐沙河上的第三个梯级,为闸站一体化布局,其水源由高集抽水站提供。该工程于 2001 年 4 月开始施工,2002 年 5 月建成并投入运行。在闸下游扶壁翼墙一侧安装总装机容量为 370 千瓦 900QZ-100D 型轴流式潜水电泵 2 台,另一侧预留 2 个机坑,以便将来扩建时备用。翼墙后部为出水汇水箱,出水箱绕墙后进入闸室。该闸站设计灌溉流量为 5 立方米/秒,设计灌溉面积为 11.9 万亩。

第七节 梁庙抽水站

梁庙抽水站是睢北河重要的一个梯级枢纽工程,为闸站一体化布局。闸孔两侧分别安装 2 台直径 900 毫米的潜水电泵,总装机功率为 880 千瓦。抽水能力为 8 立方米/秒。该站建于 2006 年。

第八节 宋湾抽水站

宋湾抽水站是睢北河上又一个梯级枢纽工程,为闸站一体化布局。闸孔两侧分别安装 2 台直径 700 毫米的潜水电泵,总装机功率为 528 千瓦,抽水能力为 5 立方米/秒。该站建于 2004 年。

第六章 桥　　梁

睢宁县的桥梁星罗棋布。既有水利建桥、交通建桥、城建建桥、企业厂家为生产需要而建的桥，也有民间集资建桥，加上面广量大的大、中、小沟等固定沟桥梁配套，桥梁总数数不胜数。现在建筑材料丰富，施工机械化程度高，建桥速度快，建桥容易但变动也大。由于现代建桥是多业并举，全县桥梁总数非水利一家能厘清。本志只择水务部门管护之重点，对徐洪河、新龙河、徐沙河、故黄河、睢北河、潼河、民便河7条骨干河道上桥梁进行排查详记。

7条骨干河道上现有桥梁149座，其中1998年前建桥现仍在使用的有36座，1998年后新建或改建的有113座（其中交通部门建26座）。因同一座桥改建或扩建次数多，或者交通改建桥后取名与水利原建桥名不同，本志统计时个别名称可能重复。

第一节　徐洪河桥梁

徐洪河现有桥梁21座，其中，1998年前建桥现仍在使用的有11座，1998年后新建或改建的有10座。

一、1998年前建桥

按时间先后徐洪河1998年前建桥分为三期，共修建19座桥，现仍有使用的有11座。

1977年冬开挖第二期徐洪河（从凌城东南七咀庄到沙集南），并于1978年建成5座桥梁，从南至北有张徐桥、花园桥、凌埠路桥、秦圩桥、余圩桥。张徐桥是宁徐公路桥，系交通部门项目。其余4座桥均由水利投资，睢宁县水利局承建，属一般性交通桥。桥设3孔，每孔宽30米（图6-1），桥面宽度5米（凌埠路桥宽7米），为钢筋混凝土肋拱桥。

图 6-1　徐洪河大桥（每孔宽 30 米）

1978 年冬开挖故黄河以北黄墩湖地区，为徐洪河工程第三期，兴建 4 座桥，从南向北有新工桥（崔埝北）（已拆除重建）、浦棠桥（新张集桥）（已拆除重建）、张集桥（已拆除重建）、关庙桥（已拆除重建）。工程标准与沙集南徐洪河桥相同，设 3 孔，孔径为 30 米，桥面宽 5 米。工程于 1978 年夏开工，1979 年上半年陆续竣工，4 座桥均拆除重建。

1991 年冬开挖沙集至故黄河北堤最后一期徐洪河，建桥 10 座，均在 1991 年内完工。其中，徐淮路沙集公路桥（已重建）、高（作）皂（河）路刘圩公路桥（已重建）系交通部门设计、施工，其余 8 座交通桥由水利投资项目、睢宁县水利局负责施工。从南至北，有小朱桥、魏集桥、张皮桥、赵庙桥（已老化属危桥）、宋庄桥（已老化属危桥）、前袁桥（亦名商郝桥）（已拆除重建）、新建桥（已老化属危桥）、王圩桥（已拆除重建）。8 座桥结构形式都是钢筋混凝土刚架拱桥，设 1 孔，孔径为 60 米（图 6-2），为井柱桩基础，桥面宽 4.96 米，高 28.78 米。

图 6-2　徐洪河大桥（每孔宽 60 米）

二、1998年后新建桥

1998年后新建或改建桥10座。

2003年11月20日,徐州市政府民心工程之一——睢宁县徐洪河沙集四丁桥正式开工,次年1月20日竣工。工程标准为:设5孔,孔径为13米,为井柱桩空心板桥,桥面宽5.5米。

2012年下半年实施徐洪河航道"五改三"升级工程(徐沙河—民便河段)。因有旧桥碍航,拆除重建及新建了9座桥梁。

(1) 关庙桥,拆除重建,位于县道355上,古邳镇陈平楼村境内。2013年建成,主桥采用77.1米下承式钢筋混凝土系杆拱结构,引桥采用20米预应力钢筋混凝土空心板,桥长122.62米。中跨为通航孔,净宽65米,净高7米,设计桥面宽度为7米(6+2×0.5米),主桥下部采用实体式桥墩、肋板式桥台、直径120厘米灌注桩基础。

(2) 浦棠桥,拆除重建,位于县道302上,魏集镇张集村境内,2013年建成,主桥采用77.1米下承式钢筋混凝土系杆拱结构,引桥采用20米预应力钢筋混凝土空心板,桥长122.62米。中跨为通航孔,净宽65米,净高7米,设计桥面宽度为7米(6+2×0.5米),主桥下部采用实体式桥墩、肋板式桥台、直径120厘米灌注桩基础。

(3) 新工桥,拆除重建,位于魏集镇新工村,2020年11月建成。上部结构为:主桥采用80.66米(图6-3)简支钢桁架梁桥,引桥采用11×20米先张法预应力装配式空心板。下部结构为:桩柱式桥墩,肋板式及桩柱式桥台,全桥钻孔灌注桩基础。桥梁接线8米宽路基、7米宽路面。

图6-3 新工桥(主桥长80.66米)

(4)张庄桥(张集桥),拆除重建,位于魏集镇张集村,在505省道上,2020年建成,结构形式与新工桥相同。

(5)王圩桥,拆除重建,位于魏集镇王圩村,在魏卢线上。该桥宽9米,2018年建成,结构形式与新工桥相同。

(6)前袁桥,拆除重建,位于梁集镇商郝村,在梁商线上。该桥长123.64米,宽8米,2018年建成通车,桥梁采用简支钢桁架结构。

(7)刘圩桥,拆除重建,位于梁集镇刘圩社区,在王(官集)邱(集)线上。该桥宽10米,2018年7月建成通车,桥梁采用简支钢桁架结构。

(8)徐洪河大桥,横跨徐洪河,位于睢宁县魏集镇王马后村,在324省道。该桥长209米,桥宽15米,2018年建成通车,桥梁采用变截面箱梁结构。

(9)沙集大桥,位于睢宁县沙集镇,在325省道睢宁至宿迁线上。该桥于2004年建成,上部采用"T"梁结构,下部结构采用薄壁桥墩。

第二节 新龙河(跃进河)桥梁

新龙河现有桥梁15座,其中1998年前建桥现仍在使用的有6座,1998年后新建或改建9座(其中交通投资建桥7座)。

一、水利投资建桥

(一)1998年前建桥

1998年前建桥现仍在使用的有6座。从东向西排列分别为以下6座。

(1)邱集东桥,位于邱集后偏东,是高(作)邱(集)公路交通桥。1995年12月开工,次年5月竣工。该桥设1孔,孔宽60米为单跨钢架拱桥。桥面宽4.1米,桥面高程为24米,总造价为110万元,由邱集乡集资兴建。

(2)大彭桥,位于官山西部大彭庄南。该桥设6孔,孔径为4米,为石拱桥,桥面宽3.5米,桥面高程为22.5米。

(3)小魏桥,位于官山西部小魏庄南。该桥设6孔,孔径为4米,为石拱桥,桥面宽3.5米,桥面高程为22.5米。

(4)前彭桥,位于桃园东南部前彭庄前,1982年1月开工,同年7月竣工。该桥设5孔,孔径为5.4米,桥面宽4.4米,桥面高程为23.5米,投资为1.2万元。

(5)大许桥,位于桃园东南部大许庄前,兴建年月和工程标准与前彭桥同。

(6) 洪场桥，位于桃园东南部洪场庄南，1972年2月开工，同年5月竣工。该桥设3孔，孔径为5米，桥面宽5米，桥面高程为22.2米，投资为0.6万元。

(二) 1998年后改建和新建桥

(1) 夏圩桥改建。夏圩桥位于邱集至凌城南新李村公路与新龙河交叉处。原桥于1977年冬施工，次年春完成，由凌城公社施工，设1孔，孔径为60米，为单波双曲拱桥，桥面宽7米，拱肋用无支架悬索吊装，工程投资为11万余元。后于2016年拆除重建，采用空心板梁、双柱式墩。

(2) 新建大孙桥。大孙桥位于邱集镇西香店村，横跨新龙河，单跨60米钢架拱桥，桥面宽5米，桥长75米，设计荷载为汽-10级。该桥基础采用钢筋混凝土桩基，低桩承台。工程于2002年3月20日开工，2004年5月20日竣工，总投资为80万元。

二、交通投资建桥

2009年以后由交通部门建设的桥梁有7座。

(1) 新龙河中桥，位于104国道上，全长64.48米，桥宽26米，桥梁跨径组合为(3×20)米，上部结构为预应力混凝土空心板梁，下部结构采用柱式墩、柱式台、钻孔灌注桩基础，2018年建成通车。

(2) 袁店桥，位于桃园镇邱(湖)魏(楼)线上，上部结构为预应力混凝土空心板梁，下部结构采用重力式墩，于2020年建成通车。

(3) 岳店桥，位于荆(山)岳(店)线上，结构与新龙河中桥相同，于2017年建成。

(4) 新龙河桥，位于睢(宁)汤(集)线上，结构与袁店桥相同，于2018年建成。

(5) 邱集东大桥，位于梁(集)邱(集)线上，结构与新龙河中桥相同，于2017年建成。

(6) 邱集桥，位于睢宁县邱集镇魏(集)邱(集)线上，结构与新龙河中桥相同，于2011年建成。

(7) 高东桥，位于王(楼)官(庙)路上，为新建桥梁，桥梁全长64.48米，跨径组合为3×20米，桥梁宽度为7+2×0.5米。上部结构为预应力混凝土空心板梁，下部结构为柱式墩台，基础为钻孔灌注桩基础，设计荷载为公路Ⅱ级，于2009年建成。

第三节　徐沙河桥梁

徐沙河现有桥梁36座,其中1998年前建桥现仍在使用的有10座,1998年后新建或改建26座(其中交通投资建桥8座)。

一、1998年前建桥

1998年前建桥现仍在使用的有10座,由东向西排列分别为以下10座。

1978年前兴建6座:高南桥(拆除改建)、徐宁路桥(拆除改建)、红旗桥(拆除改建)、城南桥(拆除改建)、张庄桥(拆除改建)、岗头吴桥(桥面扩宽)。现只有岗头吴桥还在使用。

1978—1998年建桥如下。

(1) 夏圩桥,位于沙集西夏圩庄前,乡、村干道。1976年春开挖徐沙河下段后建小孔径简易桥。1996年被交通部门列为碍航桥,拆除重建。该桥由沙集水利站施工,设1孔,孔径为50米。桥面宽4.5米,桥面高程为26米,工程投资101万元。

(2) 夏庙桥,位于高作东南之夏庙,乡、村干道。1976年春开挖徐沙河下段后建小孔径简易桥。1996年被交通部门列为碍航桥,拆除重建。该桥由高作水利站施工,设1孔,孔径为50米。桥面宽5米,桥面顶高程为25米,工程投资近100万元。

(3) 双庄桥,位于高作西南部仝双庄北,乡、村干道。1976年春开挖徐沙河下段后建小孔径简易桥。1996年被交通部门列为碍航桥,拆除重建。该桥由高作水利站施工,设1孔,孔径为50米。桥面宽5米,桥面高程为25米,工程投资近100万元。

(4) 魏楼桥,位于朱集北魏楼村内,乡、村干道。1978年11月开工,1979年4月竣工。该桥设5孔,孔径为6米,桥面宽5米,工程投资7万元。

(5) 魏圩桥,位于朱集北魏圩村。从魏圩村向南经朱集至官山是一条公路,北通徐淮公路,南通睢泗公路。魏圩桥是一座公路桥,车辆来往较多,但1979年春兴建时是一座简易桥,设5孔,孔径为6米,为块石拱桥,桥面宽5米,工程投资7万元(21世纪初魏圩桥陆续改建)。

(6) 赵庄桥,位于高集南部赵庄北,乡、村干道,为简易便桥。

(7) 老高集桥,位于高集西部老高集北,乡、村干道,为简易便桥。

(8) 邢圩桥，位于高集西部邢圩庄南，乡、村干道，为简易便桥。

(9) 汪庄桥，位于王集向南经岚山、桃园至李集是一条公路，该路与徐沙河交叉处是汪庄桥，在岚山北汪庄后。该桥设5孔，孔径为5米。该桥多次改建，1989年冬开挖徐沙河时护底加固。它虽是公路桥，但桥面窄、基础高，勉强能使用。

(10) 杨集桥，位于王集西南杨集庄。该桥于1990年兴建，设7孔，孔径为6米，为块石墩、预应力桥面板，桥面宽5米，桥面高程为27.5米。

(11) 堰头桥，位于苏塘南部，堰头庄北。该桥于1990年兴建，设7孔，孔径为6米，为块石墩、预应力桥面板，桥面宽5米，桥面高程为28米（后拆除改建）。

二、1998年后建桥

1998年后共建新桥26座，其中水利投资建桥18座，交通投资建桥8座。

（一）水利投资建桥

(1) 堰头交通桥。该桥于2001年兴建，设3孔，孔径为10米，荷载等级为汽-15，采用混凝土井柱桩，桥面宽5.5米，桥面高程为31.0米。

(2) 柴湖生产桥。该桥于2001年兴建，设5孔，孔径为6米。荷载等级为汽-8，采用混凝土管柱桩，桥面宽4.5米，桥面高程为31.0米。

(3) 小龚庄生产桥。该桥于2001年兴建，设5孔，孔径为6米。荷载等级为汽-8，采用混凝土管柱桩，桥面宽4.5米，桥面高程为31.0米。

(4) 焦营交通桥。该桥于2001年兴建，设3孔，孔径为10米。荷载等级为汽-15，采用混凝土井柱桩，桥面宽5.5米，桥面高程为31.5米。

(5) 吴井交通桥。该桥于2001年兴建，设3孔，孔径为10米。荷载等级为汽-15，采用混凝土井柱桩，桥面宽5.5米，桥面高程为31.5米。

(6) 魏头东交通桥。该桥于2001年兴建，设3孔，孔径为10米。荷载等级为汽-15，采用混凝土井柱桩，桥面宽5.5米，桥面高程为31.5米。

(7) 魏头西交通桥。该桥于2001年兴建，设3孔，孔径为10米。荷载等级为汽-15，采用混凝土井柱桩，桥面宽5.5米，桥面高程为31.5米。

(8) 纪湾桥。该桥采用3跨10米，桩基、预应力钢筋混凝土板桥，耳墙挡土，桥梁宽4.5+2×0.5米，于2014年建成。

(9) 艾民桥。该桥采用3跨10米，桩基、预应力钢筋混凝土板桥，耳墙挡土，桥梁宽4.5+2×0.5米，于2014年建成。

(10) 新源桥。该桥采用3跨10米，桩基、预应力钢筋混凝土板桥，耳墙挡土,桥梁宽 2.5+2×0.5 米,于 2014 年建成。

(11) 双西桥。该桥采用 3 跨 10 米,桩基、预应力钢筋混凝土板桥,耳墙挡土,桥梁宽 2.5+2×0.5 米,于 2014 年建成。

(12) 堰头桥。该桥采用 5 跨×10 米,桩基、预应力钢筋混凝土板桥,耳墙挡土,桥梁宽 4.5+2×0.5 米,于 2014 年建成。

(13) 柴湖桥。该桥采用 3 跨×13 米,桩基、预应力钢筋混凝土板桥,耳墙挡土,桥梁宽 4.5+2×0.5 米,于 2014 年建成。

(14) 杨集桥。桥梁跨径为 5 孔 10 米,桥面净宽 4.5 米,采用预应力钢筋混凝土预制桥面板,下部为钢筋混凝土灌注桩的桥梁,于 2015 年建成。

(15) 蔡庄桥。桥梁跨径为 5 孔 10 米,桥面净宽 4.5 米,采用预应力钢筋混凝土预制桥面板,下部为钢筋混凝土灌注桩的桥梁,于 2015 年建成。

(16) 大张桥。桥梁跨径为 5 孔 10 米,桥面净宽 4.5 米,采用预应力钢筋混凝土预制桥面板,下部为钢筋混凝土灌注桩的桥梁,于 2015 年建成。

(17) 何圩桥。桥梁跨径为 5 孔 10 米,桥面净宽 4.5 米,采用预应力钢筋混凝土预制桥面板,下部为钢筋混凝土灌注桩的桥梁,于 2015 年建成。

(18) 赵庄桥。桥梁跨径为 5 孔 10 米,桥面净宽 4.5 米,采用预应力钢筋混凝土预制桥面板,下部为钢筋混凝土灌注桩的桥梁,于 2015 年建成。

(二) 交通投资建桥

2000 年后,交通部门拆建 8 座桥梁。

(1) 文学桥(新建),位于睢宁县文学路,主桥采用斜塔双索面无背索部分斜拉桥,拉索呈竖琴式布置,南、北引桥采用预应力混凝土小箱梁,先简支后连续结构体系。主墩下部结构及基础采用实体墩身,承台群桩基础,于 2013 年建成。

(2) 城南桥(拆除重建),位于睢宁县中山南路,上部结构采用下承式系杆拱桥,装配式空心板梁,下部结构采用多柱墩、双柱墩,于 2013 年建成。

(3) 吴井桥,位于睢宁县双沟镇吴井村,位于双胥线上,上部结构采用空心板梁,下部结构采用双柱式墩,于 2018 年建成。

(4) 田河桥,位于桃园镇刘楼村,104 至老庄村道路上,结构形式与吴井桥相同,于 2015 年建成。

(5) 魏圩东桥(拆除重建),位于睢宁县金城街道,在桃魏线上,上部采用空心板梁结构,下部采用重力式墩结构,于 2018 年建成。

(6) 朱庄桥(拆除重建),位于睢宁县桃岚工业园区内县道朱官路,在姚官线上,上部结构采用3孔20米预应力混凝土空心板,下部结构为桩柱式墩台,基础为钻孔灌注桩基础,桥梁全宽30米,于2014年建成。

(7)红旗桥,位于魏邱线上,南连睢宁南外环,北与天虹大道融合。该桥为下承式钢桁架桥型,全长105米,宽19米,于2017年建成通车。

(8)高南桥(拆除重建),位于王邱线上。该桥采用箱型梁结构,下部采用双柱式墩,于2012年建成。

第四节 故黄河桥梁

故黄河现有桥梁26座,其中1998年前建桥现仍在使用的有6座,1998年后新建或改建20座(其中交通投资建桥5座)。

一、1998年前建桥

1998年前建桥现仍在使用的有6座,自西向东排列分别如下所述。

(1)大白北桥,位于双沟西北部大白庄北,于1978年春兴建。该桥设7孔,孔径为6米,为块石墩、钢筋混凝土平板桥,桥面宽3.3米,桥面高程为33.3米,工程投资为5万元。

(2)大白南桥(已拆除重建),位于双沟西北部大白庄南,于1996年兴建。该桥设7孔,孔径为6米,为井柱墩、钢筋混凝土桥面,桥面宽5米,桥面高程为33.3米,工程投资为30万元。

(3)双许公路桥(已重建),位于双沟镇东头,双沟至大许(铜山县东部)公路与故黄河交叉处,于1976年兴建。该桥设7孔,孔径为6米,桥面宽5米,桥面高程为33.3米,工程投资为40万元。

(4)魏头桥(已拆除重建),位于双沟东部魏头村西,于1979年春兴建。该桥设7孔,孔径为6米,为块石墩、钢筋混凝土平板桥,桥面宽3.3米,桥面高程为33.3米,工程投资为5万元。

(5)吴行桥(苏山桥)(已拆除重建),位于双沟东北部吴行村东,于1977年兴建。该桥设7孔,孔径为6米,为块石墩、钢筋混凝土桥面,桥面宽3.3米,桥面高程为33.3米。工程投资为5万元。

(6)张楼桥(已拆除重建),位于双沟东北部张楼庄南,于1977年兴建。该桥设7孔,孔径为6米,为块石墩、钢筋混凝土桥面,桥面宽3.3米,桥面高程为33.3米,工程投资为5万元。

(7) 马浅桥(已拆除重建),位于苏塘北部马浅庄后,在苏塘至张圩干道上,于1986年兴建。该桥设9孔,孔径为6米,为块石墩、混凝土预应力桥面板,桥面宽5米,桥面高程为32米。

(8) 冯庄桥(已拆除重建),位于张圩东南部陈庄南,于1986年兴建。该桥设7孔,孔径为6米,为块石墩、混凝土预应力桥面板,桥面宽3.3米,桥面高程为30.1米。

(9) 张井桥(已拆除重建),于1996年冬兴建。该桥设7孔,孔径为6米,桥面宽3.3米,桥面高程为30.5米。该桥系群众自办。

(10) 王张公路桥,又称泗八公路桥,位于王集北,王集至张圩公路与故黄河交叉处,于1988年建成。该桥设5孔,孔径为13米,为井柱墩、空心板桥面,桥面净宽7米,桥面高程为32米。

(11) 武宋桥(已拆除重建),位于张圩东南部宋庄、武庄南,于1986年兴建。该桥设7孔,孔径为6米,为块石墩、混凝土预应力桥面板,桥面宽3.3米,桥面高程为30.1米。

(12) 尹庄桥(已拆除重建),位于刘集果园场南部尹庄西,标准同武宋桥。

(13) 刘集桥(已拆除重建),位于刘集果园场西侧,在刘集果园场至张圩公路线上,为井柱墩、钢筋混凝土桥面。

(14) 魏山桥(已拆除重建),位于姚集北部魏山村南,于1983年兴建。该桥设5孔,孔径为6米,为块石墩、预应力空心板桥面,桥面宽度3.5米,桥面高程为29.4米。

(15) 大刘庄桥(已拆除重建),位于姚集北部大刘庄西,在刘集果园场至姚集干道上,于1983年兴建。该桥设5孔,孔径为6米,桥面宽3.9米,桥面高程为29.4米。

(16) 王塘桥,位于姚集西部王塘庄北,于1988年兴建。该桥设13孔,孔径为6米,桥面宽3.5米,桥面高程为29.5米,2000年改建为9孔,孔径为13米,桥面宽6.5米,桥面高程为31.0米,为混凝土井柱桩。

(17) 房弯桥,位于姚集向北至刘店公路与故黄河交叉处,20世纪70年代建时,桥、闸结合,20世纪90年代初闸废,桥尚存。该桥设10孔,孔径为2米,是拱桥,桥面宽8米,桥面高程为30.7米,2000年改建为9孔,孔径为13米,桥面宽8.5米,桥面高程为31.0米,为混凝土井柱桩。

(18) 高党桥,位于姚集东部高党村北,在高党至古邳干道上,于1991年冬施工。该桥设13孔,孔径为6米,为预应力空心板桥面,桥面宽3.5米,桥面高程为 29.4 米,2000 年改建为 9 孔,孔径为 13 米,桥面宽 6.5 米,桥面高程为 31.0 米,为混凝土井柱桩。

(19)睢浦公路桥,位于魏集北、睢宁至浦棠公路与故黄河交叉处,于 1988 年冬施工。该桥设 5 孔,孔径为 13 米。井柱墩、空心板桥面,桥面净宽 7 米,桥面高程为 32 米,设计荷载为汽-15,验算核载为挂-80。

(20)崔堰桥,位于浦棠南部崔堰庄南,于 1987 年治理故黄河时兴建,1991 年冬徐洪河将故黄河穿断。该桥在故黄河切口西不远,切口处河中泓有土坝可便利交通,所以崔堰桥作用已不大(后已废)。

二、1998 年后建桥

1998 年后新建桥 20 座,其中水利投资建桥 15 座,交通投资建桥 5 座。

(一)水利投资建桥

2000 年后,通过黄河故道综合开发等工程,陆续对故黄河 15 座桥梁进行了拆建、新建。

(1)位头桥,11 跨 13 米钢筋混凝土板桥,桥面宽度为 $5+2\times0.5$ 米,于 2011 年 12 月 3 日正式开工建设,次年 7 月 20 日完成。

(2)大白桥,9 跨 13 米钢筋混凝土板桥,桥面宽度为 $5+2\times0.5$ 米,于 2011 年 12 月 3 日正式开工建设,次年 7 月 20 日完成。

(3)苏杭桥,9 跨 13 米钢筋混凝土板桥,桥面宽度为 $5+2\times0.5$ 米,于 2011 年 12 月 3 日正式开工建设,次年 7 月 20 日完成。

(4)吴行桥,8 孔 13 米钢筋混凝土板桥,桥面宽 5.5 米,为钢筋混凝土预制板桥面和钢筋混凝土灌注桩基础,于 2013 年 1 月 18 日开工,当年 8 月 15 日完工。

(5)张宋桥,8 孔 13 米钢筋混凝土板桥,桥面宽 5.5 米,为钢筋混凝土预制板桥面和钢筋混凝土灌注桩基础,于 2013 年 1 月 18 日开工,当年 8 月 15 日完工。

(6)马浅桥,10 跨 13 米桥梁,结构为钢筋混凝土板桥,桥面宽度为 $4.5+2\times0.5$ 米,基础采用钢筋混凝土灌注桩,于 2014 年建成。

(7)冯庄桥,10 跨 13 米桥梁,结构为钢筋混凝土板桥,桥面宽度为 $4.5+2\times0.5$ 米,基础采用钢筋混凝土灌注桩,于 2014 年建成。

(8)张井桥,10 跨 13 米桥梁,结构为钢筋混凝土板桥,桥面宽度为 $4.5+2\times0.5$ 米,基础采用钢筋混凝土灌注桩,于 2014 年建成。

（9）武庄桥，10 跨 13 米桥梁，结构为钢筋混凝土板桥，桥面宽度为 4.5＋2×0.5 米，基础采用钢筋混凝土灌注桩，于 2014 年建成。

（10）张尹桥，9 跨 13 米桥梁，结构为钢筋混凝土板桥，桥面宽度为 4.5＋2×0.5 米，基础采用钢筋混凝土灌注桩，于 2014 年建成。

（11）魏山桥，9 跨 13 米桥梁，结构为钢筋混凝土板桥，桥面宽度为 4.5＋2×0.5 米，基础采用钢筋混凝土灌注桩，于 2015 年建成。

（12）刘庄桥，9 跨 13 米桥梁，结构为钢筋混凝土板桥，桥面宽度为 4.5＋2×0.5 米，基础采用钢筋混凝土灌注桩，于 2015 年建成。

（13）陆庄桥，8 跨 13 米桥梁，结构为钢筋混凝土板桥，桥面宽度为 4.5＋2×0.5 米，基础采用钢筋混凝土灌注桩，于 2015 年建成。

（14）果园桥，8 跨 13 米桥梁，结构为钢筋混凝土板桥，桥面宽度为 4.5＋2×0.5 米，基础采用钢筋混凝土灌注桩，于 2015 年建成。

（15）周咀桥，8 跨 13 米桥梁，结构为钢筋混凝土板桥，桥面宽度为 4.5＋2×0.5 米，基础采用钢筋混凝土灌注桩，于 2015 年建成。

（二）交通投资建桥

2005 年后，由交通部门拆除重建的桥有 5 座。

（1）黄河桥，位于 271 省道上，该桥上部采用空心板梁结构，下部采用双柱式墩结构，于 2010 年建成。

（2）朱湾桥，位于睢宁县姚集镇朱湾村西侧，在 324 省道上，全长 231.4 米，宽 15 米，桥梁采用组合箱梁，下部采用双柱式墩结构，于 2018 年建成。

（3）峰山桥，位于 324 省道上，采用结构与朱湾桥相同，于 2018 年建成。

（4）张楼村，位于 324 省道上，采用结构与朱湾桥相同，于 2018 年建成。

（5）故黄河大桥，横跨故黄河，连接汴唐至双沟，上部结构采用"T"形梁，下部采用双柱式墩结构，于 2005 年建成。

第五节　睢北河桥梁

睢北河桥梁计 25 座，其中交通（公路）桥 6 座，生产桥 18 座，另外前营地下涵洞 1 座（因交通需要而建）。桥梁均为灌柱桩板梁结构，交通桥桥面总宽为 10.5 米或 7.5 米，乡级公路桥桥面总宽为 5.5 米，生产桥桥面总宽为 5.5 米或 4.5 米。桥梁工程规模及投资如表 6-1 所列。

表 6-1 桥梁工程规模及投资表

序号	名称	荷载等级	孔×径/米	桥面宽/米	投资/万元	备 注
一	交通(公路)桥				687.3	
1	苏马交通桥	汽-20	5×10	7.5	59.1	
2	梁庙公路桥	汽-20	5×10	5.5	70.6	
3	庆龙路交通桥	汽-20,挂-100	9×13	10.5	285.2	
4	红光路公路桥	汽-20	5×13	5.5	79.6	
5	睢浦路交通桥	汽-20,挂-100	5×13	10.5	114.4	
6	袁楼公路桥	汽-20	5×13	5.5	78.4	
二	生产桥				965.9	
1	生产桥10座	汽-10	3×13	5.5	548.3	平峰,宋庄,李埝,吴马,卜马,蚕桑,南武,尤庄,大营,小营
2	生产桥8座	汽-10	5×10	4.5	417.6	朱楼,鲍滩,马庄,彭模,官李,梁圩,沈集,张果
	合计				1653.2	

前营地下涵洞:位于龙集向北交通路与睢北河交汇处,为钢筋混凝土箱涵,设2孔,孔宽4米,高4.5米,洞身长30米,工程投资为289万元(表6-2)。

表 6-2 水位组合及底板高程

名称	上游/米	下游/米	流量/(立方米·秒$^{-1}$)
5年一遇排涝	22.93	22.78	38.30
20年一遇防洪	25.06	24.81	70.20
底板高程	18.00	18.00	

第六节 潼河桥梁

潼河现有桥16座,全是1998年后新建,其中水利投资建14座,交通投资建2座。

1998年冬疏浚潼河,1999年对沿线所有桥梁进行改建、扩建共14座。

潼河沿线桥梁工程如表6-3所列东向西排列。

表 6-3　潼河沿线桥梁工程

编号	位置	桥名	设计标准	桥面总宽/米	桥面净宽/米	桥面高程/米
1	山	南天门生产桥	7 孔×6 米	5	4	19.8
2	山	小戈生产桥	6 孔×5 米	5	4	20.0
3	山	田李生产桥	7 孔×6 米	5	4	21.3
4	山	陈桥生产桥	7 孔×6 米	5	4	21.4
5	山	宋山生产桥	7 孔×6 米	5	4	21.6
6	李集	斜门李生产桥	7 孔×6 米	5	4	21.8
7	李集	范庄生产桥	7 孔×6 米	5	4	22.0
8	李集	五里袁生产桥	7 孔×6 米	5	4	22.3
9	李集	靖楼生产桥	7 孔×6 米	5	4	22.3
10	李集	范八生产桥	7 孔×6 米	5	4	22.4
11	李集	姚楼生产桥	5 孔×6 米	5	4	22.5
12	李集	西七生产桥	5 孔×6 米	5	4	22.7
13	李集	八里张生产桥	5 孔×6 米	5	4	23.0
14	桃园	陈集生产桥	5 孔×6 米	5	4	23.1

2018 年交通部门拆除重建的桥有两座。

(1) 潼河大桥,位于 104 国道,上部采用空心板梁结构,下部采用重力式墩结构,于 2018 年建成。

(2) 小葛桥,位于邱李线,上部采用空心板梁结构,下部采用双柱式墩结构,于 2018 年建成。

第七节　民便河桥梁

民便河现有桥梁 10 座,其中 1998 年前建桥 3 座,1998 年后新建或改建 7 座(其中交通投资建桥 4 座)。

一、1998 年前建桥

1998 年前建桥由西向东排列共 3 座。

(1) 下邳北桥。1994—1995 年睢邳公路扩宽,并在古邳段改道,在睢邳公路与民便河交叉处兴建下邳北桥。此处原有交通部门所建双曲拱桥,因线路更改,东移重建新桥。该桥设3孔,跨度为13米,桥面净宽23米,由睢宁县水利局组织工程队、机井队承建。下邳北桥位于古邳半山北侧,河底以下系山的坡脚,南浅北深。因工期紧,开塘挖土时间来不及,只好在硬度为5级、6级的石头上打1米直径的井柱桩,因是第一次在岩石中打井柱,工程遇到很多困难,先后两次到河北廊坊购买牙轮钻头,打井期间钻头多次毁坏,又到邳州租借强力磁铁打捞。桥面用空箱预制板,板长体重,吊装困难,便租用两台16吨吊车安装桥面。该工程从1995年4月初开工,5月底竣工,历时55天完成建桥任务,计做土方3万立方米,打24根井柱,完成1800立方米砌建体积。

(2) 新龙桥,位于古邳北部新龙村南,乡、村干道,于1992年春兴建。该桥设7孔,孔径为5米,为块石墩、平板桥,桥面宽4米,桥面高程为23米,工程投资为12万元,由县、乡集资兴办。

(3) 东亚桥,位于古邳抽水站引河北端西侧民便河上,于1981年春兴建。该桥设7孔,孔径为5米,为块石墩、平板桥,桥面宽4米,桥面高程为23米,工程投资为3万元。

二、1998年后建桥

1998年后新建桥7座,其中交通建桥4座。

(一) 水利投资建桥

2011年,民便河上建成桥梁3座,分别为杜湖东桥、青山西桥、骑河桥。桥面宽度均为净4.5+2×0.5米,设3孔,孔径为13米,结构形式为预应力钢筋混凝土预制桥面板,下部为钢筋混凝土灌注桩的桥梁,于2011年6月11日开工,2012年6月完成。

(二) 交通投资建桥

2015年以后,交通部门拆除重建的桥有4座。

(1) 民便河桥,位于岠山道路上,上部采用空心板梁结构,下部采用双柱式墩结构,于2016年建成。

(2) 新龙电站桥,位于半山线上,采用结构类型与民便河桥相同,于2018年建成。

(3) 下邳桥,位于圯山线上,采用结构类型与民便河桥相同,于2015年建成。

(4) 杜湖桥,位于杜湖线上,采用结构类型与民便河桥相同,于2017年建成。

第七章　县城区水环境建设

改革开放后,国民经济飞速发展,县城范围不断扩大,县城区水环境建设被提上重要日程。为此,睢宁县先后实施了城南闸站改建、内城河清淤、小睢河治理、内城河与小睢河贯通、睢梁河景观改造、小沿河综合治理、睢梁河东段改造、睢宁公园建设、西渭河城区段拓宽疏浚、云河综合治理、徐沙河开发区段治理、白塘河中段治理等城区水环境提升等工程。后又结合县、镇级污水处理厂建设,铺设城区截污管网70余千米,建设污水提升泵站2座,县城防洪、排水、引水、排污也已形成网络。

第一节　城区河道治理工程

根据县城区排水规划、污水处理规划,城区河道布局形成"一环三横四纵"水网工程。"一环"指内城河;"三横"指徐沙河、云河和睢梁河三条东西向河道;"四纵"指西渭河、小沿河、小睢河和白塘河四条南北向河道。这8条河道既承担着城区的防洪排涝任务,同时又是城区景观生态河道。

一、内城河

内城河全长3.9千米,河底宽7~18.5米,河底高程为17.5米,常水位护城河米,两侧均为石砌挡土墙。

2013年之前,内城河为死水,只有城南闸一个排水口,2013年底至2014年初进行清淤贯通。在内城河上实施两项工程:一是建设城南闸站;二是实施内城河与小睢河贯通工程,使内城河死水变活水。城南闸站设1孔,孔宽4米,站抽水能力为0.5立方米/秒。内城河与小睢河贯通工程东始内城河县剧团处,西至小睢河新市街,全长800米,管径为1.2米,管底高程为17.5~18.2米。同时,在内城河上建一座节制闸。2016年铺设内城河截污管线3.9千米,将内城河内侧污水截流至污水处理厂处理,从根源上解决内城河水污染问题。2020年

3月初实施内城河水环境综合治理工程,主要建设内容为:河道清淤、铺设污水管道,新建截污闸等,工程总投资为3300万元(图7-1～图7-3)。

图7-1 内城河治理后效果之一

图7-2 内城河治理后效果之二

图7-3 剧团闸

二、徐沙河

2001年对徐沙河城区段(徐宁路至104国道)进行治理。区段长7.8千米,河底宽45米,河口宽76米,河底高程为16米,汛期水位为19.3米,平常水位为18.7米,是县城区主要排涝和向城区补水的河道。2017年完成开发区段治理,

2020年初对徐沙河北岸青年路东、西段进行景观生态走廊整治。

三、云河

云河原名为城北大沟，位于白塘河与西渭河之间（图7-4）。为满足城区引调水和城市景观的需要，经扩浚整治更名为云河。云河长8.8千米，河底高程为17.5米，河底宽20米，河口宽60～80米，沿线设置亲水平台，平台高程为20.5米。云河两端原各有1个节制闸控制（东端城东闸拆除）。2017年初，由睢宁县城管局对云河东段（天虹大道至西渭河）进行治理，2020年年底睢宁县水利局对云河水环境又进行综合治理。

图7-4 云河

四、睢梁河

睢梁河原为睢城镇与梁集镇之间东西走向一条交界沟，纳入县城后进行治理后取名为睢梁河。最早是对睢梁河中、西段分别进行改造。睢梁河中段长1.3千米，河底宽60～80米，边坡比1∶3，河底高程为17.5米，常水位为20.8米。睢梁河西段长2.6千米，河底宽11米，河底高程为18.5米，常水位为20.8米。2017年，由县城管局对睢梁河东段进行景观改造，完成河道开挖2100米及节制闸建设，2020年睢宁县城管局牵头对睢梁河中段（鸿禧路至花径）进行开挖疏浚、景观提升改造（图7-5～图7-6）。

图 7-5 睢梁河治理后效果之一

图 7-6 睢梁河治理后效果之二

五、西渭河

西渭河城区段（联群闸至徐沙河）2016 年底至 2017 年初实施西渭河城区段疏浚工程，河长 4.78 千米，将原底宽 12 米扩挖至 30 米，河底高程为 16.5 米，边坡比 1∶3，常水位与徐沙河城区段一致。

六、小沿河

小沿河原名小阎河，因与黄墩河区小阎河重名，后改为小沿河。该河北起中央大街，南至徐沙河，全长 2.7 千米，原是农田排水沟，纳入城区后于 1999 年进行系统治理。治理后河道底宽 5～12 米，河底高程为 17.80～18.80 米，河道边坡比 1∶3，两岸为水泥板块护坡。

2010 年建小沿河南闸，位于小沿河入徐沙河口处。

2015 年以前护坡出现不同程度的塌方。睢宁县化肥厂停工之前，污水直排小沿河，加之小沿河沿岸两侧为老居民区，缺乏市政配套设施，导致水质污染，淤积严重。2015 年初至 2016 年 6 月，由睢宁县城管局实施小沿河景观改造工程，北起中央大街，南至青年路，全长约 2600 米，上口宽 26 米，底宽 10 米，河底高程为 18 米，共完成大、小挡土墙约 10000 余米，铺设雨污水管道约 10000 余米，铺设沥青路面约 4 万平方米，完成清淤量约 5 万立方米。睢宁县水利局 2020 年底对小沿河水环境进行综合治理（图 7-7～图 7-8）。

图7-7 小沿河治理效果之一

图7-8 小沿河治理效果之二

七、小睢河

小睢河城区段北起云河,南至徐沙河,全长2.8千米,其中元府路至青年路段2013年底之前已改造完成,元府路至中央大街段于2014年完成改造。其河底高程为17~17.5米,常水位为19.5米。小睢河与云河交界处设节制闸一座,小睢河与徐沙河交汇处,2009年建设小睢河地下涵洞,可以控制小睢河水位。2019年9月对小睢河北外环至高铁商务区段约2千米进行开挖拓宽疏浚景观提升,工程投资约为6000万元。2020年4月初,睢宁县水利局对小睢河云河至青年路段进行水环境综合治理,工程总投资约为1250万元(图7-9~图7-10)。

图7-9 小睢河治理后效果之一

图7-10 小睢河治理后效果之二

八、白塘河

白塘河城区段（下邳大道至徐沙河）长4千米，2017年实施白塘河中段治理工程。该河河底高程为17米，河底宽20米，常水位为19.5米。白塘河与徐沙河交汇处于1976年建白塘河地下涵洞（图7-11）。

图7-11　白塘河

第二节　城区节制闸涵

一、白塘河地下涵洞

白塘河地下涵洞位于睢宁县金城街道，白塘河与徐沙河十字交叉口上，1976年6月建成。该涵洞按5年一遇排涝标准设计，流量为81立方米/秒。地下涵洞设5孔，每孔净宽3.5米，净高3米，闸总宽为21.9米，闸顶高程为21.2米，使用钢丝网水泥直升式闸门，配用10吨的手电两用螺杆式启闭机5台。洞身和上、下游衔接段总长162.4米，1996年7月15日最大过流流量为110立方米/秒。其主要功能为：白塘河、云河排涝，通过白塘河泄入新龙河，也可通过白塘河补水改善云河、小睢河、内城河、小沿河水环境。2020年9月白塘河地下涵洞进行拆除重建，拆建后工程参数：设计排涝标准为10年一遇，相应流量为128立方米/秒，地下涵洞设计为5孔，每孔净宽4.0米（图7-12）。

图 7-12　白塘河地下涵洞拆除重建

二、小睢河地下涵洞

小睢河地下涵洞分南涵、北涵。南涵位于青年路与小睢河南段交汇处，2009 年建成，设 2 孔，配备 15 吨手电两用螺杆式启闭机，闸门双向止水。该涵洞为 10 年一遇排涝标准，排涝流量为 17.44 立方米/秒，20 年一遇校核流量，排涝流量为 24.19 立方米/秒。北涵位于中央大街与小睢河北段交汇处，设 1 孔，孔径宽 4.0 米，设计排涝流量为 10 立方米/秒（图 7-13～图 7-14）。

图 7-13　云河处睢河涵洞　　　　　图 7-14　小睢河南地下涵洞

三、城南闸站

城南闸站建成于 2014 年 6 月，采用闸站一体化布局，设胸墙式水闸一孔，单孔径宽 4 米，设计排涝流量为 7.5 立方米/秒，设 4 米×4 米钢闸门一扇，配 2×60 千瓦卷扬式启闭机一台套；补水泵站 2 孔，每孔净宽 1.8 米，设潜水泵 2 台，安装 350QZ-75D 水泵，配 15 千瓦电机，单机设计流量为 0.25 立方米/秒（图 7-15）。

图 7-15　城南闸站

四、小沿河闸

小沿河闸分南闸、北闸。南闸位于青年路与小沿河南段交汇处,设 2 孔,每孔净宽 2.5 米,设计排涝流量为 10 立方米/秒。北闸位于中央大街与小沿河北段交汇处,设 1 孔,孔径宽 2.5 米,设计排涝流量为 7 立方米/秒(图 7-16～图 7-17)。

图 7-16　小沿河南闸

图 7-17　小沿河北闸

五、朱庄闸

朱庄闸位于睢宁县经济开发区,在睢宁县车辆管理所北侧,云河西段,西外环与云河交汇处西 100 米。原闸按 5 年一遇排涝标准设计,流量为 10 立方米/秒。该闸设3孔,每孔净宽2.0米,使用钢丝网水泥直升式闸门,配用3台5吨的手动螺杆式启闭机。2018年9月原址拆除重建,新建朱庄闸按10年一遇排涝标准设计,设3孔,孔径为2.0米,为开敞式水闸,闸底板高程为17.0米,流量为16.6立方米/秒,配8千瓦卷扬式启闭机(图7-18)。

图7-18　朱庄闸

六、西渭河橡胶坝

西渭河橡胶坝新建工程位于睢宁汽车站东侧西渭河上,北距324省道约500米,距南侧的八里新庄桥南约50米,由原云河上的城东闸移址至此。该坝按20年一遇排涝标准设计,最大下泄流量为118立方米/秒,设计坝高为4米,坝袋底板顺水流向长11.0米,垂直水流方向45米,底板高程为16.5米,岸墙顶高程为22.7米,建设橡胶坝水泵房30.25平方米(图7-19～图7-20)。

图7-19　西渭河橡胶坝　　　　　图7-20　橡胶坝管理房

七、凌庄闸站

凌庄闸站位于梁集镇凌庄村,在魏集高速出口东南侧,属闸站结合布置,单孔径宽 2.5 米,设计流量为 5 立方米/秒,设 2.5 米×2.5 米铸铁闸门一扇,配 10 吨螺杆式手电两用启闭机一台套,补水 14 吋混流泵两台,配 30 千瓦电机,单机设计流量为 0.22 立方米/秒。

八、联群闸

联群闸坐落于西渭河上,位于睢河街道在北外环与西渭河交汇处北侧,1996 年建成,以蓄水补充灌溉水源及改善城区水环境为主。该闸设 3 孔,中孔宽 5 米,两个边孔宽 2.5 米,设计排涝流量为 32 立方米/秒,底板高程为 17 米。

第八章 水 库

全县共有中小型水库9座。其中中型水库1座,为庆安水库。小型水库8座,其中小(1)型水库4座,为清水畔水库、梁山水库、锅山水库、土山水库;小(2)型水库4座,为孙庄水库、大寺水库、项窝水库、二堡水库。9座水库总库容为7806.6万立方米,兴利库容为5751.19万立方米。

水库管理是分级负责,睢宁县管理庆安、清水畔两座水库,其余小水库由所在镇管理。

9座中小型水库均于2008—2013年进行了除险加固并投入运行,完工后9座水库运行状况一直良好。

第一节 庆安水库

庆安水库位于睢宁县城北15千米,故黄河南堤下。库区东、南、西三面筑坝,北面紧靠故黄河南堤,是一座以引故黄河滩地径流为主,蓄水灌溉的中型平原水库。

庆安水库库址是古黄河决口之处。史载明隆庆四年(1570年),八月、九月,"河大决邳州、睢宁,南北横溃,大势自睢宁白浪浅出宿迁小河口,正河淤百八十里,运船千余不得进"。这是一次不寻常的黄泛之灾。当年的决口地叫白浪浅,冲决后堰下成为一片洼地称为白塘湖,当初庆安水库选址就坐落在白塘湖上。选址利用自然地形固然有利,但库两侧都是堆积的黄河冲积土,土质差,对筑水库大坝十分不利,因此后来水库运行中不得不多次进行加固处理。

一、工程概况

庆安水库于1958年3月开工兴建,次年5月初步建成。水库入库洪水包括两部分,分别为由庆安水库进水闸分洪进入水库以及庆安水库9.6平方千米水面所直接产生的库面洪水。水库集水面积为181.6平方千米,库区总面积为

10.7平方千米,最大水面面积为9.6平方千米。50年一遇设计洪水位为29.31米,300年一遇校核洪水位为29.81米,总库容为6293万立方米。设计水位为28.5米,库容为4770万立方米,汛限水位为27.5米,库容为3840万立方米,防洪库容为2493万立方米,死库容为30万立方米。

大坝工程有4个部分:

(1) 主、副坝各一座。主坝长7300米,坝顶高程为31.68米,顶宽6.0米,迎水坡1∶4,背水坡1∶3。东坝和南坝坝后戗台长4100米,戗台顶高程为27.5米,顶宽10米,边坡比1∶4。西坝后戗台长3200米,戗台顶高程为28.0米,顶宽25米,边坡比1∶3。大坝迎水坡浆砌石护坡自坝顶至抛台压重平台顶高程为26.5米。副坝长5700米,坝顶高程为30.0~32.4米,迎水面浆砌石护坡自坝脚护至坝顶。

(2) 进水闸1座。进水闸位于副坝上,水库蓄水主要从进水闸引进故黄河洪水,闸室为胸墙式钢筋混凝土结构,设3孔,每孔净宽4.0米,设计流量为160立方米/秒。闸室长14米,闸底板高程为26.0米,采用铸铁闸门,配2×15吨暗式启闭机。上游引河长1400米,河底高程为26.7米,底宽25.0米,边坡比1∶3。

(3) 灌溉涵洞2座。其中西灌溉涵洞为单孔2.5×2.0米钢筋混凝土箱涵,设计流量7.1立方米/秒,底板高程为23.6米,洞长48米,采用铸铁闸门,配15吨螺杆启闭机。南灌溉洞为单孔2.5×2.2米钢筋混凝土箱涵,设计流量为12.5立方米/秒,底板高程为23.0米,采用铸铁闸门,15吨螺杆启闭机。

(4) 泄洪闸1座。泄洪闸为2孔3×2.7米钢筋混凝土箱涵结构,设计泄洪流量为100立方米/秒,底板高程为23.0米,洞长23米,采用铸铁门,配用2×12吨螺杆启闭机。泄洪闸又兼做庆安灌区东干渠灌溉闸。

水库设计以调节故黄河洪水为主,并蓄水灌溉。该库水源是拦故黄河流域降雨径流,水源不足时由古邳抽水站抽引民便河之水补库。古邳抽水站于2014年10月更新改造,设计流量为29立方米/秒。该库不仅可以滞蓄故黄河超标洪水,减少洪涝灾害,也可改善了睢宁县庆安、姚集、梁集、魏集、古邳、睢河、睢城等镇、街道的水利条件,实现灌溉水源的年调节,缓解了全县的用水矛盾,为农业灌溉及城区饮用水提供水源。

二、调度运用

调度运用主要指防洪、兴利调度运用,其手段是控制水位。

(一) 控制水位

随着水库工程逐步加固,控制水位逐步提高。

1962年7月,江苏省人委农办李字第1159号文,批准汛限水位27.0米。

1966年3月,江苏省人委苏水字第84号文,批准汛限水位27.0米,兴利27.5米。

1982年,江苏省水利厅苏水管(82)字第57号文,批准汛限水位27.5米,兴利水位28.5米。

1994年3月,江苏省防指苏防(1994)15号文,汛限水位执行分期控制,汛限水位为:初汛期(5月1日—6月30日)28.5米;主汛期(7月1日—8月15日)27.5米;末汛期(8月16日—9月30日)28.5米。

2007年7月水库除险加固后控制原则为:庆安水库主汛期汛限水位为27.5米,初汛期、后汛期汛限水位为28.0米,兴利水位为28.5米,警戒水位为28.0米。

2020年10月28日,苏水汛〔2020〕17号文,庆安水库主汛期汛限水位为28米,初汛期、后汛期汛限水位为28.5米,兴利水位、设计水位、校核水位维持不变。

(二)防洪调度

当水库水位低于28米时,开启进水闸引水入库,入库流量不超过160立方米/秒;当水库水位超过28米时,视故黄河水情适当进水;当故黄河沿线发生大洪水时,除利用魏工分洪道泄洪外,水库尽可能调蓄部分故黄河洪水,并利用东泄洪闸、南防水涵洞协助泄洪,控制水库最高滞蓄洪水位不超过29.81米。

(三)兴利调度

水库进水及用水由睢宁县防涝抗旱指挥中心调度,水库管理所具体执行,当蓄水不足时,利用古邳抽水站翻引民便河(骆马湖)水源补库。

(四)应急调度

(1)遇设计标准以下洪水的调度:该库兼有防洪和蓄水灌溉双重作用。汛前,当水库水位在28米以下时,进水闸开启引水入库至兴利水位28.5米。

(2)遇设计标准洪水的调度:汛期当水库水位达到汛限水位28米后,控制进水。当故黄河发生较大洪水时,视魏工分洪道下泄能力,适当开启黄河东闸向下泄洪,同时视故黄河水位情况,多余水量可适当引水入库进行调蓄。

(3)遇超标准洪水的调度:如故黄河沿线发生特大洪水,除充分利用魏工分洪道泄洪外,水库可调蓄洪水,但蓄洪水位不得达到设计最高洪水位29.81米。并可利用东泄洪闸、南放水涵洞协助泄洪,分泄故黄河部分洪水入白塘河和西渭河。

(五) 调度权限

水库防汛实行行政首长负责制,汛期水库水位控制、工程调度运用由睢宁县防汛防旱指挥部负责,当故黄河发生洪水需要行洪时,则由徐州市防汛防旱指挥部统一调度。

三、整修加固

(一) 事故处理

建设运行中发生的重大事故及处理情况如下。

1. 大坝初建时填土质量差,碾压不实,原设计黏土防渗心墙未做。特别是西坝,取用粉沙土筑成,因此坝身透水性较强。

(1) 1959年初次蓄水,库水位达到28.5米时,西坝在桩号0+450地段窨潮渗水严重,局部出现集中漏水。当时采用爆破故黄河中泓拦河坝的办法,由进水闸反向退水降低库水位,同时抢堵渗漏水严重部位。

(2) 1963年5月28至29日暴雨后,库水位达到28.5米,因故黄河中泓老节制闸孔径小、标准低,宣泄不及,闸上水位上升至30.1米,故黄河拦河坝被迫破坝泄洪。1967年,在老闸北100米处增建新节制闸一座。

(3) 1967年,大坝在桩号3+900至4+000段出现坝身纵向裂缝。裂缝分布在坝顶及坝坡,大坝外坡较多,裂缝宽5~10厘米,深度为1.0米左右,1968年灌浆加固。

(4) 1980年5月14日,西灌溉涵洞在竣工放水时因回填土不实,洞身全部倒塌,当年全部拆除重建。

(5) 1989年检查发现泄洪涵洞反拱底板两侧边孔纵向贯穿裂缝,中孔纵向不连续裂缝,洞顶70%预制拱圈裂缝。采取在反拱底板及上游护坦上浇筑20厘米钢筋混凝土,反拱底板下及闸两侧回填土区灌水泥浆。处理后,裂缝没有新的发展。

(6) 1996年,库水位达到27.6米时,泄洪涵洞以南坝段坝后渗水严重,1999—2000年进行灌浆。

(7) 2007年8月18日,南灌溉涵洞铸铁闸门突然崩裂,经调查分析,系生产厂家的选型有误、制作质量有缺陷等原因所致,其中所用门型挡水工况不满足设计要求是主要原因。此后,厂家已按设计工况要求并经设计单位复核后,制作更换了南涵闸门,同时更换了西放水涵洞、东泄洪闸等共3扇闸门。

(二) 除险加固

历年加固、扩建及重大维修情况如下。

1. 大坝加固

(1) 1979年,加筑东坝、南坝戗台。顶高程为27.5米,顶宽10米;1981年,加筑西坝戗台,顶高程为28.0米,顶宽12米;1993年修筑邳睢公路时西坝戗台顶加宽至25米。

(2) 1966—1999年,经过多次续建和维修,大坝干砌块石护坡全部达到高程23.5～30.5米。故黄河南堤迎库面桩号7+300至9+640和桩号11+600至13+000两段已进行护砌。

(3) 大坝灌浆。① 1966年,对大坝全面进行灌黏土浆加固。1968年,对大坝桩号3+800至4+100段进行灌黏土浆。② 1979—1980年,对大坝桩号0+000至4+310段进行灌黏土浆液加8%～15%水泥。③ 1998—2000年,对大坝桩号3+600至6+400段进行劈裂灌浆。东坝管理房南300米,黏土浆液加15%水泥,其余坝段加8%水泥。

(4) 1992年埋设大坝测压管9组,每组5根,计45根。

(5) 2006—2010年水库除险加固,大坝加固内容有:庆安水库主坝包括东、南、西三面坝,坝长7300米,副坝为故黄河南堰,长5700米。主坝坝体内采用多头小直径水泥搅拌桩截渗墙进行垂直截渗,以提高坝体渗透稳定性能。截渗墙有效墙顶高程为30.9米,墙底高程为13.1～14.4米(进入相对不透水层以下1.0米),设计有效最小墙体厚200毫米。迎水坡采用抛石压重方案对坝基地震液化土层进行处理,提高主坝抗震稳定性能。其中:0+000至3+100段抛石体压重平台顶宽14.7米,顶高程为28.0～26.0米;3+100至7+300段抛石压重平台顶宽16.8米,顶高程为26.5～25.5米。迎水坡抛石压重平台上部坡面采用浆砌块石护砌,背水坡设置贴坡排水。坝顶铺筑沥青防汛道路,长7300米,宽4.5米。副坝迎水坡坝脚至坡顶采用浆砌块石护砌。

从2006年10月开始的除险加固,是将库内水全部放空,进行一次大规模的除险加固工程。此次除险加固设计标准为:设计洪水位为50年一遇,校核洪水位为300年一遇,地震烈度按Ⅷ度设防,主要建筑物等级为3级。具体工程内容有:大坝消液化处理、坝体及坝基防渗处理、大坝护坡翻修、4座穿堤建筑物拆除重建、堤顶防汛道路修筑、完善工程管理设施及大坝观测设施等。完成土方25万立方米、混凝土1.25万立方米、砌石37.3万立方米、地下连续墙13.1万平方米。工程总投资为8500万元。工程于2007年6月中旬通过水下工程验收,以满足当年发挥效益,2010年12月全面竣工验收。此次庆安水库除险加固工程是睢宁县在中华人民共和国成立后一次性国家投入最多、规模最大的一项建筑工程,工程量之多、施工速度之快、机械化程度之高、科技含量之大,是前所未有的。经过这次彻底大修,从此水库大坝永固,其部分工程质量还超出1958年原设计的标准要求。

2. 涵闸加固

(1) 1966年,南灌溉涵洞洞身裂缝,进行加固处理,故黄河节制闸老闸消力池维修。

(2) 1967年,进水闸改扩建成3孔×2.2米、3孔×4.0米。

(3) 1970年,南灌溉涵洞木闸门更换成钢筋混凝土闸门。

(4) 1974年,进水闸北端设3孔每孔径宽4米,木闸门更换成钢丝网水泥面板闸门。

(5) 2000—2001年,泄洪涵洞洞身上部,上、下游翼墙,消力池,护坦等拆除改建,并增建启闭机房。南灌溉涵洞闸门更换成铸铁闸门,并更换启闭机。南灌溉涵洞至泄洪涵洞之间坝顶修筑砂石路面。

(6) 2006—2010年水库除险加固,涵闸加固内容有4项。

① 进水闸原址拆除重建,新建的进水闸共3孔,每孔净宽4米,设计流量为160立方米/秒。闸室采用胸墙式钢筋混凝土结构,闸底板高程为26.0米,底板厚0.8米,闸底板顺水流长14米,闸顶高程为31.7米,水闸边墩厚0.9米,中墩厚0.9米,胸墙采用现浇钢筋混凝土板结构,厚30毫米,底高程为29.3米。上、下游翼墙共分两节,第一节翼墙为钢筋混凝土扶壁式结构,第二节翼墙为浆砌石重力式挡墙。闸门采用铸铁闸门,门顶高程为29.5米,配2×15吨暗杆式启闭机。另配检修钢闸门一扇,配5吨电动葫芦启闭。

② 东泄洪闸原址拆除重建,新建的东泄洪闸共2孔,设计流量不100立方米/秒。采用钢筋混凝土箱涵式结构,洞身截面2.7×3.0米,长度为28.0米,分两节,每节长14.0米。底板厚0.5米,边墩厚0.5米,中墩厚0.5米,顶板厚0.5米,闸底板高程为23.0米。上游设置厚0.4米、长14米钢筋混凝土防渗铺盖,铺盖前端套打直径50厘米水泥土搅拌桩截渗,桩底高程为14.0米。下游消力池平段17.6米,总长23.0米,深1.2米,海漫长45.0米,防冲槽宽7.0米,深2.0米。上游翼墙共分两节,第一节翼墙为钢筋混凝土扶壁式结构,第二节翼墙为浆砌石重力式挡墙脚。下游翼墙均为浆砌石重力式挡墙。闸门采用铸铁闸门,配2台2×12吨螺杆式启闭机,另配检修钢闸门一套,配3吨电动葫芦启闭。

③南灌溉涵洞原址拆除重建,新建的南灌溉为单孔,设计流量为12.5立方米/秒。洞身截面为2.5米×2.5米,采用钢筋混凝土箱式结构。洞身长43.65米,共分4节,洞首段长10.65米,后三节每节长11.0米。底板高程为23.0米,厚0.5米,边墙厚0.5米,顶板厚0.4米。上游钢筋混凝土防渗铺盖长10.0米,厚0.4米,浆砌块石护底长20米。下游消力池总长16.6米,其中斜坡段长5.6米,水平段长10.0米,高程为21.6米,海漫长20.0米。上游翼墙为钢筋混凝土扶壁式结构,下游翼墙均为浆砌石重力式挡墙。闸门采用铸铁闸门,配1台15吨螺杆式启闭机,另配检修叠梁钢闸门一套,配5吨电动葫芦启闭。

④西放水涵洞原址拆除重建,新建的西放水涵洞为单孔,设计流量为7.1立方米/秒。洞身截面为2.5米×2.0米,采用钢筋混凝土箱式结构。洞身长48米,共分4节,每节长12.0米。底板高程为23.6米,厚0.5米,边墙厚0.4米,顶板厚0.4米。上游设厚0.4米、长10.0米的钢筋混凝土防渗铺盖。下游消力池长11.5米,深0.9米,海漫长20.0米。上游翼墙共分两节,第一节为钢筋混凝土扶壁式结构,第二节为浆砌石重力式挡墙。下游翼墙均为浆砌石重力式挡墙。闸门采用铸铁闸门,配1台15吨螺杆式启闭机,另配检修钢闸门一套,配5吨电动葫芦启闭。

3. 管理设施

2006—2007年水库除险加固,设置大坝监测系统、泄洪闸监控系统,增加大坝内外部观测设施。大坝设沉降观测点(垂直位移)45个,水平位移观测点13个(东坝3个、西坝5个、南坝5个),坝体渗流观测断面4个,测压管监测16个;水文监测水位计9个,雨量计1个,温度计1根,测流断面1个;泄洪闸、南、西涵洞、进水闸及办公楼处均有监视视屏。新建管理用房、防汛仓库1100平方米。

四、安全鉴定

庆安水库做过四次复核计算与安全鉴定。

(一)2000年水库大坝安全鉴定

2000年6月25日至26日,由徐州市水利局组织专家共11人,在睢宁县对《庆安水库大坝安全鉴定总结》进行审查评定,经过现场勘察,听取汇报,并审阅资料和图表,又进行了认真讨论,提出鉴定意见如下:

(1)睢宁县《庆安水库大坝安全鉴定总结》是在调查研究、钻探勘测和对大坝相关建筑物核算等基础上做出的,其内容、分析、评价符合水利部《水库大坝安全鉴定办法》的规定和报审要求。

（2）庆安水库为故黄河平原水库，集水面积为故黄河滩地来水，入库受库前进水控制，规定最高设计调蓄洪水位为29.6米，汛限水位为27.5米，当超过上述水位时，故黄河多余水量通过黄河节制闸下泄。不再作洪水校核计算。

（3）主坝稳定安全复核计算。采用《中国地震烈度区划图（1990）》查得资料，抗震复核按Ⅷ度地震烈度设防，根据复核计算成果，主坝抗滑稳定安全系数和坝顶超高均满足设计规范要求。但实际运行尚存在以下问题：① 南坝、东坝部分坝段，下游逸出点偏高，高水位时造成部分坝段坝脚潮湿松软；② 上游块石护坡高程为30.5～31.6米未做，不能满足风浪防冲要求。

（4）进水闸岸翼墙为混凝土空心砌块结构，其持力层为粉沙土，该闸防渗长度严重不足，闸室地基为可液化土层，不能满足抗震要求，属病闸。

（5）溢洪闸主体结构在正常荷载组合及地震荷载组合下，经复核均不能满足规范要求，地基为可液化土层，该闸正反拱已断裂，上、下游翼墙为涵管挡土墙，顶部已前倾3厘米，属险闸。

（6）南放水涵洞上游翼墙为浆砌石结构，且墙体与箱涵间止水已错位拉断，同时排架、工作桥碳化露筋，闸门止水损坏。

（7）溢洪闸下游泄洪河道未开挖，泄洪无出路。

综上所述，根据水利部《水库大坝安全鉴定办法》第十六条规定，庆安水库实际抗御洪水标准虽达到部颁水利枢纽工程除险加固近期非常运用洪水标准，但主体工程存在严重质量问题，影响大坝安全运用，经鉴定为Ⅲ类坝。

（二）2004年水库大坝安全鉴定

为认真贯彻落实水利部《关于发布〈水库大坝安全鉴定办法〉的通知》，2004年5月15日，水利部大坝安全管理中心组织专家对庆安水库三类坝鉴定成果进行了现场核查，提出在2000年6月《庆安水库大坝安全鉴定报告书》的基础上做有关补充工作的建议。徐州市水利建筑设计研究院受睢宁县水利局的委托，负责对庆安水库大坝安全状况进行分析评价。本次安全鉴定对水库重新进行了调洪演算，演算结果为：50年一遇设计洪水位为29.31米，300年一遇校核洪水位为29.81米，相应库容分别为5659万立方米、6293万立方米；兴利水位为28.5米，汛限水位为27.5米，相应的兴利库容为4800万立方米、3840万立方米，死库容为30万立方米。

2004年8月10日，睢宁县水利局组织，水利部大坝安全管理中心、江苏省水利厅等有关单位专家参与，对庆安水库大坝进行安全鉴定。通过现场查看，听取有关单位汇报，并进行认真讨论，形成如下鉴定意见：

（1）徐州市水利建筑设计研究院提交的鉴定资料、文件齐全完整，符合《水库大坝安全鉴定办法》的要求。

（2）庆安水库的洪水标准依据《水利水电工程等级划分及洪水标准》划分，水库属平原区中型水库，按 50 年一遇标准设计，300 年一遇标准校核。经过调洪演算，对大坝顶高程进行复核，现状坝顶高程基本满足防洪要求。

（3）经过渗流稳定计算和边坡抗滑稳定计算，主坝稳定安全满足规范要求。坝体完整，但填土密实性不均匀，局部很差，干密度为 1.26～1.56 克/立方厘米，坝段渗透系数不均匀（$3.38×10^{-6}$～$1.05×10^{-4}$ 厘米/秒），局部渗水严重，且无反滤设施，部分坝段下游出逸点偏高，高水位时相应坝段坝脚潮湿松软。

（4）根据《中国地震动参数区划图》(GB 18306—2001)，坝址区地震动参数加速度为 0.2 克，相当于地震基本烈度 8 度。经验算，大坝在正常蓄水位遇 8 度地震坝坡稳定安全系数满足规范要求。根据地质勘察资料，坝基粉沙土层经判定为地震液化土层，会给水库的安全运行带来隐患，应采取适当措施。

（5）主坝迎水坡高程为 23.5～30.5 米的护坡损毁严重，高程为 30.5 米以上的无块石护坡不满足抗风浪冲刷要求。

（6）副坝（故黄河南堤）顶高程标准不足，且迎水坡陡立，坍塌严重，无护砌。

（7）该库建筑物有进水闸一座、泄洪闸一座、灌溉涵洞两座，均由徐州市水利局组织了安全鉴定，其中进水闸、西放水涵洞、泄洪闸为Ⅳ类闸，南放水涵洞为Ⅲ类闸。

（8）大坝无进库防汛抢险道路，不能满足防汛抢险等交通要求。

（9）大坝及建筑物无监测设施，管理设施落后。

经综合分析评价，根据《水库大坝安全鉴定办法》第六条规定，庆安水库大坝工程存在严重安全隐患，不能按设计正常运行，属Ⅲ类坝。

2004 年 9 月，水利部大坝安全管理中心以坝函〔2004〕1559 号函同意鉴定结论。

在 2004 年安全鉴定后，水库列入全国重点大中型病险水库除险加固之列，徐州市水利建筑设计研究院受睢宁县水利局委托编制《睢宁县庆安水库除险加固工程初步设计报告》，2005 年 1 月 17 日睢宁县水利局以睢水〔2005〕3 号文件上报徐州市水利局《关于上报睢宁县庆安水库除险加固工程初步设计的请示》，徐州市水利局转报了江苏省水利厅。之后，徐州市水利建筑设计研究院根据水利部淮委水利水电工程技术研究中心关于《睢宁县庆安水库除险加固工程初步设计审查意见（初稿）》的有关要求，对部分材料进行补充。2005 年 6 月徐州水利建筑设计研究院完成《睢宁县庆安水库除险加固工程初步设计》(包括修订本、补充材料),并上报江苏省水利厅,同年江苏省水利厅分别以苏水计〔2005〕98号、〔2005〕166号、〔2005〕136号文转报水利部淮河水利委员会。江苏省发展改革委员会以苏发改农经发〔2006〕210号文批准庆安水库除险加固工程实施,2006年4月18日江苏省水利厅以苏水计〔2006〕100号文件批转。

庆安水库除险加固工程于2006年11月开工,2010年6月完工。2010年12月29日通过了由江苏省水利厅主持的庆安水库除险加固工程竣工验收。

(三)蓄水安全鉴定

2010年12月,受睢宁县庆安水库除险加固工程建设处委托,江苏省水利勘测设计研究院有限公司组织专家对睢宁县庆安水库除险工程进行蓄水安全鉴定,鉴定范围包括主坝(西、南、东坝)、副坝(即故黄河南堤、亦称北坝)、南灌溉涵洞、进水闸、东泄洪闸、西放水洞等建筑物,以及上述建筑物地基处理、金属结构、安全监测、蓄水度汛方案等项目,对水库实施的除险加固工程进行安全评价,并出具了《徐州市睢宁县庆安水库除险加固工程蓄水安全鉴定报告》。

蓄水安全鉴定结论为:庆安水库除险加固工程设计基本符合规范要求,施工质量满足设计,可下闸蓄水。目前进水闸顶高程及上游引河两侧堤顶高程为31.7米,高于故黄河50年一遇设计水位30.28米,但低于300年一遇校核洪水位32.21米,校核工况下,防洪存在一定隐患,建议制定相应措施,确保水库防洪安全。

(四)2016年水库大坝安全鉴定

2016年10月,睢宁县庆安水库管理所委托江苏省水利勘测设计研究院有限公司对睢宁县庆安水库进行使用过程中安全鉴定,鉴定范围包括主坝、副坝、进水闸、泄洪闸、南灌溉涵洞、西放水涵洞等建筑物,安全复核包括防洪标准、渗流安全、结构安全、抗震安全、金属结构安全、机电设备安全、抬高蓄水水位等。2017年12月,江苏省水利勘测设计研究院有限公司对水库使用过程进行安全鉴定综合评价并出具了《睢宁县庆安水库安全鉴定综合评价报告》。2018年1月11日,徐州市水利局以徐水管〔2018〕6号下发睢宁县水利局《关于印发〈安水库大坝安全鉴定报告书〉的通知》。

鉴定结果为:庆安水库防洪、渗流安全满足规范要求;大坝坝体填筑质量合格;大坝抗滑稳定和抗震稳定满足规范要求;进水闸、东泄水闸和灌溉涵洞整体稳定,结构外观基本完好,钢筋混凝土性能满足规范要求;金属结构和供电设施基本正常,满足运行要求;大坝运行和维修管理较规范。根据《水库大坝安全鉴定办法》《水库大坝安全评价导则》(SL 258—2017)，庆安水库大坝为Ⅰ类坝。

五、移民安置

1958年建库记载在册水库移民5742人，分布在庆安、魏集、古邳、姚集等4个镇的29个行政村。庆安水库是中华人民共和国成立后睢宁县的第一项大工程，当时对拆迁移民看似做了相应的安置，但后来发生了诸多的后续问题，这与缺乏这方面的工作经验有关。为此县里做了大量的补救措施，除了对移民和当地居民加强正面教育促其和谐相处、利用扶贫等政策向其倾斜外，对矛盾集中的地方又进行重新安置。尽管如此，多年来移民们还是处于贫困状态。近年来，结合全县推进的乡村振兴工作之机会，2017年开始报批并实施了水库移民项目14个，共计投资5383万元，共建设小学幼儿园2座、小学1座、混凝土道路1.27万米、沥青道路865米、小区广场1.2万平方米、路灯334盏、绿化面积4903平方米等。打造了杨圩、八一、旧州、顾庄和戴楼5个"美丽库区 幸福家园"项目示范村。从此移民们摆脱了贫困落后状态，旧貌换新颜。图8-1所示为水库移民后扶资金建设的农贸市场，图8-2所示为水库移民后扶资金建设的杨圩小学。

图8-1　水库移民后扶资金建设的农贸市场

图8-2　水库移民后扶资金建设的杨圩小学

另外,水库周边一些庄村没有作移民安置,多年来给水库管理带来诸多不便,对库周多有蚕食,且多有炸鱼危及大坝安全的事情发生。近年来,结合全县推进的乡村振兴工作之机会,远离水库 1 千米以外安置家园,一举解决了近 60 年没有解决的难题,大大改善了库边的水环境,给地面水厂提供了可靠的优质水源。

六、地基资料

(一)大坝部分

经地质调查和钻探揭示,坝基土层为近代黄泛冲洪积土层,以砂性土为主,但局部有所差异,东、南坝坝基土为(1)层壤土,西、北坝坝基土除西坝南部为(1)层壤土外其余均为(1-2)层粉砂。总体可划分为 5 层(不含亚层),现分层综述如下。

1. 东坝、南坝

(1-1)素填土($Q_米1$):黄褐色粉质壤土混有黄灰色粉沙、沙壤土,土质不甚均匀,干容重 12.6~15.6 千瓦/立方米,标贯击数为 5~11 击,锥尖阻力为 1.27~2.21 兆帕,坝底高程 20.95~23.6 米,渗透系数为 2.86×10^{-7}~1.05×10^{-3} 厘米/秒。

(1)壤土(Q_4al+pl):黄褐色壤土、中粉质壤土,可塑,夹粉砂薄层,厚度不稳定,为 0.7~2.7 米,该层为大坝坝基,层底标高 19.95~21.68 米,锥尖阻力为 1.1~2.13 兆帕,标贯击数为 2~13 击,渗透系数为 3.3~7.0×10^{-6} 厘米/秒。

(2-1)粉砂(Q_4al+pl):黄色粉砂,含壤土团块,饱和,厚度不稳定,层厚为 0.7~2.4 米,层底标高为 18.48~19.51 米,标贯击数为 7~14 击,呈松散至稍密状态,锥尖阻力为 2.01~7.75 兆帕,据《水利水电工程地质勘察规范》(GB 50287—99),判别为地震液化土层,与下伏灰色粉砂呈渐变过渡,渗透系数为 4.38×10^{-4}~1.02×10^{-3} 厘米/秒。

(2)粉砂(Q_4al+pl):灰色粉砂,局部含壤土夹层,饱和,土质不甚均匀,标贯击数为 3~24 击,锥尖阻力为 3.5~7.53 兆帕,以松散为主,局部中密,经判别为地震液化土层。层底高程为 14.08~15.05 米,控制厚度为 5.15 米,该层渗透系数为 3.13×10^{-4}~1.05×10^{-3} 厘米/秒。

(3)壤土(Q_4al+pl):黄色、褐黄色重壤土、黏土,可塑,锥尖阻力为 1.59~2.38 兆帕,层底高程为 12.03~12.13 米,控制厚度为 1.95~2.4 米,渗透系数为 3.0×10^{-7}~5.0×10^{-6} 厘米/秒。

注:地基资料摘录于江苏省水利厅档案,专业内容,资料留存不做改动。

(4)含砂姜壤土(Q3al+pl):黄色、褐黄色粉质黏土,重壤土,硬塑,含砂礓,锥尖阻力为3.1兆帕左右,揭露厚度为1.8米,渗透系数为$1.3×10^{-6}$厘米/秒。

2. 西坝、北坝

(1-1)素填土(Q米l):黄色粉沙、沙壤土混杂褐色壤土,干容重12.2～15.9千瓦/立方米,密实度不甚均匀,局部透水性较强,标贯击数为6～12击,锥尖阻力为1.63～3.26兆帕,厚3.7～8.4米,坝底高程为22.5～27.77米,渗透系数$3.38×10^{-6}$～$1.04×10^{-3}$厘米/秒。在北坝,该层为废黄河南堤填土,因河道冲积,北坝与废黄河滩面基本持平。

(1-2)粉砂(Q4al+pl):黄色粉砂,饱和,西坝厚度不稳定,为0.0～2.6米,主要分布在$1^{\#}$至$b13^{\#}$孔之间;北坝较稳定,厚0.7～2.1米,标贯击数为2～7击,松散,锥尖阻力为1.08～4.17兆帕,该层为坝基土,层底高程为22.02～26.62米,渗透系数为$5.79×10^{-4}$～$1.03×10^{-3}$厘米/秒。

(1)壤土(Q4al+pl):褐黄色中粉质壤土,可塑,标贯击数为2～7击,锥尖阻力为1.11～3.0兆帕,厚0.5～3.6米,层底高程为21.03～25.01米,从$b13^{\#}$孔向南为大坝坝基,渗透系数为$3.8×10^{-6}$～$6.7×10^{-6}$厘米/秒。

(2-1)粉沙(Q4al+pl):灰色、灰黄色,局部为沙壤土,标贯击数为7～16击,锥尖阻力0.97～7.97兆帕,松散至中密,厚0～2.6米,厚度很不稳定,层底高程为18.88～23.45米,渗透系数为$4.38×10^{-4}$～$1.05×10^{-3}$厘米/秒。

(2-2)粉质壤土(Q4al+pl):灰色,灰黄色,可塑,标贯击数为9击,厚0.9米,呈透镜状赋存于$80187^{\#}$孔(2)层粉沙土中,层底高程为17.6米,渗透系数为$3.9×10^{-5}$厘米/秒。

(2-3)壤土(Q4al+pl):灰黄、灰褐色,可塑,锥尖阻力为1.05～2.21兆帕,分布很不稳定,主要分布在北坝进水闸及其附近,厚1.0～5.1米,层底高程为14.98～20.2米,渗透系数为$3.9×10^{-5}$厘米/秒。

(2)粉沙(Q4al+pl):灰色、灰黄色粉沙、沙壤土,含壤土夹层,土质不均匀,标贯击数为7～24击,松散至中密,锥尖阻力为5.02～7.84兆帕,渗透系数为$1.79×10^{-5}$～$1.05×10^{-3}$厘米/秒。西坝厚5.1～6.8米,层底高程为14.43～15.36米;北坝西端层厚6.2米,向东变厚,未揭穿,钻控层厚8.3米($b20^{\#}$孔),至进水闸及其附近除去中夹(2-3)亚层,其总厚度为7.7米左右,层底高程一般为14.1～15.36米,进水闸$b25^{\#}$孔高程为8.68米。

(3)壤土(Q4al+pl):黄色、褐黄色重壤土、黏土,可塑,标贯击数为13～14

击,锥尖阻力为 1.98~3.37 兆帕,渗透系数 5.6×10^{-7}~6.7×10^{-6} 厘米/秒,厚 1.5~2.4 米,层底高程一般为 12.03~13.46 米,西坝以及北坝西端被揭露。

(4) 含砂姜壤土(Q3al+pl):黄色、褐黄色粉质黏土,重壤土,硬塑,含砂礓,揭露厚度为 0.7 米,渗透系数为 1.3×10^{-6} 厘米/秒。

(二) 附属建筑物

1. 进水闸

庆安水库进水闸位于水库北坝故黄河南堤上,场地内布勘探孔 6 个,经钻探场地土层可划分为 4 层,现分述如下。

(1-1) 素填土(Q 米 l):黄色粉砂、砂壤土为主,混杂褐色壤土,厚 1.0~3.75 米,层底高程为 23.4~27.5 米,干容重 14.8 千瓦/立方米,标贯击数为 7~9 击,锥尖阻力为 1.07~2.65 兆帕。

(1-2) 粉沙(Q4al+pl):黄色粉沙、粉土,沙壤土,饱和、标贯击数为 1~4 击,松散,锥尖阻力为 1.76~3.14 兆帕,防渗抗冲能力差,经判别为地震液化土层,厚 1.5~1.85 米,层底高程为 25.9~26.6 米,渗透系数为 5.79×10^{-4}~1.03×10^{-3} 厘米/秒。

(1) 壤土(Q4al+pl):灰黄色重壤土,软塑至可塑,标贯击数为 2~5 击,锥尖阻力为 0.36~1.00 兆帕,厚 1.4~1.7 米,层底高程为 22.6~23.38 米,水闸基底为 25.2 米,该层为闸基持力层,渗透系数为 3.4×10^{-6}~2.6×10^{-5} 厘米/秒,压缩系数为 0.4/兆帕。

(2-1) 粉砂(Q4al+pl):灰色粉砂,饱和,标贯击数为 8~16 击,松散至中密,锥尖阻力为 1.28~3.16 兆帕,经判别为地震液化土层,厚 1.7~1.8 米,层底高程为 21.38~21.77 米,渗透系数为 4.38×10^{-4}~1.02×10^{-3} 厘米/秒。

(2-3) 壤土(Q4al+pl):灰黄、灰褐色,可塑,锥尖阻力为 1.05~2.21 兆帕,分布很不稳定,厚 1.1~5.1 米,层底高程为 11.0~14.98 米,渗透系数为 2.38×10^{-6}~6.5×10^{-5} 厘米/秒,压缩系数为 0.38/兆帕。

(2) 粉砂(Q4al+pl):灰色粉砂,标贯击数为 8~14 击,锥尖阻力为 3.33~5.45 兆帕,松散至稍密,经判别为地震液化土层,厚 6.5~6.6 米,层底高程为 8.68~16.2 米,渗透系数为 6.69×10^{-4}~1.05×10^{-3} 厘米/秒。

(3) 壤土(Q4al+pl):黄色、褐黄色重壤土、黏土,可塑,标贯击数为 10 击,锥尖阻力为 1.39 兆帕,厚 2.3 米,层底高程为 7.58 米,渗透系数为 5.6×10^{-7}~5.0×10^{-6} 厘米/秒,压缩系数为 0.31/兆帕。

(4) 含砂姜壤土(Q3al+pl):黄色、褐黄色粉质黏土,重壤土,硬塑,含砂礓,标贯击数为 18 击,锥尖阻力为 3.24 兆帕,揭露厚度为 1.8 米,渗透系数为 3.1×10^{-7} 厘米/秒,压缩系数为 0.22/兆帕。

2. 东泄洪闸

东泄洪闸位于水库东坝南端,场地内布勘探孔 4 个,经钻探揭示闸址土层可划分 6 层,现分述如下。

(1-1)素填土(Q 米 l):浅棕褐色壤土与粉砂互混,局部土中可见烂草根($24^\#$孔深 7.1～7.4 米处),土质不甚均匀,标贯击数为 5～11 击,层底高程为 21.3～22.74 米,渗透系数为 $2.89 \times 10^{-6} \sim 1.02 \times 10^{-3}$ 厘米/秒。

(1)壤土(Q_4al+pl):褐黄色轻至重粉质壤土夹粉砂薄层,可塑,厚 0.2～1.2 米,层底高程为 21.0～21.59 米,标贯击数为 5～13 击,渗透系数为 $3.0 \times 10^{-7} \sim 7.0 \times 10^{-6}$ 厘米/秒,涵洞设计基底高程为 22.2 米,该层为涵洞地基土,压缩系数为 0.37/兆帕。

(2-1)粉砂(Q_4al+pl):黄色粉砂,稍密,饱和,振动水析,厚 2.2～2.4 米,层底高程为 18.5～19.23 米,标贯击数为 14 击,经判别为地震液化土层,渗透系数为 $3.21 \times 10^{-5} \sim 8.9 \times 10^{-4}$ 厘米/秒。

(2)粉砂(Q_4al+pl):灰色粉砂,含壤土薄层,松散,标贯击数为 5～8 击,松散,经判别为地震液化土层,厚 5.1 米,层底高程为 14.08～14.14 米,渗透系数为 $7.6 \times 10^{-5} \sim 1.05 \times 10^{-3}$ 厘米/秒。

(3)壤土(Q_4al+pl):灰色重粉质壤土、可塑,含小豆状 Femn 结构核,标贯击数为 10 击,层 1.95 米,层底高程为 12.13 米,渗透系数为 $3.6 \times 10^{-7} \sim 5.0 \times 10^{-6}$,压缩系数为 0.30/兆帕,建议允许承载力为 160 千帕,该层为老闸桩基持力层。

(4)含砂礓壤土(Q_3al+pl):黄色、浅棕色粉黏土、重壤土,硬塑,含砂礓,标贯击数为 13 击,揭露厚度为 0.6 米,渗透系数为 5.5×10^{-7},压缩系数为 0.22/兆帕。

3. 南放水涵洞

南放水涵洞位于水库南坝西端,场地土层可分为 4 层,除(1-1)层大坝填土外,其下均为近代黄泛冲洪积物,现分述如下。

(1-1)素填土(Q 米 l):褐黄色壤土混有粉砂,局部含有机质,厚 3.3～8.3 米,层底高程为 22.96～23.3 米,干容重 14.7 千瓦/立方米左右,标贯击数为 5～11 击,土质不甚均匀,渗透系数为 $4.3 \times 10^{-5} \sim 5.0 \times 10^{-4}$ 厘米/秒。

(1)壤土(Q_4al+pl):褐黄色中壤土,可塑,夹粉砂薄层,厚 2.3～2.7 米,层底高程为19.86～20.68米,标贯击数为5击,涵洞底板高程为22.6米,该层为涵洞地基,渗透系数为 3.00×10^{-6}～2.76×10^{-5} 厘米/秒,压缩系数为0.35/兆帕。

(2-1)粉砂(Q4al+pl):黄色沙壤土,粉土,松软,饱和,振动水析,松散至稍密,经判别为地震液化土层,厚1.9～2.68米,层底高程为17.96～18.3米,渗透系数为 3.75×10^{-4}～1.02×10^{-3} 厘米/秒。

(2)粉沙(Q4al+pl):灰色粉沙、局部为沙壤土,松散至稍密,经判别为地震液化土层,揭露厚为3.3米,渗透系数为 6.0×10^{-4}～1.0×10^{-3} 厘米/秒。

4. 西放水涵洞

西放水涵洞位于西坝北端,场地内布勘探孔4个,经钻探揭示场地内土层可划分7层(含亚层),现分述如下。

(1)素填土(Q米l):褐黄色中壤土混粉沙、沙壤土,厚6.0～6.7米,层底高程为24.4～24.67米,渗透系数为 3.0×10^{-6}～1.0×10^{-3} 厘米/秒。

(2-1)粉砂(Q4al+pl):黄、灰色粉砂,含壤土团块,标贯击数为3～9击,松散为主,经判别为地震液化土层,厚2.5～2.9米,层底高程为21.77～21.9米,闸底板高程为23.2米,位于该层中部。该层渗透系数为 5.9×10^{-4}～1.01×10^{-3} 厘米/秒,中等透水,防渗抗冲能力差。

(2-2)粉质壤土(Q4al+pl):灰色轻粉质壤土,含较多粉砂,可塑,厚0.8～1.6米,层底高程为17.59～17.87米,标贯击数为3～17击,土质很不均匀,渗透系数为 7.8×10^{-6}～3.96×10^{-5} 厘米/秒。

(2)粉砂(Q4al+pl):灰色粉砂,局部黄色,土质不均匀,标贯击数为8～20击,松散至中密,经判别为地震液化土层,厚4.8～5.7米,层底高程为15.26～15.49米,渗透系数为 6.75×10^{-6}～1.05×10^{-3} 厘米/秒。

(3)壤土(Q4al+pl):黄灰色粉质中壤土,可塑,可见淡水螺壳,标贯击数为13～15击,厚2.0～2.7米,层底高程为12.15～13.3米,渗透系数为 3.7×10^{-6} 厘米/秒,压缩系数为0.34/兆帕。

(4)含砂礓壤土(Q3al+pl):黄色、黄夹灰色重壤土,硬塑,含砂礓,标贯击数为20～30击,揭露厚度为1.5米,渗透系数为 5.5×10^{-7} 厘米/秒,压缩系数为0.23/兆帕。

(三) 地震烈度

庆安水库区位于郯庐断裂与徐宿弧形构造带之间,桃园凹陷西北边缘,东距郯庐断裂约21.0千米,西距徐宿弧约45.0千米,其间发育有规模较小的新华系断裂,水库南8.0千米有北西向废黄河断裂,水库西北角有一条北西向断裂,但未伸至库区,库区区域稳定性主要受郯庐断裂影响。

根据《中国地震动参数区划图》(GB 18306—2001),场地地震动峰值加速度为0.20g,相应基本地震烈度4度,场地地震动反应谱特征周期0.35秒。

第二节 清水畔水库

清水畔水库位于睢宁县姚集镇北约6千米、故黄河北堤下,北面是蛟龙山和花山,集水面积为2.58平方千米,属小(1)型水库。水库总面积为1.6平方千米,库区面积为1.5平方千米,设计洪水标准为30年一遇,校核洪水标准为500年一遇,设计洪水位为28.09米,相应库容为582.71万立方米,校核洪水位为28.45米,总库容为627.28万立方米。汛限水位为27.5米,相应库容为511万立方米。兴利水位为28.00米,兴利库容为474.0万立方米。

该库建成于1957年,水库汛期滞蓄故黄河水洪水,库区1.21平方千米降雨,北面蛟龙山和花山1.37平方千米汇流,山区汇流干流长度为3.1千米。它是一座以防洪、灌溉为主结合水面养殖等综合利用的水库,设计灌溉面积为1667公顷,实际灌溉面积为85公顷。

大坝坝型为均质黏性土坝,坝顶长1500米,坝顶高程为31.6米,坝顶宽6.0~8.0米,最大坝高7.9米,迎水坡比1∶3,背水坡比1∶2.5。坝后设戗台,顶宽8米,高程为28.5米,边坡比1∶3.5。

进水闸工程标准为3孔,每孔净宽2.2米,孔高3米,底板高程为26.7米,设计流量为13立方米/秒。闸门为钢筋混凝土平板门,配15吨螺杆式手电两用启闭机。

灌溉涵洞位于大坝北端,标准为1孔,孔径宽0.8米,孔高1.0米,底板高程为24.5米,洞身为钢筋混凝土箱涵结构,设计流量为1.0立方米/秒。闸门为铸铁闸门,配80千瓦手动螺杆启闭机。

泄洪涵洞位于桩号1+250米处,洞身结构为钢筋混凝土箱涵,断面尺寸为高1.2米、宽1.0米,底板高程为24.2米,设计流量为2.0立方米/秒,最大泄量为3.0立方米/秒。闸门为铸铁闸门,配用8吨螺杆启闭机。

2009年11月19日江苏省水利厅批准清水畔水库除险加固。工程于2010年2月20日开工,2010年7月20日通过水下工程阶段验收;2011年6月13日通过档案专项验收,2011年11月14日通过竣工验收。

该水库超过警戒水位后通过泄洪涵洞入民便河外排徐洪河。该河道于2011年6月11日开工疏浚，次年3月6日完成水下工程验收，已于2012年4月底全面完工，此河道按5年一遇排涝标准，疏浚后行洪能力为38.05立方米/秒，符合设计标准，排水通畅（图8-3）。

图8-3　清水畔水库

第三节　镇管小型水库除险加固

一、梁山水库

梁山水库位于睢宁县姚集镇梁山村南，白路山、墓山和梁山之间，集水面积为6.67平方千米，属山区小(1)型水库。水库总面积为0.71平方千米，库区面积为0.64平方千米。设计洪水标准为30年一遇，校核洪水标准为500年一遇。该水库校核洪水位为47.28米，总库容为350.8万立方米，设计洪水位为46.62米，相应库容为294.72万立方米，兴利水位为45.2米，兴利库容为190.9万立方米。

该库建成于1966年，水库径流主要来自集水区地表汇流。根据调洪演算成果，水库30年一遇最大流量为126.64立方米/秒，500年一遇最大流量为202.05立方米/秒。此外，水库外围有部分汇流经大坝东侧进水明渠汇入水库，流量为20.0立方米/秒。它是一座以防洪、灌溉为主结合水面养殖等综合利用的水库，设计灌溉面积为600公顷，实际灌溉面积为186.7公顷。

大坝坝型为均质黏性土坝。坝顶长908.5米，现状坝顶高程为48.4米，坝顶宽6米,最大坝高为10.55米。坝后加做戗台,戗台顶高程为42.4米,顶宽7.5米,长750米,大坝内外边坡比均为1∶3。迎水面护坡从高程40.2米至高程45.70米,护坡结构自上而下为30厘米厚干砌石、10厘米厚碎石垫层、10厘米厚黄砂垫层。坝顶设防汛道路,路面宽4.0米,为泥结碎石路面。

灌溉涵洞标准为1孔,为钢筋混凝土箱形结构,闸孔净宽1.2米,高1.2米。底板高程为40.2米,涵洞总长42.0米。闸门为铸铁门,配用5吨螺杆启闭机。

进水涵洞位于大坝东端,采用钢筋混凝土箱形结构,共2孔,孔口净宽4.5米,底板高程为46.0米,设计流量为20立方米/秒。顶板兼作交通桥桥面,标准为公路-Ⅱ级。

溢洪道位于大坝西端,地处山脚处,溢流堰结合交通桥布置,采用钢筋混凝土箱形结构。标准为2孔,总净宽16米,堰顶高程为45.2米,堰型为宽顶堰,设计流量为40.22立方米/秒。

梁山水库建成于1966年,2005年江苏省水利厅批准对其进行除险加固。2006年3月18日开工建设,同年12月21日通过水下工程阶段验收;2010年1月29日通过档案专项验收,2010年2月8日通过竣工验收,并且被评为"优良工程"。

该水库水位超过45.2米时,库内水从大坝西侧溢洪道自流下泄,经民便河汇入徐洪河外排,设计下泄流量为40.22立方米/秒,最大下泄流量为81.20立方米/秒,必要时将灌溉涵洞打开协助泄洪。该河道属邳州段民便河支河,河道排水通畅(图8-4)。

图8-4 梁山水库

二、锅山水库

锅山水库位于睢宁县姚集镇锅山村南,斗篷山、锅齐山之间,集水面积为3.1平方千米,设计洪水位为45.56米,相应库容为144.39万立方米,校核洪水位为46.04米,总库容为163.52万立方米,兴利水位为44.5米,兴利库容为79.6万立方米,是一座以防洪、灌溉为主,结合水产养殖山区小(1)型水库。

该水库建成于1977年,水库径流主要来自集水区地表汇流,该库以防洪、水土保持、灌溉为主,结合水产养殖等综合利用。设计灌溉面积为333公顷,实际灌溉面积为134公顷。大坝保护下游2个村庄、1062人、409公顷耕地。

大坝坝型为均质土坝,坝顶长890米,坝顶高程为47.4~48.5米,坝顶宽4.5~5.0米,最大坝高为9.6米,内外边坡比均为1∶3.5。

迎水坡加固在桩号0+044—0+890段,高程41.0~45.0米采用浆砌石护坡,为0.30米;高程41.0米和45.0米处分别设格埂1道,坡面每50米设横埂格1道。硬质化护坡段高程为45.0米,坝顶及无硬化护坡段整坡后采用草皮护坡。

背水坡加固在坝脚设纵向导渗沟1道、临坝侧间隔设无沙混凝土块和通长布置反滤体,坡面每隔50米设横向排水沟1道;导渗沟和排水干沟采用浆砌石结构,净断面为0.40米×0.50米。

输水涵洞为钢筋混凝土(C25)箱型结构,断面为0.8米×1.0米,底板高程为39.5米。进出口段为钢筋混凝土"U"形结构,进口长3.0米。出口消力池长7.5米,后设长5.0米浆砌石护坡、护底。钢筋混凝土竖井上设启闭机房10平方米,内设铸铁闸门(适用于7.0米以上水头差),配80千瓦手动螺杆启闭机。

溢洪道位于大坝东端0+890米处,堰顶高程为44.5米,净宽21.0米,设计流量为30.54立方米/秒,最大流量为54.31立方米/秒。进口段长55.0米,西侧浆砌石护坡;控制段长为5.5米,上设交通桥,总长30米,桥面宽5.0米,C25钢筋混凝土结构,两侧为浆砌石桥墩;泄槽段长8.0米,钢筋混凝土护底结构;消力池段长5.0米,池深0.5米,底板厚0.4米、底部为钢筋混凝土结构,消力池后接海漫长13.0米浆砌石护底。

锅山水库建成于1977年,2009年10月江苏省水利厅批准锅山水库除险加固。工程于2010年2月20日开工,2010年7月20日通过水下工程阶段验收;2011年6月13日通过档案专项验收,2011年11月25日通过竣工验收。

该水库水位超过44.5米时,溢洪道溢洪,库内水经民便河汇入徐洪河外排,设计下泄流量为 30.54 立方米/秒,最大下泄流量为 54.31 立方米/秒,必要时将灌溉涵洞打开协助泄洪。该行洪河道属邳州段民便河支河,河道排水通畅(图 8-5)。

图 8-5　锅山水库

三、土山水库

土山水库位于睢宁县岚山镇土山村北,寨山脚下,为山区小(1)型水库。设计洪水标准为 30 年一遇,校核洪水标准为 500 年一遇。上游有项窝、大寺两座小(2)型水库,溢洪汇入土山水库,集水面积共 3.56 平方千米。校核洪水位为 33.56 米,总库容为 186.45 万立方米,设计洪水位为 32.93 米,相应库容为 149.55 万立方米,兴利水位为 31.5 米,兴利库容为 91.4 万立方米。

该库建成于 1964 年,直接集水区地表汇流入库面积为 1.57 平方千米,通过环山沟汇流入库项窝水库 1.1 平方千米和大寺水库 0.99 平方千米。该水库以防洪、水土保持、灌溉为主,结合水产养殖等综合利用。设计灌溉面积为 315 公顷,实际灌溉面积为 200 公顷。大坝保护下游岚山镇 4 个村庄、5323 人、1434 公顷耕地。

大坝坝型为均质土坝,坝顶长 1821 米,现状坝顶高程为 33.07~34.62 米,坝顶宽 4.5~5.0 米,最大坝高为 6.54 米,迎水坡为 1∶2.5,背水坡为 1∶3。

灌溉涵洞为直径 0.8 米钢筋混凝土预应力管涵,底板高程为 28.2 米,洞身长为 39.52 米,设计流量为 2 立方米/秒。闸门为铸铁门,配用 5 吨螺杆启闭机。

溢洪道进口段为浆砌石护底,控制、斜坡泄槽段为C25钢筋混凝土护底,侧墙均为浆砌石结构。穿路箱涵为钢筋混凝土结构,设2孔,2.0×2.0米。堰顶高程为31.5米,设计最大流量为24.47立方米/秒。

土山水库建成于1964年,2008年8月江苏省水利厅批准土山水库除险加固。工程于2009年2月开工,2009年8月2日通过水下工程阶段验收;2011年6月13日通过档案专项验收,2013年12月竣工验收。

该水库水位超过31.5米,溢洪道将溢洪,库内水排入闸河,闸河水入白马河,白马河水入潼河,最终进入徐洪河外排。必要时将放水涵洞打开协助泄洪。该河道网络排水通畅(图8-6)。

图8-6 土山水库

四、大寺水库

大寺水库位于岚山镇杨山村南,与安徽交界处,集水面积为0.99平方千米,干流长0.89千米,干流比降为0.0466。校核洪水位为39.47米,总库容为35.71万立方米,设计洪水位为39.15米,相应库容为31.66万立方米,兴利及汛限水位均为38.3米,兴利库容为19.77万立方米,为山区小(2)型水库。

该库水源主要来于拦截山洪水汇流,它以防洪、水土保持、灌溉为主,结合水产养殖等综合利用。设计灌溉面积为60.7公顷,实际灌溉面积为26.7公顷。

主要建筑物有均质土坝一座,坝顶长580米,坝顶高程为40.6米,坝顶宽

3.5米,最大坝高为8.1米,迎水坡1∶2.5,背水坡1∶3.5。迎水面护坡为C20混凝土护坡,厚10厘米,下设砂石垫层10厘米,从高程36.5护至38.8米,以上采用草皮护坡。配套建筑物有放水涵洞一座,为C25钢筋混凝土箱涵,断面为0.8米×0.6米,底板高程为34.8米,洞身总长为29.29米,闸门为铸铁门,配用5吨手动螺杆启闭机。溢洪道一座,为钢筋混凝土整体框形结构,2孔,总净宽10米,堰顶高程为38.3米,上设交通桥,桥面总宽为4.0米。

大寺水库建成于1957年,2008年6月江苏省水利厅批准大寺水库除险加固。工程于2008年11月初开工,2009年8月6日通过水下工程阶段验收;2013年12月竣工。

当达到汛限水位时,溢洪道开始溢洪,洪水经溢洪道下游环山沟入土山水库。但由于溢洪道下游环山沟被开山废料多处堵闭,并被村庄中多所民房截断,泄洪无出路,洪水只能通过放水涵洞下泄。为防水库漫坝,汛期水库放水涵洞常开,尽量降低库内水位,故水库汛期空库运行,以减少超标准洪水对大坝的压力。库内洪水通过灌溉涵洞,经陈集村羊山组北排水沟向东,再经羊山涵洞从土山路下穿越后继续向东进入闸河,闸河水入白马河,白马河水入潼河,最终入徐洪河外排(图8-7)。

图8-7 大寺水库

五、孙庄水库

孙庄水库位于睢宁县岚山镇孙庄村南,与安徽交界,集水面积为1.15平方千米,干流长1.28千米,干流比降为0.0489。加固后总库容为30.45万立方米,兴利库容为11.8万立方米。校核洪水位为41.56米,设计洪水位为41.19米,兴利及汛限水位均为40.0米。

该库水源主要来自拦截山洪水汇集,它是一座以防洪、灌溉为主的为山区小(2)型水库。设计灌溉面积为550亩,实际灌溉面积为400亩。

主要建筑物有均质土坝一座,坝顶长594米,坝顶高程为42.7米,坝顶宽3.5米,最大坝高6米,迎水坡边坡比为1∶2.5,背水坡边坡比为1∶3.5,迎水面高程为39.0~40.5米为C20混凝土护坡,40.5米以上为草皮护坡。背水面增设排水导渗沟。配套建筑物有:放水涵洞一座,预应力钢筋混凝土管,断面为0.8米×0.8米,铸铁闸门,配用5吨手动螺杆启闭机,进口底面高程为37.55米。开敞式溢洪道一座,堰顶高程为40.4米,宽6.0米,最大泄量为17.27立方米/秒。

孙庄水库建成于1958年,2008年6月江苏省水利厅批准孙庄水库除险加固。2008年11月初开工,2009年8月6日通过水下工程阶段验收;2013年12月竣工。

当遇超标准洪水时,水位超过40.0米溢洪道溢洪,库内水排入陈集村孙庄组北排水沟向西排入安徽境内老龙河外排,必要时将放水涵洞打开协助泄洪。目前河道排水通畅(图8-8)。

图8-8 孙庄水库

六、项窝水库

项窝水库位于睢宁县岚山镇土山项窝村北,相山和寨山之间,与安徽交界处,集水面积为1.11平方千米。水库总库容为54.59万立方米,兴利库容为

32.92万立方米。校核洪水位为45.15米,设计洪水位为44.66米,兴利及汛限水位均为43.7米,为山区小(2)型水库。

该库水源主要用来拦截山洪水汇流,以防洪、水土保持、灌溉为主,结合水产养殖等。设计灌溉面积为41.0公顷,实际灌溉面积为26.7公顷。

主要建筑物有均质土坝一座,坝顶长510米,坝顶高程为45.9米,坝顶宽3.5米,最大坝高为8.0米,迎水坡为1∶3.5,背水坡均为1∶2.5。迎水面采用浆砌石护坡,从高程39.0米护至44.2米,下设15厘米砂石垫层,44.2米以上为草皮护坡。背水面增设排水导渗沟。配套建筑物有:放水涵洞一座,采用钢筋混凝土箱型结构,断面为0.6米×0.8米,底板高程为38.5米,洞身长31.36米,闸门为铸铁门,配用5吨手动螺杆启闭机,开敞溢洪道一座,堰顶高程为43.7米,宽5米,上部为一跨交通桥,宽4米。

项窝水库建成于1958年,2007年8月江苏省水利厅批准项窝水库除险加固。工程设计标准为20年一遇,校核洪水标准为200年一遇。工程于2008年3月2日开工,2009年8月6日通过水下工程阶段验收;2013年12月通过竣工验收。

水位超过43.7米溢洪道溢洪,库内水经溢洪道下游环山沟汇入土山水库,再由土山水库溢洪道排入闸河,闸河水入白马河,白马河水入潼河,最终进入徐洪河外排。必要时将放水涵洞打开协助泄洪(图8-9)。

图8-9 项窝水库

七、二堡水库

二堡水库位于睢宁县姚集镇二堡村,故黄河南堤下,庆安水库西侧2.2千米,库区面积为0.41平方千米,总库容为64.8万立方米,兴利库容为54.4万立方米,校核洪水位为25.94米,设计洪水位为25.79米,兴利及汛限水位均为25.5米,为平原小(2)型水库(图8-10)。

图 8-10　二堡水库

该库水源主要由庆安水库补给,以为水土保持、灌溉为主,结合水产养殖等综合利用。设计灌溉面积为6000亩,实际灌溉面积可达到5000亩。

主要建筑物有均质土坝一座,坝顶长1600米,坝顶路面高程为27.5米,坝顶宽6.0～13.0米,迎水坡比为1∶2.5,背水坡比为1∶3,最大坝高为4.7米。全坝采用多头小直径深层水泥搅拌桩,搅拌桩成墙最小厚0.15米,桩顶高程为26.0米,桩底深入坝基黏土层以下1.0米。迎水坡为0.1米厚现浇混凝土护坡;背水坡设导渗沟和排水沟为浆砌石结构。

配套建筑物有进水涵一座,为2孔,孔径为2.0米钢筋混凝土管涵,进口铺设直径2.0米钢筋混凝土管涵与输水管道连接,输水管总长435.0米,涵管出口设长7.5米为钢筋混凝土"U"形结构,后设浆砌石护底、护坡。灌溉涵洞一座为钢筋混凝土(C25)箱型结构,洞身长21.0米,断面为1.2米×1.5米,底板高程为23.5米,进出口长分别为3.55米、7.0米;下设浆砌石护坡、护底长15.0米;钢筋混凝土竖井上设启闭机10平方米,内设铸铁闸门(适用于3.0米以上水头差),配 50 千瓦手动螺杆启闭机。

二堡水库建成于 1979 年,2011 年 9 月江苏省水利厅批准二堡水库除险加固。工程于 2012 年 3 月 1 日开工,于 2012 年 5 月 30 日完成主体工程建设任务,2012 年 6 月 20 日通过水下阶段验收,2012 年 12 月 29 日通过档案专项验收,2013 年 12 月 27 日通过竣工验收。

由于水源主要由庆安水库补给,二堡水库库内超过 25.50 米,则关闭庆安水库西放水涵洞,停止向二堡水库进水,并将二堡水库放水涵洞打开,调节二堡水库库内水位至 25.50 米以下。其放水涵洞行洪通过庆安西干渠汇入老龙河进入徐洪河外排,目前该行洪河道基本畅通,待疏浚。

第九章 建设管理

进入21世纪,水利工程施工进入新发展阶段。工程建设由计划经济向市场经济转变,构建起了政府监督、分级管理和按照基本建设程序进行管理的体制,以项目法人责任制为核心,以招标投标制和建设监理制,竣工验收制为基本体系的工程建设项目管理格局。

县级水利工程主要是传统的水利建设项目,主要涉及防洪排涝建设,包括河道扩挖疏浚、水系连通、水闸建设、泵站建设、滞洪区建设及其他排水蓄水工程建设。1998年以前,以县级自筹及民工开挖为主,进入21世纪,特别是2010年之后,省级及以上投资比例逐步加大,县级配套为辅,同时大规模采用机械化施工及信息化管理。

第一节 建筑队伍

中华人民共和国成立后大都因建筑工程需要,临时组织施工队伍,工完就解散,下次再有工程任务,再临时组织。久而久之,也练就了一批长期从事水工技术工作的农民工。在此基础上,1965年睢宁县水利工程队正式组建,从此逐步发展壮大。

一、机构沿革

睢宁县水利工程建筑安装公司原名"睢宁县水利工程队",成立于1965年7月。1989年被批准为"水利水电建设施工二级企业",采用公司化运营,具有水利水电工程施工总承包二级、房屋建筑工程施工总承包三级和地基与基础工程专业承包三级的施工资质。1997年3月合并了原水利工程二队(睢宁县土方机械化施工公司),取名"睢宁县水利工程处",注册资金为5100万元,总资产为77789.3万元。

睢宁县水利工程建筑安装公司现有职工135人,其中专业技术职称人员73

人,高级职称 11 人,中级职称 38 人,初级职称 24 人,一级建造师 11 人,二级建造师 19 人。公司下辖综合办公室、工程科、经营科、财务科、安全科等职能部门以及第一分公司、第二分公司、第三分公司、第四分公司和基础公司 5 个分公司。

二、水利工程建筑安装公司下属五个分公司

水利工程建筑安装总公司下辖 5 个分公司,这 5 个分公司负责水利建筑的具体施工。其公司负责人(经理)是水利工地第一线的具体指挥者,是将工程设计落实到大地上的真抓实干者。5 个公司经理中有 4 个公司经理因工作需要,多次进行更换。唯有第四分公司经理庞从美,自始至终都是他一人担起经理一职。起初,庞从美自主创业,组建施工队伍,带领一批工程员和技术工人就业,干起了水工建筑。20 世纪 90 年代开始,有众多社会力量参与睢宁县水利建设的群众自发组织的施工队伍,庞从美的团队是其中施工能力最强的,后被吸纳进水利工程建筑安装总公司,成为分公司之一。

(一)第一分公司

第一分公司成立于 1996 年,现有职工 20 余人,其中专业技术职称 7 人,一级建造师 1 人,二级建造师 1 人,具有年完成 4000 万以上工程施工能力。该公司以承建水利工程建筑物为主,兼营河道治理、农村饮水安全、城乡统筹区域供水、灌区改造等工程。最具代表性的工程有:西沙河河道治理工程,沙集站、高集站除险加固工程,凌城中型灌区治理工程,高集灌区治理工程,农村引水安全工程,库区移民工程等。

(二)第二分公司

第二分公司成立于 1996 年,现有职工 20 余人,其中专业技术职称 9 人,一级建造师 1 人,二级建造师 3 人,具有年完成 7000 万以上工程施工能力。该公司以承建水利工程建筑物为主,兼营河道治理、农村饮水安全、城乡统筹区域供水、灌区改造等工程。最具代表性的工程有:杜集闸除险加固工程、官山闸除险加固工程、黄河后续工程治理工程、睢宁县洼地治理工程、凌城大型灌区治理工程、农村引水安全工程等。

(三)第三分公司

第三分公司成立于 1996 年,现有职工 20 余人,其中专业技术职称 8 人,一级建造师 1 人,二级建造师 2 人,具有年完成 6000 万以上工程施工能力。该公

司以承建水利工程建筑物为主,兼营河道治理、农村饮水安全、城乡统筹区域供水、灌区改造等工程。最具代表性的工程有:高集闸除险加固工程、西渭河橡胶坝新建工程、黄墩湖滞洪区调整与建设工程1标睢宁船闸改建工程、胡滩闸除险加固工程、徐沙河河道治理工程、睢宁县城区北外环北侧片区污水收集系统一期工程等,其中西渭河橡胶坝新建工程被评为"徐州市水利工程建设文明工地"。

(四)第四分公司

第四分公司成立于1998年,现有职工30余人,其中专业技术职称11人,二级建造师4人,具有年完成6000万以上工程施工能力。该公司以承建水利工程建筑物为主,兼营河道治理、土地开发治理、城市建设等工程。最具代表性的工程有:刘庄橡胶坝新建工程、四里闸除险加固工程、城南闸站建设工程、黄河河道治理工程、农村引水安全工程等。

(五)基础公司

基础公司成立于1996年,现有职工20余人,其中专业技术职称8人,一级建造师1人,二级建造师4人,具有年完成8000万以上工程施工能力。该公司以承建水利工程建筑物为主,兼营河道治理、农村饮水安全、城乡统筹区域供水、中小型水库除险加固等工程。最具代表性的工程有:庆安水库、土山水库除险加固工程,浦棠大桥新建工程,朱东闸、黄河东闸、沙集闸、朱西闸、鲁庙闸、白塘河地涵除险加固工程,凌城泵站改造工程,黄墩湖滞洪区调整与建设工程2标段(新工桥)等。其中,朱东闸、沙集闸、鲁庙闸、凌城泵站改造工程被评为"徐州市水利工程建设文明工地",沙集闸除险加固工程被评为"徐州市水利优质工程"。

三、施工能力

随着经济社会和现代科学技术的发展,新型建筑材料和大型专用施工机械不断出现,水利工程已逐步由传统的人力施工转向机械化施工。睢宁县最后一次人力施工是在1998年底治理潼河时,此后在水利工程施工中逐步转向机械化。

21世纪水利工程施工,河道土方开挖、建筑物基坑开挖及土方回填等土方工程使用挖掘机施工。挖掘1铲土方约1立方米,远距离运土有推土机、自卸车、"四不像"等配合。现代水工建筑物主体由20世纪80年代以前的砌石结构为主向钢筋混凝土结构转变,现基本无砌石结构。混凝土多采用商品混凝土,根据工程建设需要及技术要求，由施工单位在市场上采购，睢宁县有宇顺、泰宁、铸本、春星等多家商混厂。

做工程所需机械，除睢宁县水利工程建筑安装公司设备外，必要时还会组织社会力量，例如河道开挖工程，战线长、涉及面广，虽然现代化机械效率较高，但由于施工工期一般较紧张，施工强度也很大，必须组织众多机械参与。在2014~2015年实施的黄河故道中泓贯通工程施工过程中，全线河道长41.6千米，开挖土方1400万立方米，高峰期有700余台挖掘机及运输机械同时开展施工。

睢宁县水利工程建筑安装公司承担了睢宁县大部分的水利工程施工任务，现公司具有年完成3亿元以上工程施工能力。从水利工程队到水利工程处再到水利工程建筑安装公司，累计起来承建过的桥、涵、闸、站等各类水利路桥建筑物千余座。其中有总装机容量在1500千瓦以上的抽水站近10座、600吨位以上船闸2座、流量为200立方米/秒以上的水闸20余座、300立方米/秒的地下涵洞3座、单跨60米以上的桥梁23座、总长100米以上的公路桥梁近40座以及南水北调徐洪河影响工程、黄墩湖滞洪区安全建设工程、洼地治理工程等。同时，每年开展本流域堤防、河道治理、水库除险加固等土石方机械化施工和农田水利基本建设、农村饮水安全、城乡统筹区域供水及市政等工程。预计2021年度完成产值4亿余元。

公司施工的朱集闸、浦棠大桥、凌沙泵站改建工程、沙集闸除险加固工程、黄墩湖滞洪区2标（新工桥）、鲁庙闸除险加固工程等多项工程被评为"徐州市水利工程文明建设工地"。沙集闸除险加固工程被评为"徐州市水利优质工程"。

第二节　工程施工

一般工程初步设计报告批复后，项目即转入实施阶段，一般包括施工图设计、施工及监理等招投标、签订合同组织开工、阶段验收、完工验收，竣工审计、专项验收（档案、水保、环保验收）、竣工验收及后评价等。

一、前期工作

水利工程公益性、政策性比较强，投资多为政府财政资金投入，相应地，争取项目的前期工作与国家或省相关规划、政策息息相关。通常有关规划批复后，在资金已落实情况下，上级会启动项目前期申报工作。一般上报顺序为项目建议书—可行性研究报告—初步设计,有时根据上级要求可以省略1~2个程序。每个程序都要求通过招标方式确定报告编制单位(一般为水利设计院),上报前请专家进行评审。上报后,省厅等项目批复单位还要组织再次审核、核定,才能批复,然后再进行下一个程序。同时,每个程序批复前还有不少前置条件,如环境影响评价、社会稳定评价、规划选址手续、土地部门意见、征迁实物量政府确认及配套资金承诺等需要办理,完成后项目才能批复。

二、施工组织

随着管理体制的改革,项目管理已由原来的首长负责制转为项目法人责任制,即项目可研之前明确工程项目法人,全权负责工程建设管理工作。法人一般由水务局负责组建,由项目相关分管副局长担任法人代表,以相应局科室人员为主组建法人各科室。一般包括工程科、财务科、征迁科、综合科等。另设技术负责人作为质量、安全等方面专家,协助法人代表做好建设管理工作。例如睢宁县水利局成立过睢宁县中小河流治理工程建设处、中型水闸建设处、大型泵站更新改造工程建设处、黄墩湖滞洪区建设处、城建建设处、移民工程建设处等。

早期项目法人批复权限在省厅或市局,后逐步下放给县局。项目法人根据项目要求开展工作,包括项目上报及批复,招标投标,征迁协调,建设工程质量、安全、进度的管理与控制,价款结算与支付,审计及竣工验收等。

三、招投标制

施工图设计由中标的设计单位负责完成,这个阶段一般时间较紧,而招标时使用施工图招标最合适,可为后期实施减少不必要的设计变更,有利于工程进度,减少扯皮现象。

施工监理招投标要严格按照招投标法律法规和相关规定执行,一般由建设单位委托招标代理机构全权负责招投标事宜(建设单位自行进行招投标也是准许的,但受人员力量、精力等制约,一般不选择),流程为编制招标文件、组织审查、报上级招标监督机构核定、发布招标公告、开标、评标、定标公示、签订合同。省级及以上投资的,要在省级公共资源交易中心招标;县级投资的,在市级或本县交易中心招标。

四、竣工验收

水利工程受季节影响较大,必须在汛前完成水下部分,汛期必须通水,否则雨水一来,河水暴涨,会影响正常行洪排涝。所以水利工程在汛前要组织阶段验收,包括河道通水、水库蓄水、水闸放水及泵站提水等,一般在5月1日前完成,最迟不能超过6月1日汛期前。

所有批复的工程内容全部完成后,即可编制完工结算。与施工单位确定工程最终完成额,进而编制竣工决算,送上级部门确定的审计机构进行竣工审计。同时要组织建设、施工、监理单位整理档案,进行档案验收和其他专项验收,为最终竣工验收做好准备。

第三节 工程监理

一、组建过程

工程管理四项制度之一就是工程监理制,即工程监理应当依据法律、行政法规及有关的技术标准、设计文件和工程合同,对承包单位在施工质量、建设工期和建设资金等方面,代表建设单位实施监督。睢宁县监理制度的应用和逐步完善在2000年之后,故黄河房湾桥至黄河西闸段河道治理时实行了监理制度,监理严格把关,工程质量取得了很好的效果。

监理单位的选择也实行招标,工程项目批复后,先进行监理单位招标,再进行施工单位招标,一般都同时招标(监理先开标)。监理单位确定后,建设单位与监理单位签订服务合同。

二、工作内容

监理单位监理服务一般包括下面几项内容。

(一)确定项目总监理工程师,成立项目监理机构(在投标时均已明确)

监理单位根据建设工程的规模、性质、业主对监理的要求,委派称职的人员担任项目总监理工程师,总监理工程师是一个建设工程监理工作的总负责人,他对内向监理单位负责,对外向业主负责。

监理机构的人员在监理投标书中也已明确,根据工程规模大小,一般包括副总监和造价、金属结构、水工建筑物、测量、机电设备、水土保持等专业监理工程师。

(二)编制《建设工程监理规划》和《监理实施细则》

《建设工程监理规划》是开展工程监理活动的纲领性文件,《监理实施细则》

是具体指导监理开展业务的详细文件。

（三）开展监理工作

监理工作方式主要有旁站、巡视、平行检验、测量、试验等。

（1）旁站：在关键部位或关键工序施工过程中，由监理人员在现场进行监督。

（2）巡视：监理人员对正在施工的部位或工序在现场进行的定期或不定期的监督。

（3）平行检验：项目监理机构利用一定的检查或检测手段，在承包单位自检的基础上，按照一定的比例独立进行检查或检测。

（4）测量：监理人员利用测量手段，在施工过程中控制工程轴线和标高；检查验收时测量各部位的几何尺寸。

（5）试验：监理人员对项目或材料的质量评价，必须通过试验取得数据后进行。

监理的主要工作内容是采取组织措施、技术措施、经济措施、合同措施，以质量控制为核心，对质量、进度、造价进行全过程、全方位的动态控制，力求达到工程建设的质量、进度、投资目标。

第十章　农田水利和灌区建设

中华人民共和国成立前，睢宁县境内有大面积沙荒盐碱地，大片"光长茅草不长粮"的荒滩，即使农耕田也多是易旱易涝的低产田。1949—1999年大兴水利，治水改土，全县原有70万亩（其中重盐碱地40万亩左右）花碱地得到改造（具体治理过程见本志附录四）。经过几代人的不懈努力，进入21世纪，睢宁的盐碱地绝迹了，全县土地都成了肥沃的良田。

进入21世纪，水利事业又迎来新的大好时期。新时期用新的治水思路制定一系列新的方针政策，安排了诸多农田水利重点项目，使睢宁水利事业进一步升华。

第一节　灌区规划

睢宁县目前共有1个大型灌区，5个中型灌区，设计灌溉面积为135.6万亩，各个灌区的现状具体为：

（1）凌城灌区。凌城灌区地处淮河流域、洪泽湖周边地区，位于江苏省睢宁县南端，徐洪河西侧，属国家南水北调东线徐洪河受水区。主要灌溉水源为徐洪河水源，经由凌城抽水站提水至新龙河。灌区涉及李集镇、官山镇、邱集镇、凌城镇、桃园镇、高作镇、沙集镇、睢城街道和金城街道等9个镇（街道），总土地面积76.2万亩，耕地面积46.7万亩。其中，设计灌溉面积37万亩，有效灌溉面积30万亩。灌区内主要种植水稻、小麦、玉米、大豆、蔬菜及蚕桑等，复种指数为1.8。

为提升灌区灌溉能力和管理水平，目前正在进行凌城灌区续建配套与现代化改造项目建设，该项目总投资2.51亿元，预计2023年可建设完成。

（2）高集灌区。高集灌区位于睢宁县西北部，东至104国道、老龙河，南至徐沙河西支，西至安徽省界，北至故黄河老堆分水岭、双洋干渠（河）。灌区总面积197.13平方千米，折合29.57万亩。灌区所辖乡镇包括王集镇、双沟镇、岚山镇,共涉及土山村、胡集村等49个行政村。灌区现有耕地面积20.62万亩,设计灌溉面积15万亩,有效灌溉面积10.4万亩,实际灌溉面积9.8万亩。灌区内主要种植水稻、小麦、玉米、大豆等作物,综合复种指数1.80,其中岚山片水资源较丰富,种植结构以水稻、小麦为主,王集、双沟片水资源短缺,种植结构基本为旱作物,水稻种植占比较少。灌区内农业基础设施建设水平较低,未实施灌排分开体系,存在串灌串排现象,现状灌溉设计保证率70%左右,现状灌溉水利用系数0.597,现状排涝标准不足5年一遇。

灌区主要水源为徐沙河,依靠高集抽水站抽引徐沙河水进行提水灌溉。高集抽水站建于高岚公路南侧、老田河西堤上,设计灌溉流量为10立方米/秒。泵站站身为湿室型结构,安装700ZLB轴流泵7台,配132千瓦电动机7台,总装机容量为924千瓦。

十四五期间灌区围绕"提升供水保障能力、确保骨干供排水渠(沟)系畅通"的要求,实施2021—2022年高集灌区续建配套与节水改造项目,总投资1.55亿元。

(3)沙集灌区。沙集灌区由原沙集灌区和袁圩灌区合并而成,位于睢宁县中东部,所辖乡镇有:沙集镇、高作镇、魏集镇、梁集镇、庆安镇、睢城街道、睢河街道、金城街道93行政村,总面积59.7万亩,耕地面积30万亩,设计灌溉面积29.9万亩,有效灌溉面25.5万亩,实际灌溉面积24万亩,种植作物水稻和小麦为主,复种指数1.7。四至坐标:东(3751034.2420,39607515.8643)西(3748954.7410,39569016.8920)南(3747242.7693,39569199.2543)北(3772458.2429,39591167.4607)。原沙集灌区位于睢宁县中部。

沙集灌区是以沙集抽水站为水源的提水灌区,灌区范围以实际灌溉范围划定,存在边界不清的问题,但因凌城站需扩容,站址选在睢宁县管沙集抽水站,灌溉范围以徐沙河为界,以南为凌城灌区、以北为沙集灌区。2022年积极向上申请争取沙集灌区续建配套与现代化改造项目,预计争取投资3亿元。

(4)黄河灌区。黄河灌区是以古邳站为提水泵站、故黄河睢宁段为干渠的灌区,位于睢宁县中部,所辖乡镇有:古邳镇、双沟镇、王集镇、姚集镇和庆安镇78行政村,总面积53万亩,耕地面积29.9万亩,设计灌溉面积29.9万亩,有效灌溉面25.5万亩,实际灌溉面积24.5万亩,种植作物水稻和小麦为主,复种指数1.7。四至坐标:东(3772466.2856,39591172.5375)西(3770641.6079,39550594.2362)南(3763752.4892,39574210.3388)北(3782078.4750,39578777.9995)。

黄河灌区为原古邳灌区适当调整边界而成,原名为古邳灌区,是因为水源泵站为古邳扬水站,但其送水干渠故黄河兼有送干渠和带状水库功能,即故黄河是灌区的主要骨干工程,因而更名。为充分发挥故黄河的灌溉效益,把 104 国道以北,庆安灌区以西,梁庙枢纽以上的睢北河以北区域均划为黄河灌区的范围,以古邳站为主要补水泵站,故黄河为干渠,再完善配套支斗渠系后,可以实现西部高亢地区有水用,部分农田可以自流灌溉等好处。

（5）关庙灌区管理所。关庙灌区是以关庙站、大营站等为提水泵站的灌区,位于睢宁县东北部,所辖乡镇有:古邳镇和魏集镇,耕地面积 10 万亩,设计灌溉面积 10 万亩,有效灌溉面 9.5 万亩,实际灌溉面积 9.5 万亩,种植作物水稻和小麦为主,复种指数 1.7。四至坐标：东（3770806.5570,39597654.3669）西（3782216.9756,39579066.9590）南（3769091.8158,39595860.2297）北（3782513.2241,39582137.4125）。

关庙灌区为原关庙灌区和张集灌区合并调整而成,共范围与黄墩湖地区一致,这一块土地是睢宁北部的一块洼地,历史上均作为蓄滞洪区使用,范围调整后,有利于工程规划建设,更好发挥工程效益。

（6）庆安（水库）灌区。庆安灌区位于睢宁县县城北部,故黄河和 104 国道之间,属平原地区,土地总面积 155.5 平方千米。灌区所辖乡镇包括姚集、庆安、魏集、梁集,共涉及北场、曹庄等 37 个行政村。灌区耕地面积 10 万亩,设计灌溉面积 9.3 万亩。灌区内粮食作物以水稻、小麦为主,粮食作物占比 75%,经济作物占比 25%。灌区复种指数为 1.73。

庆安灌区以庆安水库、二堡水库拦蓄降雨产生的径流作为水源,同时靠古邳扬水站翻引徐洪河和骆马湖水进行补水。通过庆安东干渠、庆安干渠、庆安西干渠等 8 条河道作为输水干渠,刘王支渠、邱集支渠、高楼支渠等 54 条河道作为输水支渠,再由各支渠分水口将水送入斗农渠入田。排水由田间斗农沟将水排入吴庄支渠北沟、何庄支渠北沟等支沟,再汇入白塘河、睢北河等干沟。通过涵闸站等建筑物对灌区进行引、蓄、排等调度控制。

第二节　与时俱进的投入政策

农田水利发展的每个时期都有明确的指导思想和相关的配套政策。

一、20 世纪是"自力更生"大干水利

中华人民共和国成立初期是白手起家,搞基本建设只有坚持自力更生,以

群众自办为主。大量的土方工程组织群众开挖,靠"人海战术",大搞群众治水运动。对于配套小型水工建筑,没有材料就自采自运,没有技术就先土法上马,用工、用料多"以劳代资",搞"劳动积累"。

20世纪70年代,全县大力开展以治水改土为中心、建设高产稳产农田为目标的农田水利建设。各公社进行万亩连片配套,像大河工一样集中劳动力,按片大、中、小排灌工程一次做成,甚至土地成方、平田整地也一次成型。1975年,江苏省委提出"统一领导,全面规划,分期实施,互助互利,合理负担,换工还工,先后受益,大体平衡"的原则,针对连片的治理工程提出"互助互利,等价交换,推磨转圈,轮流治理"的原则。乡(公社)级连片工程一般3~5年轮一遍。当年的口号是"水利大干回家吃饭"。有少量的开支由(公)社(大)队集体承担,那时农业合作化,社队负担的实质还是社员群众均摊。

20世纪80年代初农村推行联产承包责任制,农村集体负担不存在了,国家和地方不断制定农民负担的相关政策,到20世纪90年代更加完善。例如,每个农村劳动力每年承担5~10个农村义务工,"劳动积累工主要用于农田水利基本建设和植树造林,按标准工日计算,每个农村劳动力每年承担10~20个劳动积累工",明确了农村劳动力搞农田水利建设是应尽的义务,义务工、积累工支撑着农田水利建设。20世纪80年代以后实行中低产田改造工程,除继续增加劳动积累外,广泛拓宽资金投入来源,多层次、多渠道集资兴办水利工程。更有一些农民出外做工,后方所分水利任务形成"以资代劳"。

二、21世纪高投入促农田水利高质量发展

改革开放20年后,国家经济实力大大增强,农业投入也大大增加。从此,农田水利建设不再靠"人海战术",农民群众家门口的水利工程就可以立项补助,而且大多是机械化施工。

(一)提高补助标准

20世纪90年代后期,随着经济的不断发展,机械化施工逐渐代替了人力施工。从农民投劳投资搞各项基本建设,逐渐发展为国家增加补助标准,减轻农民负担。2003年度农村"两工"没有取消,实施县乡河道疏浚工程时利用了农村"两工"完成土方任务。自2004年起,农村"两工"取消,实施县乡河道疏浚工程的投入机制发生巨大变化。2004年,县级河道省级补助资金从2003年度0.7元/立方米提高到1.5元/立方米,加上市级补助资金0.16元/立方米、县级补助资金0.16元/立方米,每平方土补助1.82元;乡级河道省级补助资金从2003年度 0.4 元/立方米提高到 0.7 元/立方米,加上市级补助资金 0.08 元/立方米、县级补助资金 0.08 元/立方米,每平方土补助 0.86 元。2004 年,农村"两工"取消后,公益型事业的投入除上级补助外,不足部分仍要多方筹集。农民自筹部分采用"一事一议"筹资筹劳,但按规定"一事一议"筹资筹劳不出村,县乡河道疏浚工程均为跨村以上工程,这样实施起来有较大的困难。对此,有些镇村引导民间资本投入水利建设,如采用将疏浚的土方卖给窑厂烧砖或将疏浚后的河道承包给农民植树等方式获取资金,增加土方投入。

(二) 实现高质量发展

1. 河沟整治

21 世纪初,睢宁县重点进行县乡河道疏浚和村庄河塘疏浚整治。睢宁县境内形成的干、支河道及大、中、小沟等工程,大多数是 20 世纪 90 年代之前开挖的。随着时间的推移,县乡河道严重淤积,水源污染,影响工程灌溉、排涝效益的发挥。国民经济和社会发展速度逐步加快,对水资源需求量越来越大,对水环境提出了更高的要求。疏浚和整治县乡河道和村庄河塘是治理城乡水环境的有效办法。疏浚整治可将淤积其中的垃圾及杂物掩埋,清除河道中的杂草、淤积的土方,引入清水,营造出幽雅怡人、碧水绕流的水环境。睢宁县先后编制了《睢宁县 2003—2007 年县乡河道疏浚规划》《睢宁县 2007—2010 年县乡河道疏浚规划》,2003—2010 年共安排疏浚县级河道、大中引排水沟 332 条、长度为 1719 千米,土方量为 2698.8 万立方米,总投资为 13225 万元(其中县级河道 21 条,长度为 384.6 千米,土方量为 1214.9 万立方米,投资为 7289.4 万元)。

2. 河塘整治

村庄河塘既承担着防洪排涝的重要功能,也是农村水资源和水环境的重要载体,与农民群众生产生活和农村经济社会发展息息相关。村庄河塘淤积和污染问题严重,不仅削弱了农村防洪排涝的能力,而且制约着农村经济社会环境的发展,甚至影响广大农民的生活健康。睢宁县从 2005 年冬季开始,村庄河塘疏浚整治在 16 个镇 391 个行政村实施,从冬到春全县共疏浚整治河塘 175 个,水面积为 1814.8 亩,完成土方量 234.6 万立方米,清理垃圾、杂物等 10000 多吨,增加土地复垦面积 40 亩,新增绿化面积 500 亩,新植树木 10 万株,恢复净化水面 1500 亩,完成投资 600 万元。村庄河塘疏浚整治工作重点与新农村建设规划衔接,与县乡河道水系沟通、中心村建设、农村公路改建工程建设、小型公益农桥建设等衔接,改善村容村貌、改善农民居住环境,达到农村环境综合整治的目的。

第三节　专项投入项目

一、低山丘陵地区治理项目

（一）丘陵山区概况

睢宁县丘陵山区主要分布在姚集、王集、岚山、古邳、官山等5个镇，涉及35个行政村、188个自然村、208个村民小组、农业人口11.82万人。以前习惯把丘陵山区面积人口统一计入西北片内。实际全县丘陵山区面积为97.01平方千米，约占全县总面积的5.47%，其中，岚山为32.86平方千米、姚集为30.01平方千米（原称张圩山区）、古邳为16.73平方千米、官山为10.13平方千米、王集为7.28平方千米。山区共有水保林0.55万亩，经济林为0.45万亩，荒山荒坡地面积为1.67万亩。山区洪水不仅使山区水土流失，成为荒山秃岭，也会给下游平原地区造成洪水威胁。

山丘区治理的主要手段是修建水库、环山开沟、等高截水、修筑梯田、绿化山坡。"长藤结瓜"是实现丘陵山区综合利用水土资源、建设基本农田的主要措施。"长藤结瓜"就是把库、塘（即"瓜"）和截水工程（如环山截水沟，即"藤"）联结起来。如岚山小水库群至项窝水库西截水沟，底高程为44米，堤顶为47米；项窝水库至土山水库截水沟，底高程为41米，堤顶为44米平；土山水库至大寺水库截水沟，底高程为39米平，堤顶为42米；大寺水库至孙庄水库截水沟，底高程39米平，堤顶为42米。截水沟拦截山洪水入库，基本解决了山区洪水对下游平原地区的威胁。张圩山区梁山水库至锅山水库之间截水沟，两头已做，中间在白路山后差106米未做成，只能发挥部分效益。山区水库和截水沟等基础工程，大部分是20世纪五六十年代兴办，20世纪七八十年代后不断培修加固的，特别是山区水库，多次立项岁修和除险加固。

（二）水库立项加固

（1）1999年上级批准睢宁县列入消险的水库有清水畔水库、锅山水库、土山水库、孙庄水库、二堡水库、大寺水库、梁山水库等，总经费为470.1万元，其中省、市补助214万元，县配套为256万元。

（2）2004年维修锅山水库和梁山水库。① 锅山水库采用100#浆砌块石新做出水槽40米和维修放水闸启闭机房等，共用水泥16.4吨、黄砂64.3吨、石子12吨、块石189吨、土方84立方米。8月10日开工，9月5日竣工，工程投资为3.0万元。②梁山水库完成主要项目有放水闸加固,洞身维修,翼墙重新勾缝,胸墙粉刷,重做下游护坡,恢复下游出水渠道,开凿修复溢洪道等,共用水泥12.31吨、黄砂31吨、块石39.7吨、石子30.9吨、土方2538立方米,溢洪道开凿石方316.4立方米。8月1日开工,9月5日竣工,工程投资为8.0万元。

(3) 2005年土山水库维修。大坝0+500处堤身较单薄,因此对0+450至0+550段进行护坡,护坡高程从28.0米护至32.0米。采用100#浆砌块石,护坡厚30厘米,下设10厘米砂石垫层,垂直于坝坡方向设3道格埝,沿坝长方向每20米设一道格埝,格埝断面为40厘米×60厘米。7月7日开工,8月30日竣工,完成工程经费10万元。

(三) 开辟山区水源

山区主要问题是干旱少水,中华人民共和国成立后为寻找和开辟水源做过很多工作。进入21世纪,又将丘陵山区水源工程再一次提重要日程。

(1) 2003年度山区建设雨水窖10座、大揭盖井5眼、轻型井100眼、塘坝5座、人畜饮水工程1处。项目主要分布在岚山镇土山村,姚集镇梁山、锅山村,古邳镇古邳村。其中,岚山镇土山村新建雨水窖5座、大揭盖井2眼,新打轻型井50眼、塘坝2处;姚集镇梁山和锅山村新建雨水窖5座、塘坝3处、大揭盖井3眼、新打轻型井50眼;古邳镇古邳村新建人畜引水工程1处。完成工程总投资80.0万元,其中上级补助35.0万元,地方自筹45.0万元,解决农田灌溉2000亩,解决2000人的饮水问题。

(2) 2004年度山区建设集水窖6座、大揭盖井5眼、轻型井110眼、塘坝2座、人畜饮水工程1处。项目主要分布在岚山镇陈集村,姚集镇梁山、大同村,古邳镇炬山村。其中,岚山镇陈集村新建集水窖2座、大揭盖井1眼、新打轻型井70眼;姚集镇梁山和大同村新建集水窖塘坝5座、大揭盖井4眼、新打轻型井40眼;古邳镇炬山村新建人畜引水工程1处、新建塘坝1座。共完成工程总投资63.0万元,其中上级补助20.0万元,地方自筹43.0万元,解决农田灌溉2100亩,解决1800人的饮水问题。

(3) 2005年度山区建设塘坝8座、大口井15眼。项目主要分布在姚集镇梁山、大同两个村(其中,梁山村新建塘坝7座、大口井12眼;大同村新建塘坝1座、大口井3眼)。完成土方量21万立方米,共完成工程总投资80.0万元。增加蓄水量32万立方米,解决农田灌溉2500亩。

二、节水灌溉项目

进入21世纪,王集镇国家级节水灌溉示范项目,高作镇、古邳镇、岚山镇省级节水灌溉示范项目先后实施,并初步进行了水稻控制灌溉技术的推广应用,取得了一定的成效。2000—2005年,全县共完成节水灌溉示范项目面积9360亩,总投资为790万元。

(一)节水技术概要

节水灌溉是农业生产的一项系统工程,它包括为提高水资源利用率而兴建的蓄水、节水设施,也包括使用先进的农艺技术和科学管理手段,其核心问题在于充分发挥科学技术在资源配置中的作用。从灌溉过程分,节水灌溉主要为输水过程中的节水、田间灌水过程中的节水和用水管理过程中的节水。以上节水灌溉示范项目工程建成后,都及时验收建档,登记造册,评估资产,明晰产权,落实管理机制,同时成立节水灌溉示范基地,实行了"包工程管理维护、包灌区管水用水、包水费征收上缴"的三包机制,使节水示范项目能够正常运转。

节水灌溉的形式多种多样,既有采用工程措施的节水,也有采用非工程措施的节水。对于滴灌、渗灌、喷灌等灌溉形式,工程投资相对较大,适用于高效经济作物,在经济不发达的情况下,大面积推广有一定难度。对于水稻控制灌溉技术,既节水又高产,而且基本不需投资,是睢宁县推广节水灌溉初级阶段的重点。

(二)节水项目介绍

(1) 2000年度王集节水灌溉示范工程属国债项目,该项目区位于王集东部、王东大沟西侧、104国道两侧,总面积为3360亩,总投资为300万元(其中中央国债投资100万元、省财政配套65万元、市级补助40万元、地方配套95万元)。为确保高标准、按时完成节水灌溉示范项目建设任务,睢宁县政府成立了"睢宁县节水灌溉示范项目领导小组",并成立"睢宁县节水灌溉项目建设处"作为项目建设法人。根据项目区地形、水文地质、水源条件、作物布局等情况,按照先急后缓的原则,合理安排工程实施计划。同时,对项目区内的田间工程进一步完善,做到沟、渠、田、林、路统一布局,桥、涵、闸、站、井全面配套,建设高标准的节水灌溉示范区。先后完成固定喷灌面积250亩(采用全自动化电脑控制)、微喷灌面积180亩、低压管灌面积720亩、移动工喷灌面积410亩、防渗渠灌溉面积1800亩。同时完成电站2座,中沟节制涵洞2座、中沟桥4座、小沟桥20座及田间供排水配套建筑物152座,打配机电井8眼,新筑混凝土防渗渠道

9200米,架设高低压线路4300米。完成工程量为:混凝土及钢筋混凝土1900立方米、浆砌石3110立方米、干砌石300立方米、土方16000立方米、φ160UPVC管730米、φ90UPVC管4000米、φ63UPVC10000米、φ32UPVC100米、φ4微喷带16000米。

(2) 2001年完成高作镇省级节水灌溉示范项目,总面积为2000亩,项目总投资为200万元(其中省级补助70万元,市、县及地方配套130万元)。完成滴灌工程面积400亩、小管出流面积100亩、防渗渠道面积1500亩,并对北区110亩(葡萄园)滴灌工程实行了模板化自动控制,实现了灌溉计时、计量、分区、施肥自动化,提高了示范区的科技含量。此示范项目提高了广大群众的节水意识,保护了生态环境,增加了农民收入,也对苏北水资源缺乏地区推广节水灌溉技术、提高单位效益、完善科学管理展示了发展方向。

(3) 2002年完成古邳镇节水灌溉示范项目,建设面积为2000亩,总投资为170万元,其中:实施小管出流面积为600亩,移动式喷灌面积为400亩,衬砌渠道灌溉面积为1000亩。

(4) 2003年完成岚山镇郭楼片节水灌溉示范项目,示范项目区建设面积为2000亩,根据不同作物类型选择不同节水灌溉形式,其中小管出流面积为480亩,移动式喷灌面积为600亩,发展衬砌渠道灌溉面积为920亩,该项目总投资为120万元。

三、小型农田水利重点县工程项目

(一) 2010年

睢宁县2010年小型农田水利重点县建设项目涉及睢城、古邳、魏集等3个镇13个行政村。工程主要内容为:维修改造及新建泵站81座,新建节制闸、渡槽、生产桥、过路涵、跌水等建筑物974座,灌溉水源井4眼,疏浚引水大沟6.7千米,疏浚土方26.86万立方米,新建防渗渠道38.1千米,高效节水示范面积2000亩等。工程投资为3150.91万元,其中中央投资800万元,省级投资1400万元,县级配套950万元,群众自筹0.91万元。新增和恢复灌溉面积0.525万亩,改善灌溉面积6.385万亩,恢复、新增和改善排涝面积3.0万亩,新增节水能力1962万立方米,每年可增加粮食产量510.5万公斤,新增经济作物产值612.57万元。

(二) 2011年

睢宁县2011年小型农田水利重点县项目涉及桃园镇、官山镇、邱集等3个镇16个行政村。主要内容为：更新改造泵站112座,其中维修1座,拆除重建111座；改造、新建渠系配套建筑物884座,其中过路涵156座、渡槽45座、分水斗农门513座、桥梁170座；混凝土防渗渠57条,总长度27.10千米；疏浚沟渠325条,总长度185.1千米；桃园、官山和邱集3个镇各实施1片900亩的高效节水示范区等。工程投资为3159.5万元,其中中央投资800万元,省级投资1400万元,县级配套950万元,群众自筹9.5万元。灌溉保证率提高到80%,灌溉水利用系数提高到0.65,干支渠渠系建筑物完好率超过90%,项目区年节水量为1449万立方米,年节水效益达43.48万元。农作物产量增加400.5万公斤,在考虑灌溉效益分摊系数0.6的情况下,新增农作物产值480.6万元,农民人均增收102.9元。

（三）2012年

睢宁县2012年小型农田水利重点县项目涉及高作、沙集、凌城等3个镇15个行政村。工程建设主要内容为：修建混凝土防渗渠48.6千米；疏浚田间沟263.5千米,疏浚土方88.2万立方米；改造泵站58座,其中维修3座,拆除重建55座；改造或新建渠系配套建筑物共1328座,其中过路涵205座、渡槽27座、支渠闸33座、分水斗农门1013座、生产桥45座、跌水5座。项目建设投资为3159.82万元,其中中央财政补助800万元,省级财政补助1400万元,县财政配套950万元,群众自筹9.82万元。改善灌溉面积4.134万亩,年节水量为1068万立方米,年节水效益达32.05万元。农作物产量增加322万公斤,在考虑灌溉效益分摊系数0.4的情况下,新增农作物产值645万元,农民人均增收57.5元。

（四）2013年

睢宁县2013年小型农田水利重点县项目涉及高作、梁集和庆安等3个镇的22个行政村,项目区内总人口为7.1903万人。主要建设内容为：修建56条混凝土防渗渠,总长度为39.7千米；田间沟疏浚83条,总长度为80.2千米；改造泵站40座,其中维修11座,拆除重建29座；改造或新建渠系配套建筑物共857座,其中过路涵206座、渡槽34座、分水闸31座、分水斗农门551座、跌水2座、桥梁34座、机电井1座。工程总投资为2412.54万元,其中中央补助800万元,省级补助800万元,县级配套800万元,受益群众自筹或投劳折资12.54万元。新增（恢复）灌溉面积1.48万亩,改善灌溉面积1.72万亩。农作物年产量增加316.68万公斤,在考虑灌溉效益分摊系数0.4的情况下,新增农作物产值可达253.34万元,农民人均增收88.1元。

(五) 2014 年

睢宁县 2014 年小型农田水利重点县项目涉及古邳、姚集、睢城等 3 个镇 15 个行政村,项目区内总人口为 5.4 万人,耕地面积为 6.7 万亩。工程建设主要内容为:改造、新建电灌站 27 座,新衬砌支渠防渗 42.06 千米,渠系配套建筑物总数 724 座,疏浚田间引排水沟 68 条,长 45.5 千米,疏浚土方 75.2 万立方米,工程总投资 2405.38 万元。项目建成后,农业灌溉水利用系数将由 0.45 提高到 0.65,预计年节水 692 万立方米,年节水效益达 20.76 万元。新增(含恢复)有效灌溉面积 1.2 万亩,改善灌溉面积 1.24 万亩,农作物产量增加 240 万公斤,新增农作物产值达 187.5 万元。

(六) 2015 年

睢宁县 2015 年小型农田水利重点县项目涉及岚山、桃园、李集等 3 个镇 15 个行政村,项目区内总人口为 49817 人,耕地面积为 60739 亩。工程主要建设内容为:新建改造电灌站 71 座,防渗渠 36.35 千米,田间配套建筑物 866 座(其中过路涵 262 座、渡槽 21 座、分水闸 72 座、斗门 481 座、渠桥 29 座、小沟桥梁 1 座),中小沟清淤 55 条,长 60.7 千米,疏浚土方 52.13 万立方米。工程总投资为 2402.58 万元(其中中央补助 800 万元,省财政补助 800 万元,县财政配套 800 万元,受益群众自筹 2.58 万元)。项目建成后,农业灌溉水利用系数将由 0.45 提高到 0.65,预计年节水 657 万立方米,年节水效益为 19.71 万元。新增(含恢复)有效灌溉面积 0.68 万亩,改善灌溉面积 1.63 万亩,农作物产量增加 210 万公斤,新增农作物产值达 164.5 万元。

(七) 2016 年

睢宁县 2016 年小型农田水利重点县项目涉及官山、邱集等 2 个镇的 5 个行政村,项目区内总人口 1.57 万人。主要建设内容为:新建和改造泵站 16 座,拆除重建泵站 7 座、新建泵站 9 座;修建混凝土防渗渠道 34.6 千米;新建和改造渠系配套建筑物共 557 座,其中过路涵 108 座、渡槽 18 座、渠桥 43 座、小沟桥 4 座、分水斗农门 348 座、分水闸 36 座;新增低压管灌工程面积 1540 亩,敷设管道 7.242 千米;河道疏浚 14 条,长 22.0 千米,疏浚土方为 31.5 万立方米。工程总投资为 2142.76 万元,其中省级以上补助 1500 万元,县级配套 642.76 万元(其中县级配套资金来自县级财政预算内配套资金)。工程建成后,新增(含恢复)和改善灌溉面积 1.4 万亩,其中新增灌溉面积 0.9 万亩,改善灌溉面积 0.5 万亩,新增节水能力 139.7 万立方米。

(八) 2017 年

睢宁县 2017 年小型农田水利重点县项目涉及梁集、魏集和睢城等 3 个镇的 4 个行政村,项目区内总人口 1.36 万人。工程总投资为 2142.76 万元,其中省级以上补助 1500 万元,县级配套 642.76 万元(其中县级配套资金来自县级财政预算内配套资金)。主要建设内容为:新建、拆建泵站 8 座;新建防渗渠 22.87 千米;新建、改造渠系配套建筑物 577 座,其中过路涵 117 座、渡槽 27 座、渠桥 15 座、小沟桥 9 座、分水斗农门 389 座、分水闸 17 座、节制闸 3 座;新打机井 4 眼;新增节水灌溉工程面积 3500 亩,敷设管道 27.8 千米;沟道疏浚 4 条,疏土方为 28 万立方米。工程建成后,新增(含恢复)和改善灌溉面积 1.8 万亩,其中新增(含恢复)灌溉面积 1.1 万亩,改善灌溉面积 0.7 万亩,新增节水能力 514.7 万立方米,新增和改善排涝面积 1.4 万亩。

(九) 2018 年

睢宁县 2018 年小型农田水利重点县项目涉及双沟、王集、李集和凌城等 4 个镇的 7 个行政村,项目区内总人口 2.16 万人。工程批复工程概算总投资为 2142.7 万元,其中省级以上补助 1500 万元,县级配套 642.7 万元(其中县级配套资金来自县级财政预算内配套资金)。主要建设内容为:新建泵站 10 座、拆建泵站 1 座;新打水源井 7 眼;渠道衬砌 8.2 千米;新建及改建过路涵 53 座、渡槽 5 座、分水闸 13 座、生产桥 10 座、排水涵 38 座、斗农门 142 座;疏浚排水沟 9 条,长 8.5 千米,疏浚土方 11.33 万立方米;建设低压管道灌溉面积 3650 亩。工程建成后,新增(含恢复)和改善灌溉面积 1.13 万亩,其中新增(含恢复)灌溉面积 0.88 万亩,改善灌溉面积 0.25 万亩,新增节水能力 115.97 万立方米,新增和改善排涝面积 0.25 万亩。

四、千亿斤粮食建设项目

(一) 2015 年"一项三区"

徐州市睢宁县 2015 年新增千亿斤粮食产能规划田间工程项目总面积 10000 亩,其中凌城镇项目区 3000 亩、邱集镇项目区 4000 亩、官山镇项目区 3000 亩。

凌城镇项目区位于睢宁县凌城镇东南部 121 国道西侧,西至新龙河,北至官凌路。项目区涉及孙薛、旗杆、李圩 3 个行政村,总面积为 0.83 万亩,耕地面积为 0.65 万亩,总人口为 0.42 万人。

邱集镇项目区位于邱集镇东部,南邻官凌路,北止新龙河,东接王楼引水大沟,涉及王楼、王宇、邱集3个行政村,12个村民小组,总人口为0.62万人,总面积为3.2平方千米,耕地面积为0.425万亩。

官山镇项目区位于官山镇北侧,毗邻桃园镇,涉及魏楼、龙山2个行政村。项目区土地总面积为0.32万亩,其中水田面积为0.3万亩左右,人口为0.26万人。

项目主要建设内容为:拆建、新建泵站14座;新建防渗渠总长25.94千米;拆建、新建涵洞122座;拆建、新建渡槽20座;拆建、新建桥梁64座;拆建、新建分水闸22座;引排沟河疏浚19条,长19.4千米,疏浚土方27.68万立方米;新建水泥路1.4千米;新建斗农门545座。工程投资为1500万元,其中中央投资1200万元,地方投资300万元。项目新增和恢复灌溉面积0.2万亩,改善灌溉面积1.0万亩,新增节水能力529万立方米,新增粮食生产能力46.4万公斤。

(二)2017年"一项一区"

睢宁县2017年新增千亿斤粮食产能规划田间工程项目涉及双沟镇新源村和纪湾村,项目区总面积为1.3万亩,耕地面积为1.0万亩,总人口为0.59万人,项目建设高标准农田1万亩。主要工程内容有:新建泵站6座;新建防渗渠总长33.74千米;新建过路涵洞74座、渡槽18座、支渠闸43座、节制闸2座、桥梁5座;引排沟河疏浚总长37千米,疏浚土方8.29万立方米;新源河桩号K0+000至桩号K3+700清淤疏浚,清淤土方为6.07万立方米;新建斗农门1125座。新增灌溉面积1.0万亩,新增节水能力115万立方米、新增粮食生产能力231.2万公斤。

五、中央财政农田水利补助项目

(一)2008年

睢宁县2008年中央财政农田水利工程建设补助专项资金项目位于桃园镇魏圩村、胡滩村,李集镇花厅村、袁肖村,庆安镇陈圩村、骑路村。项目拆建(新建)小型泵站36座,其中拆建34座、新建2座;新筑防渗渠道20.55千米,新建中沟渡槽5座、小沟渡槽39座、中沟节制闸3座、中沟生产桥2座、小沟生产桥7座、过路涵129座、田间进水洞369座、斗农毛门248座。工程概算总投资为571万元,其中省以上补助资金399万元,县级配套172万元。新增灌溉面积0.75万亩,改善灌溉面积1.38万亩,新增和改善排涝面积0.515万亩,新增粮食生产能力155.17万吨,新增节水能力160万立方米,新增农作物产值25.21

万元。

(二) 2009 年

睢宁县 2009 年度中央财政小型农田水利工程项目总面积为 78.9 平方千米,耕地面积为 6.51 万亩,设计灌溉面积为 5.0 万亩,有效灌溉面积为 4.7 万亩,涉及梁集、魏集、庆安、姚集、古邳等 5 个镇 15 行政村。项目拆除重建电灌站 32 座,配套机泵 41 台套,装机容量为 1042 千瓦,流量为 10.25 立方米/秒,维修改造电灌站 3 座,配套机泵 6 台套,装机容量为 580 千瓦,流量为 5.82 立方米/秒,新衬砌支渠防渗 21.5 千米,渠系配套建筑物总数为 239 座,其中支渠闸 18 座、斗门 133 座、渡槽 18 座、田间过路涵 66 座、跌水 4 座,疏浚周河大沟长 1.52 千米,疏浚土方 4.7 万立方米,新凿灌溉水源井 14 眼,配套提水设备 14 台套。工程完成后项目区的灌溉保证率可达 75%,项目区内渠系建筑物配套率达 85%,渠道综合防渗率达 90%,渠系水利用系数达 0.75,灌溉水利用系数达 0.65,增加灌溉面积 0.96 万亩,项目区灌溉面积达到设计灌溉面积的 5.0 万亩。项目建设总投资为 850.6 万元,其中省以上补助资金 590 万元,县级配套 260.6 万元。

(三) 2010 年

睢宁县 2010 年中央财政新增农资综合补贴资金旱改水田间工程涉及官山、李集、岚山 3 个镇。实际完成工程量为:拆建(改造)泵站 54 座;衬砌支渠防渗 20.59 千米;配套渠系建筑物 622 座,其中干、支渠水闸 5 座,斗农门 396 座,渡槽 33 座,过路涵 156 座,农桥 32 座;疏浚中、小沟土方 64.12 万立方米。工程投资为 1655.53 万元,其中省级以上投资 1500 万元,县级配套 155.53 万元。新增和恢复旱改水面积 1.507 万亩,改善灌溉面积 0.623 万亩。农作物可增产 375.15 万公斤,节约土地约 50 亩,新增农作物产值达 340.06 万元。

六、小型泵站改造工程项目

睢宁县 2008 年度小型泵站更新改造项目位于凌城灌区的凌城、邱集、官山 3 个镇。项目实施计划维修改造、拆除重建小型泵站 64 座,其中维修改造小型泵站 11 座(邱集镇 4 座、官山镇 4 座、凌城镇 3 座),拆除重建 53 座(邱集镇 19 座、官山镇 17 座、凌城镇 17 座)。工程概算总投资为 582.89 万元,其中省以上补助资金 400 万元,县级配套 182.89 万元。项目实施后,泵站装机容量达 2542 千瓦,流量达 21.92 立方米/秒,新增流量 9.93 立方米/秒,新增灌溉面积 19815.56 亩,改善灌溉面积 22172.34 亩,新增粮食生产能力 2099.35 吨,新增旱涝保收田面积17835.0亩。

七、小型公益农村桥梁工程项目

农桥建设直接关系全县农村经济社会发展，也直接关系广大群众切身利益，是一项社会各界高度关注、热切期盼的惠民工程。20世纪70年代大搞梯级河网，为方便群众生产生活，做了大量的简易便桥和机耕路桥。到了21世纪这些桥大多不适用或毁坏。由于城乡交通运输的快速发展，一些建于20世纪六七十年代、结构简单、标准较低、年久失修的农村桥梁陆续成为"危险桥梁"，加上农村公路全面铺开、深入推进后，一些建设标准明显偏低的"机耕桥"也被作为公路桥梁超负荷使用，导致农村危桥迅速增加。各级人大代表、政协委员以及当地群众对此反响强烈。睢宁县委、县政府高度重视，紧紧抓住省、市相关政策机遇，结合当地实际，大力推进农桥建设，取得了阶段性成效。为解决全省农村危、险农桥的问题，睢宁县财政局、水利局2003—2018年，推出"乡间彩虹"工程，共建设小型公益农村桥梁1206座，工程投资为12879.4万元。

八、中型灌区节水配套改造项目

（一）庆安灌区

睢宁县农业综合开发庆安中型灌区节水配套改造项目的主要建设内容有：庆安干渠混凝土防渗3千米；拆建干渠闸6座，加固干渠闸3座；重建支渠涵闸39座；重建、新建渡槽41座；新建泵站8座；水土保持工程植树2400棵，草苫防护33400平方米，人工撒播草籽95亩等。为保证灌区的正常运行和维护，灌区内的庆安、梁集、魏集、姚集4个镇各建立1个农民用水户协会。工程建设总投资为2412.8万元，其中中央补助1000万元，省级补助1239万元，县财政配套173.8万元。项目实施后大大改善了灌区的农业生产条件，灌区灌溉保证率提高到75%，灌溉水利用系数提高到0.6，新增（含恢复）灌溉面积3.28万亩，改善灌溉面积1.58万亩，年节水量为1187万立方米，农作物产量增加322万公斤，农产增产效益为345万元，亩增效益为71元，农民人均增收35元。

（二）凌城灌区

2020年睢宁县凌城中型灌区节水配套改造项目主要内容有：同意改造建设12座配套建筑物，其中拆除重建余海闸、秦圩闸、窦庄闸、白顶大沟闸、哇西大沟白马河闸、鲍楼节制闸、鲍楼2号闸等7座大沟闸；拆除重建四里灌溉站1座；新建凌南大沟闸、荆西大沟闸、胡庙闸等3座大沟闸；维修加固赵坝涵洞1座。批复工程概算为2973.6万元,其中中央补助1000万元,省级补助1580万元,县财政配套393.6万元。项目实施后,灌溉设计保证率达到80%,改善灌溉面积10.2万亩。项目实施后社会效益、生态效益、经济效益显著提高。

(三)高集灌区

2021—2022年实施睢宁县高集灌区续建配套与节水改造项目,工程建设主要内容有以下4项。

(1)水源及渠首工程:徐沙河(总干渠)(老龙河至高集站)疏浚整治4.87千米,高集抽水站更换改造泵站老化损坏电气设备与水泵零部件1项,新建站前清污机桥1座。

(2)骨干渠道工程:渠道疏浚8条,长44.7千米;渠道防护7条,长71千米(两岸长度);新建衬砌支渠9条,长11.7千米。

(3)建筑物工程:新拆建泵站13座,其中新建11座、拆建2座;新拆建涵闸18座,其中新建7座、拆建11座。

(4)管理设施及灌区信息化:拆建灌区管理房400平方米,新建混凝土管理道路2.75千米,计量设施改造20处,信息化建设1项,灌溉水利用系数测定1项。

工程投资为15500.00万元,其中中央补助4500万元,省补助6000万元,县财政配套5000万元。工程建成后,将恢复灌溉面积2.8万亩,新增灌溉面积1.8万亩,改善排涝面积12.2万亩。农田灌溉保证率达到80%,灌溉水利用系数由0.597提高至0.618,年增供水能力达838万立方米,年增节水能力为115万立方米。

九、农村饮水安全工程项目

经江苏省发展改革委员会、江苏省水利厅、江苏省卫生厅等有关部门批准,2007—2016年实施农村饮水安全工程,全县共新建供水水厂56座,改造水厂10座,涉及16个镇377个行政村,解决农村人口109.39万人生活饮用水问题(其中氟超标25.87万人、铁锰超标3.21万人、饮用苦咸水及污染未经处理地下水41.58万人、保证率不达标38.73万人)。新建农村学校水厂1处,解决13所学校2.41万师生的生活饮用水问题。项目建设内容为:农村饮水安全工程主要依赖水源工程、机泵设备采购及安装、输水管网、配水管网建设及相应附属设施的建设,具体为凿打水源井264眼;采购铺设输配水管网11210.67千米,购置安装供水设备、消毒设备、供电设备各264台套;建设泵房、管理房312处(面积

17018平方米），供水规模72375立方米/天。工程总投资为43777万元。农村饮水安全工程项目实施后，广大农民群众喝上更加方便、更加稳定、更加安全的饮用水。这不仅产生了良好的社会效益，而且还取得了显著的经济效益和生态环境效益，改善了农民生存环境和提高了农民群众的生产生活质量。大部分村民家中都安装了太阳能、淋浴器、洗衣机等，农村的卫生状况也逐渐改善。

在农村供水运行方面，要加强运行管理督查力度。各供水分公司严格按照《睢宁县农村饮水安全工程管理实施细则（试行）的通知》规定，落实专人定期对取水、制水、供水等环节进行巡查。睢宁县卫生局、睢宁县自来水公司定期对各镇供水工程出厂水、管网水、管网末梢水等部位水质进行检验检测，保证供水水质达到《生活饮用水卫生标准》（GB 5749—2006）的标准。同时积极宣传引导，多措并举，宣传城乡生活饮用水安全的重要意义，利用电视台"综合频道""三农频道""政风行风热线"等对城乡生活饮用水安全进行积极正面的报道，特别是消毒设施运行后，部分群众对水中有异味产生怀疑。睢宁县相关单位采取发放宣传单的方式，说明供水消毒是对水中含有的总大肠菌群和耐热大肠菌群进行杀菌，提高供水水质和质量，让广大群众了解和放心，极大程度上消除了部分群众在生产、生活方面的思想负担和顾虑，有利于促进社会稳定和稳步快速发展。

十、小型水利工程产权制度改革

（一）改革前期工作

睢宁县于2015年2月启动了官山镇小型水利工程改革工作。官山镇党委、镇政府积极响应县委、县政府关于小型水利工程管理体制改革工作，并组织水利、财政等相关部门和村组干部群众进行座谈，探索适合官山镇小型水利工程管理体制改革实施内容及方法、维修管理费用的筹措等。同时成立了官山镇小型水利工程管理体制改革试点工作领导小组，出台了《官山镇小型水利工程管理体制改革实施方案》和《官山镇小型水利工程运行管理考核办法》。官山镇加大宣传力度，将宣传小型农田水利工程管理体制改革工作在农业生产和农民生活中的重要意义、提升全民小型农田水利工程管理体制改革的意识作为改革工作的重要内容，强化全民参与管理的新理念。通过媒体引导，张贴标语，印发宣传资料12000份，树立宣传牌130块，悬挂书写宣传横幅330条，组织开展10余次进机关、村组、农户活动等形式广泛宣传小型水利工程管理体制改革工作的重要性，进一步统一广大干部群众的思想认识，调动社会各界参与改革的积极性，营造开展小型水利工程管理体制改革工作的浓厚氛围。

（二）改革具体做法

1. 兴建和维修水利工程

官山镇本次列入小型水利工程管理体制改革的项目有：维修小型农田水利工程499座（其中小型水闸14座、过路涵洞77座、渡槽32座、电灌站133座、农村小型桥梁226座、农灌井1眼、农村人畜饮水水源井工程16眼井），维修混凝土防渗渠道40条，长31千米，乡级河道20条，长77.1千米，完成村级河道155条长151.9千米的水草打捞及保洁。同时核发使用权证119件（部分同类工程共用一本产权证）。

2. 制定规章制度

2015年6月底全面完成小型水利工程维修和使用权证的登记注册工作。为专职管理员发放小型水利工程管理使用权证，明确管理范围和职责，保证小型水利工程管理措施落到实处，实施定人、定量、定管理，做到"四有四统一"（即有管护牌，统一实行管理员插牌公示制；所管理的工程项目有人，统一实行管理员持证上岗；墙上有图，统一绘制小型水利工程管理分布图；镇村有账，统一建立小型水利工程管理台账），让广大群众真正成为水利工程的建设者、农村小型水利工程管理体制改革的参与者及水改政策的受益者。通过改革，农村小型水利工程逐步走上以水养水、自我维持、自我完善、自我发展、良性运行的新型轨道。

3. 落实资金保障

为巩固和推进深化小型水利工程管理体制改革工作，睢宁县水利局将争取来的中央财政农田水利维修养护专项资金110万元全部用于官山镇小型水利工程管理体制试点工作。官山镇党委、镇政府也积极筹措资金，对全镇辖下的河道堤防收回，进行统一对外公开发包。通过河沟整理、树木更新进行的堤防发包，所获得的承包费用也全部用于小型农田水利工程的维护和小型水利工作管理体制改革工作，为后续农田水利维修养护打下了良好的基础。

（三）推广改革成果

官山镇小型水利工程改革试点取得了成功经验，为其他镇在小型水利工程管理体制改革方面树立了榜样，促进了全县其他镇深化小型水利工程管理体制改革工作。

官山镇小型水利工程改革取得的成效有三点。

（1）农村小型水利工程产权得到明晰。按照所有权和经营权相分离的方式确定工程产权,即以国家投资为主修建的工程产权属国家所有,以乡、集体投资投劳修建的工程,产权属乡、村集体所有,国家补助、群众投资投劳修建的小水窖,产权归个人所有。通过改革,官山镇499座农村小型水利工程产权得到明晰,并颁发了使用产权证。

(2)管理机制得到进一步完善。在明晰农村小型水利工程产权和经营管理权的基础上,结合乡情、村情及民意,灵活制定了工程运行管理机制。改革进一步明确工程的管护责任,真正做到了管理主体责任明确,形成了完善的管护机制,解决了过去部分农村小型水利工程"国家管不了、集体管不好、农民管不到"的问题。工程所有者或经营管理者严格遵守国家法律法规和水利工程管理的政策规章,服从全县经济社会发展大局、水利发展规划和防汛抗旱指挥调度要求,严格履行改革协议,调动农民"自己的事自己办,自己的水利工程自己管"的积极性,真正走上"平时有人管、坏了有人修、更新有能力"的良性轨道,确保农村和农民长期受益,切实加强工程运行管理和维修养护,保障工程安全运行,充分发挥效益。

(3)农民利益得到保证,管护积极性得到提高。使用权颁证以后,产权明晰了,经营方式被搞活,管护责任得到落实,安全运行得到保障,有效解决了农村小型水利工程管理权责模糊、主体缺位、老化失修、效益衰减等问题。改革进一步凝聚了人心,团结了广大人民群众,为改善全县水利设施条件、促进农村经济发展和农民增收打下了坚实基础。

第十一章 供水和排污

过去,城乡居民饮水和工业生产用水都是依靠打机井抽取地下水。这种密集地、长期地抽取地下水的情况,已形成严重的超量开采,地下水资源总量已严重不足。每每遇降大雨,地表水强行向地下补给,井水受到严重污染。睢宁的地下水饮水水源数量不足、水质难以保障。

改革开放后,工业大发展,工厂尾水大量入河,城镇人口迅速增加,居民生活污水也流向河流中。这些因素使河水严重污染,黑水河、臭水河随处可见。

进入21世纪,改变生存环境成为重中之重,建立地面水厂供水,建污水处理厂净化水已成为当务之急。

第一节 地 面 水 厂

开辟新的饮水工程绝非易事,必定是一个循序渐进的过程,从2007年开始,睢宁县实行三步走的战略。第一步先以原有取地下水为基础,实行农村饮水安全工程;第二步建地面水厂,逐步取代地下水源供水,向全县提供优质自来水;第三步实行区域供水、两网搭接等城乡供水管网一体化工程,实现城乡供水一体化,做到同水源、同管网、同水质、同服务。

一、水厂建设

睢宁县水厂坐落于睢河街道付楼社区,占地面积为74430.98平方米。2010年建设完成一期水厂工程,2017年一期工程改造及二期水厂工程建设,并新增了深度处理工艺。

(一)一期水厂工程

2007年1月,睢宁县建设局代表睢宁县政府与欧亚华都(宜兴)环保有限公司签订了睢宁县地面水厂工程特许经营协议,供水规模为5万立方米/天,以徐洪河为水源,采用常规处理工艺。工程于2008年5月正式开工建设,2010年9

月建成并投入试运行。由于水质不稳定,加之南水北调工程建设导致徐洪河断流,2011年5月水厂停止运行,至2015年2月前一直未能正式供水(此段时间采用地下水供水)。

2012年2月,睢宁县政府主持召开了睢宁县地表水饮用水源地专家论证会,专家建议:徐洪河水源地商郝取水口为第一取水口,增建庆安水库为第二取水口;现有地下水饮用水源地作为应急备用水源,骆马湖地表水源作为远期备用水源。

睢宁县委、县政府为保证睢宁城乡供水安全,改善供水水质,由睢宁县住建局负责建设以庆安水库为主水源的取水泵站和原水管道,工程于2013年10月完成。2014年年初,睢宁县住建局和欧亚华都(宜兴)环保有限公司开始洽谈地面水厂回购事宜,经第三方评估,双方达成回购协议,以9880万元(税后)的价格回购水厂全部资产。2014年12月11日,睢宁县自来水公司代表睢宁县政府与欧亚华都(宜兴)环保有限公司签订回购协议,睢宁县住建局作为鉴证方。

2014年12月回购工作完成后,县政府拨款800万元对水厂进行整改,2015年2月整改完成并投入试运行。

(二)二期水厂工程

根据省、市城乡供水一体化"同水源、同管网、同水质、同服务"的要求,睢宁县委、县政府于2015年10月决定启动地面水厂二期工程建设,新建10万立方米/天常规处理和15万立方米/天深度处理净水厂一座;新建10万立方米/天庆安水库取水泵站一座,增设10万立方米/天庆安水库原水管线14.5千米和县地面水厂至城区DN1200清水管线2.4千米。二期工程建成后,总供水规模为15万立方米/天(图11-1)。

图11-1 睢宁县水厂鸟瞰图

2015年10月至2016年8月先后完成二期工程立项、可研、初步设计、水资源论证、环评等审批工作和施工图设计、控制价财政评审、招投标工作。工程于2016年8月正式开工,次年12月底全面完成投入试运行。在二期工程建设期间,一期工程正常运行,未间断供水,保障了城区用水需求(图11-2～图11-6)。

图 11-2　V形滤池

图 11-3　沉淀池

图 11-4　高压配电房

图 11-5　活性炭滤池管廊

图 11-6　清水池

(三) 管网及泵站配套

2007—2016年，睢宁县投资4.4亿元完成农村饮水安全工程建设。新建农村供水水厂52座、改造10座，涉及16个镇344个行政村。铺设管径DN20～DN200的输配水管网10379千米，有效地补充完善了全县水源井以下入村、入户管网。

2014—2015年，睢宁县投资2.3亿元完成城乡统筹区域供水工程建设。铺设管径DN300～DN600管网228千米，实现县到镇区供水管网全通达。

2016—2019年，睢宁县投资5.1亿元完成城乡供水一体化管网建设。完成DN1200庆安水库原水管线14.5千米、DN1200骆马湖原水管线16.4千米、县地面水厂至城区DN1200清水管线2.4千米，有效地保障水厂原水和出厂水输配；完成县城区供水完善管网18.1千米、镇区域供水完善管网39.5千米，补充完善了县区及各镇供水主管网；铺设农村饮水安全与区域供水完善"两网搭接"管网655千米，有效保障城乡供水一体化管网通镇达村，结合4座县级增压泵站(总规模为8.2万立方米/天)工程建设，将优质地表水送至全县城乡的千家万户，于2019年底实现城乡供水一体化全覆盖(图11-7)。

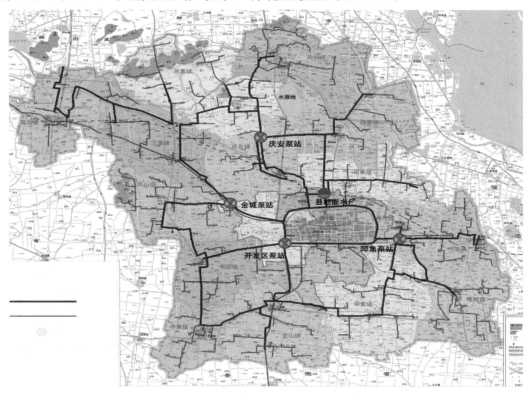

图11-7 睢宁县供水管网示意图

综上所述,睢宁县水厂一期工程供水规模为 5 万吨/天,采用常规处理工艺,于 2010 年 6 月建设完成,采用 BOT 模式。2014 年,县政府以 9800 万元回购一期水厂,并投资 800 万元实施改造,2015 年 2 月,睢宁县地面水厂恢复向县主城区供水。二期工程投资 3.37 亿元,新建 10 万吨/天常规处理工艺和 15 万吨/天深度处理工艺,建成后总供水规模达 15 万吨/天,以庆安水库为水源,于 2017 年 12 月底全面完成投入试运行。工程还结合睢宁县农村饮水安全工程、城乡统筹区域供水工程和城乡供水一体化工程建设,于 2018 年 8 月开始陆续向全县各乡镇供水,并于 2019 年底实现全县城乡供水一体化全覆盖。水厂建成后投入使用,运行稳定,水质合格率为 100%。从此睢宁人民饮水的水量、水质都有了可靠的保障。

第二节 污水处理厂

睢宁县城区共建成 2 座生活污水处理厂,分别为创源污水处理厂、城东污水处理厂。创源污水处理厂为生活污水处理厂,规划规模为 6.0 万吨/天,已建成并正常运行,运行规模为 4.0 万吨/天;城东污水处理厂规模 2.0 万吨/天,已建成运行。

一、污水处理厂建设

(一)创源污水处理厂

创源污水处理厂建于水务一体化之前,由原睢宁县建设局承建。2010 年 10 月 21 日,睢宁县政府(授权委托原睢宁县建设局)与创源公司签订关于江苏省睢宁县污水处理厂二期工程特许经营协议,由创源公司负责城区污水处理厂一期、二期运营工作。规划建设处理规模为 6.0 万吨/天,建成后正常运行规模为 4.0 万吨/天(图 11-8)。

(二)城东污水处理厂

2016 年,城东污水处理厂由睢宁县水务局牵头,下属润田公司融资建设。主要建设内容为:新建污水处理厂一座,规模为 2 万吨/天,处理工艺为"预处理+A2O 活性污泥法+混凝沉淀+过滤+消毒",执行出水一级 A 类标准,尾水排入厂区东侧的高西大沟,于 9 月 28 日开工建设,2018 年年初建设完成,累计完成投资 9000 万元。

2020 年 6 月底,城东污水处理厂竣工并投入试运行,试运行期间日处理污水近1.8万吨,至2020年12月底累计处理230万吨污水,缓解创源污水厂运行压力,并大幅提升了城区水环境质量(图11-9)。

图11-8　创源污水处理厂

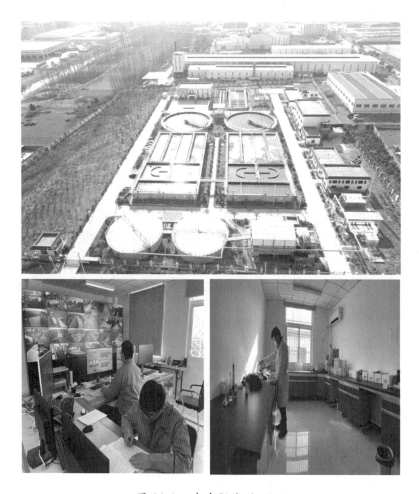

图11-9　城东污水处理厂

规划中的城东污水处理厂二期工程设计规模 2 万吨,预留 4 万吨,计划于 2021 年开工建设,2022 年初完成,投资约 2 亿元(图 11-10)。

图 11-10　城东污水处理厂二期拟用地图

二、配套管网

(一)城区排水(污)管网

城区排水(污)管网由睢宁县住建、城管、交通等多家部门结合城市道路建设完成,涵盖城区青年路、八一路、人民路等 28 条主干道路,管网总长为 229.1 千米。新老城区最终均将所收集污水送入创源污水处理厂进行处理(图 11-11)。

(二)城东排水(污)管网

城东污水处理厂配套管网已建成近 30 千米,主要收集城东八里片区以及城北高铁商务区、宁江园区、农业园区等片区的生活污水,主管网由睢宁县水务局承建,共分为城东、城区污水东输、城北三部分。

(1)城东污水收集管网一期。主要建设内容为:铺设中央大街东段西渭河至东环路、东环路至城东污水处理厂,全长约 6.39 千米。主要施工工艺为顶管和拉管,累计完成投资 3000 万元。

(2)城区污水东输管网工程。主要建设内容为:沿徐沙河北岸小沿河泵站向东提升至东环路接入原城东污水收集管网,全长 6 千米,收集小沿河两岸(东至西渭河、西至天虹大道)污水,沿途预留钢铁东路接口,与原城东污水管网搭接,污水经小沿河泵站提升至城东污水处理厂,累计完成投资 2000 万元。

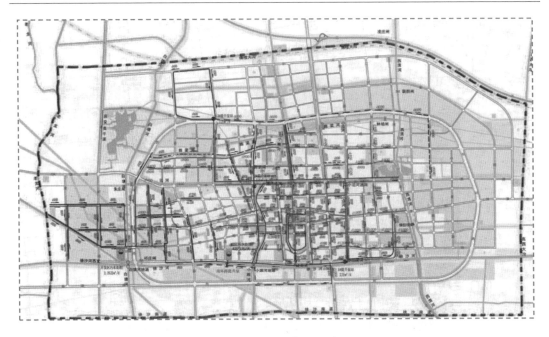

图 11-11 城区管网示意图

（3）北外环北侧片区污水收集系统工程一期工程。主要建设内容为：沿下邳大道北侧北外环北侧、白塘河东侧至鸿禧路、西渭河、钢铁路接入原城东污水处理厂收集管网，全长 11 千米。沿途增设 2 座提升泵站，并预留文学北路两侧、春水河及秋水河北侧接口。新增北环路南侧部分片区（碧桂园三期、尚德一号等地块）污水进入该系统，累计完成投资 8200 万元（图 11-12）。

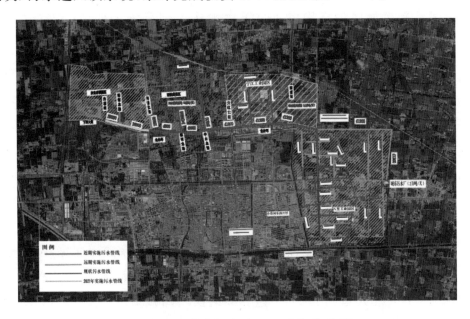

图 11-12 城东污水处理厂服务范围图

三、镇级污水处理

2012—2013 年创建生态县期间,睢宁县完成了 15 个镇级污水处理设施规划、建设工作,实现全县建制镇污水处理设施全覆盖,其中 1000 立方米/天处理规模的有 5 座,500 立方米/天处理规模的有 10 座。由于当时建设标准低,没有充分考虑后期的投入运行,导致大多数处理厂存在"建而不运、运而不足"的现象。2015 年 3 月 5 日,由江苏润水建设工程有限公司注资 1000 万元,成立"睢宁县润田水务有限公司"。2015 年 7 月 23 日,睢宁县县长贾兴民、县委副书记苏伟在县政府 402 会议室召开了全县区域供水、镇级污水处理设施建设推进会。会议要求各单位配合各镇做好镇级污水处理厂整改工作,污水处理厂正常运转以后统一移交由润田水务有限公司负责运行管理,所需人员由睢宁县人力资源和社会保障局负责招聘,所需运转经费由县财政负担。2018 年,睢宁县被列为省级建制镇污水处理设施全运行试点。睢宁县委、县政府高度重视试点推进工作,根据省厅、市局指导及要求,睢宁县水务局委托资质设计单位编制建制镇污水处理设施全运行实施方案。针对存在问题进行梳理,对厂区设备进行自动化改造、对工艺流程进行优化设计,根据各镇污水管网专项规划进一步完善雨污管网改造、建设实施方案。全运行方案实施历时 3 年,新建镇级污水处理厂 7 个[李集镇(图 11-13)、魏集镇(图 11-14)、双沟镇(图 11-15)、邱集王林、姚集房湾、桃园镇、沙集和平]、完成改造提升 3 个(庆安镇、梁集镇、高作镇),后 15 个镇级污水处理厂全部实现自动化运行。新建镇级截污管网 48 千米,完成镇级老旧管网改造 20 千米,镇级污水处理设施基本实现全运行。城镇污水处理率已超过 93%(2021 年为进一步提质增效,启动实施官山、邱集、庆安、梁集污水处理厂新扩建工程,王集、姚集污水厂新扩建工程已办理前期手续)。

图 11-13 新建李集镇污水处理厂

图 11-14 新建魏集镇污水处理厂

图 11-15 2020 年 5 月 16 日,睢宁县水务局局长王甫报检查双沟镇污水处理厂新建工程

四、农村生活污水治理

2017 年,根据《江苏省村庄环境改善提升行动计划》(苏办发〔2016〕21 号)、《江苏省村庄生活污水治理工作推进方案》等文件精神以及省、市有关行动的部署精神,睢宁县水务局组织编制《睢宁县村庄污水治理规划》,通过竞争性立项获得省级试点。到 2020 年底,全县行政村污水治理覆盖率从 13% 提升至 76%,387 个涉农行政村有 295 个完成污水治理任务。2020 年,睢宁县水务局委托省环保集团对农村污水处理规划进行修编(图 11-16),以农村生活污水治理专项

规划为抓手,按照"规划先行、因地制宜、建管并重、分步实施"的总体原则,着力提升农村生活污水治理率。切合睢宁县农村特点,做好岚山试点,探索一条可持续、可复制、可推广的苏北村庄生活污水治理模式及路径(图11-17)。以"PPP模式"全面加快推进957个自然村污水处理设施及管网的建设、510个自然村管网的完善。计划利用3年时间新建成污水处理站785座,铺设农村管网7000千米,实现规划保留村污水治理全覆盖(图11-18～图11-19),农户覆盖率超过95%。

图11-16 睢宁县水务局委托省环保集团组织开展农污治理专项规划修编工作

图11-17 睢宁县副县长李曙光调研岚山镇污水治理工程

图 11-18　沙集镇魏集村污水处理站

图 11-19　王集镇鲤鱼山庄污水处理站

第十二章 防汛抗旱

睢宁县属于暖温带、半湿润气候区,多年平均降水量为800多毫米,由于时空分布不均匀,经常有水旱灾害:一是年际不均,如降水量最多的是2003年1521.8毫米,降水量最少的是1978年588.4毫米,丰枯比2.59;二是年内不均,6—9月主汛期降水量一般占全年降水量的70%左右,汛期经常发生超标准降雨或旱涝急转突发性灾害,风灾、雹灾时有发生,或风雹同时发生,但多是局部灾害。

第一节 水旱灾害记述

1998—2020年,睢宁县灾害情况记述如下。

1998年

睢宁县三处大涝受灾情况。

(1)故黄河南安河流域大面积降大雨。全年累计降水量为1205.3毫米,其中8月降水量为454.6毫米。睢城降水量为453毫米,最大降水量在高作,为534毫米。8月13日14时至14日23时,睢宁县西南部李集镇降水量为220毫米,黄圩降水量为232.9毫米,桃园镇伴随龙卷风袭击。县城13日23时至14日5时,6小时降水量为169.7毫米,是中华人民共和国成立以来最大值,相当于80年一遇。连续降雨至17日,总雨量累计为325.2毫米,桃园友谊沟堤、李集潼河上游小王庄和边界沟多处漫堤。全县农田过水面积为85.2万亩,成灾面积为57.4万亩,其中绝收面积为1.9万亩。桃园、李集、黄圩、官山、朱楼、邱集等乡镇受灾最重。李集、桃园两镇被洪水围困的有2.38万人,转移灾民9100人,倒塌民房为4690间,损坏民房为14784间,死亡5人,死亡大牲畜275头,损坏机电站25座、中小型涵闸296座,倒断电杆378根,直接经济损失达1.82亿元。

(2) 徐洪河水位猛涨沙集站工程失事。8月中旬，黄墩湖地区（包括邳南地区）先降大雨，将黄河北闸提启沿徐洪河向南排水，徐洪河水位已涨。后暴雨南移，8月14日全县普降大雨，徐洪河水位猛涨，造成沙集抽水站引水涵洞大堤管涌，大堤塌陷，机电设备被淹。

(3) 清水畔水库出现险情。8月19日，睢宁县水利局组织人员到清水畔水库大坝抢险。

1999 年

当年为半年干旱。1—8月累计降水量为514.8毫米，比同期多年平均降水量少286.2毫米。7月、8月持续高温56天无雨，相当于50年一遇干旱。9座中小型水库有7座干涸。庆安、清水畔两座水库水位低于枯水位。县管4座抽水站因河道无水可抽于8月16日全部停机。9月中旬至10月中旬连续降雨，影响水稻收割，三麦播种推迟。

2000 年

当年为春旱夏涝。全年累计降水量为1098.7毫米，1月至4月全县降水量较常年明显偏少，累计降水量为76.8毫米，占多年同期的57%，特别是3月和4月，累计降水量仅为11.5毫米，占多年同期的13%，5月睢宁县采取了3次人工降雨，降水量为54.4毫米。由于河库蓄水明显不足，全县干支河道水位均低于正常水位1~2米，造成全县132.1万亩农田受旱，其中粮食作物为92.1万亩；重旱54.6万亩，其中粮食作物为37.6万亩；绝收4.4万亩。农业经济损失达1.7亿元。全年县管四大站共抽水累计2.1亿立方米，省站抽引洪泽湖水0.8亿立方米。全县抗旱投入电机542台、柴油机2000台，利用泵站485座，抗旱动力为3.59万千瓦。

6月2日，全县普降大雨，降水量为73.0毫米，为播种提供了较好墒机。6月24日后全县连续降雨150毫米，旱情全面解除。7—9月，睢宁降水量为561.1毫米，比多年同期增加23%。其中8月降水量为292.8毫米，为多年同期的2.5倍。

2001 年

当年为干旱。进入主汛期，气候一直偏旱，高温少雨，7月降水量只有116.8毫米，仅占月平均降雨的47%。进入9月以来，降雨明显减少，全县降水量仅为 29.6 毫米,较特大干旱的 1978 年降水量少 72.6 毫米(常年同期降水量为 102 毫米),是中华人民共和国成立以来同期降水量的最小值。

2002 年

当年为严重的春、夏、秋连续干旱。全年累计降水量为 611.6 毫米,比正常年份少 242.8 毫米,特别是 6 月 25 日至 7 月 22 日、7 月 25 日至 8 月 25 日两个时段基本无雨,且高温时间长,蒸发量大,为 30 年来同期降水量最少的月份。夏熟作物受旱面积一度达 102 万亩,其中重旱面积为 20 多万亩。进入秋播以后,全县降水量又明显减少,10—11 月降水量为 17.9 毫米,仅占多年同期的 19.3%,全县 127.42 万亩作物不同程度地受到秋旱。县管 5 座抽水站累计抽水 2.7 万台时。

2003 年

当年为大涝,是典型的恶性内涝年,从春季降雨,断断续续至中秋节后才停止。全年降水量为 1521.8 毫米,是中华人民共和国成立后降水量最多的年份。3—5 月降水量为 225 毫米,相当于多年同期降水量的 1.5 倍。6—9 月降水量为 1131 毫米,是多年同期降水量的 2 倍。1—10 月总降水量为 1460.7 毫米,是多年同期降水量的 1.7 倍。尤其进入汛期以来,降雨明显偏多,6 月 22 日至 7 月 22 日连降暴雨,降水总量达 725.6 毫米(此次 30 日暴雨总量相当于 80 年一遇标准),是多年同期降水量的 3.33 倍。最大降雨时段出现在 7 月 2 日 0 时至 14 时,睢宁城镇降水量为 141.6 毫米。其他镇均在 120~140 毫米之间。由于此次降雨范围广、强度大、持续时间长,全县大面积农田都有不同程度的积水,部分村庄民宅进水,县城区街道积水深 0.8 米,各主要干河水位猛涨,均超过警戒水位 0.5 米左右。汛情发生后,睢宁县防汛办及时调度有关涵闸,6 月 22 日提前开启凌城闸、沙集闸预降新龙河、徐沙河水位,凌城闸最大泄洪流量达到 446 立方米/秒,沙集闸也达到 258 立方米/秒,高集闸达到 108 立方米/秒。由于沙集闸病险,为减轻沙集闸和徐沙河城区段压力,先后开启睢城闸、朱东闸分洪进新龙河。经科学调度,全县河道均低于汛限水位。

据统计,全县 16 个镇均不同程度受灾,受淹面积为 67.23 万亩,平均积水 0.35 米,农作物受灾面积达 80.16 万亩,受灾人口为 62.23 万人,房屋倒塌 1120 间,死亡牲畜 1.4 万头,损坏交通路面 38 千米、通信线路 6 千米,损坏桥涵闸 143 座,直接经济损失达 2.487 亿元。在这次抗灾中,全县共投入抗灾人数为 31

万人,投入电动机及柴油机4069台、动力4.65万千瓦,投入抗灾物资三袋15万只、铁丝4.85吨、木桩2.36万根、柴油47.5吨等,排涝面积达91万亩,排涝水量近3亿立方米。

2004年

当年偏旱。1—4月全县降雨60.9毫米,只相当于多年同期的41%。8月高温季节降雨只是多年同期的35%。水稻栽插中后期及高亢地区的在田作物用水受到不同程度的影响。10月降雨仅为21毫米,给秋播带来一些影响。睢宁县水利局及时抓住有利时机,利用水库和河道尽可能多地调引和拦蓄。从2003年汛后,故黄河及庆安水库就拦蓄上游来水蓄水、保水。古邳抽水站从4月初开机向庆安水库补水。据统计,4月初至9月底,县管5座抽水站共抽水32810台时,抽水2.1327亿立方米,县内主要骨干河道均保持在正常水位以上。通过科学调度,预升各河库水位,加之省沙集闸站的全力抽水,基本满足了全县工农业用水,保证了水稻大用水期间的用水。

2005年

当年为春旱夏涝。1—5月降水量仅为136.7毫米(比同期平均降水量少4成),6月平均降水量为123.5毫米(比同期平均少4成)。进入7月以来,全县平均降水量为372.7毫米,是常年的1.5倍,主要集中在上旬和下旬。其中,7月10日8时至下午4时,全县普降大雨。10小时内平均降水量达109.3毫米,古邳降水量最大为144.7毫米。受此次降雨影响,黄墩湖地区旱作物不同程度受淹。

从3月起,古邳抽水站就开机补河补库,其他河道也在高峰用水来临之前超蓄。但6月一直高温少雨,致使从6月15日开始各河道水位猛降,用水全面告急。之后,县里集中力量突击清障,积极争取省市支持,不断加大调引外水的力度,合理科学调度县管涵闸站,保障农业用水。县管四大抽水站累计抽水22016台时,抽水、引水近1.6亿立方米。

2006年

当年为先旱后涝。6月上旬气候持续偏旱,6月15日至20日出现持续高温,旱情急剧发展,21日降雨旱情得到缓解。7月3日降大暴雨,降水量接近150毫米,其中7月1日至3日的降水量超过200毫米,最大降雨在官山,为271.5毫米。

2007 年

当年为夏涝。1—6月降水量为297.2毫米,相当于多年同期降水量338.9毫米的87%。7月2日至8日,普降大到暴雨,局部地区为大暴雨。本次降雨过程范围较广,雨量分布较均匀,除古邳外均超过了240毫米。7月2日8时至8日8时,由于连续强降雨,潼河水位达到了19.6米,白马河水位达到了20.25米,均超过警戒水位1.5米以上,加上徐洪河水位也偏高,导致睢宁县部分镇农田出现了严重的积水,尤其是邱集镇、姚集镇、官山镇、岚山镇、桃园镇等镇农田积水较为严重,有的积水大约0.5米左右。县城区部分路段积水短时达到了0.5米,居民出行困难,部分民房进水。虽然这次降雨强度大,但持续时间短,由于内三沟工程不配套,加之上次降雨和此次降雨间隔较短,前期土壤已饱和,致使部分乡镇仍有少量农田受到水淹。据统计,这次降雨全县有7个镇、合计18.29万亩农田受到水淹,但未构成灾害,未出现人员和牲畜伤亡。8月8日,睢宁县受突发雷暴雨影响,全县出现暴雨并伴有强雷电天气。8月11日,庆安水库南放水涵洞闸门毁坏,进行抢险加固。8月20日,故黄河水位偏高。8月24日,江苏省水利厅检查组到睢宁县检查庆安水库闸门冲毁事件。

2008 年

当年为春涝夏涝。全年降水量为1052.7毫米,4月和7月降水量分别是多年同期平均降水量的3.11倍和1.7倍,其中4月20日沙集镇降雨221.1毫米,是全县有史以来同时期的最大降雨,由于部署周密、调度及时,全县农作物只是出现轻微灾情。

2009 年

当年降水量偏少。汛期合计降水量为450.8毫米,全年累计降水量为668.2毫米。

2010 年

当年偏旱但有短历时强降雨。全县平均降水量为732.6毫米,比多年平均降水量少133.9毫米,其中1—5月降水量接近多年同期平均值219.5毫米;6月降水量只是常年同期值119.4毫米的25%左右;7月降水量也不足常年同期值224.9毫米的一半;8月1日至24日降水量只是常年同期值100毫米的5%

左右;9月降水量是多年同期的2.2倍;10—12月累计降水量为3.3毫米。主汛期有明显的降水集中期,多次发生局部性短历时强降雨。据睢宁县水文局统计,在主汛期降雨集中时段,最大降水量达330毫米(9月7日,凌城镇)。9月上旬的一次强降雨,导致全县受洪涝灾害范围较大、灾情较严重。据统计,全县受灾面积达40.533万亩,其中轻灾为36.346万亩、重灾为3.36万亩、绝收0.827万亩,减产近4.1633万吨粮食,造成农业直接经济损失达1.0757亿元;桥涵损坏60座、水闸损坏25座等,水利设施损坏造成直接经济损失达0.1025亿元。无人员和牲畜伤亡。

2011年

汛期累计降水量为627.4毫米,全年累计降水量为847.1毫米。

2012年

汛期累计降水量为709.7毫米,全年累计降水量为923.5毫米。

2013年

汛期累计降水量为469.6毫米,全年累计降水量为715.3毫米。

2014年

汛期累计降水量为709.2毫米,全年累计降水量为1070.3毫米。

2015年

汛期累计降水量为391.8毫米,全年累计降水量为709.4毫米。

2016年

全年趋于正常但有两次短时暴雨。全县累计降水量为1086毫米,比多年平均降水量922.1毫米多163.9毫米,趋于正常。但有两个时段日降水量超过100毫米,分别为:6月23日8时至24日8时,全县范围普降大到暴雨,局部地区达到特大暴雨,平均降水量为119毫米,全县农作物受灾面积为5.66万亩,直接经济损失为0.0566亿元;8月7日8时至8日8时,全县范围普降大到暴雨,局部地区达到特大暴雨,平均降水量为142毫米,截至8日8时,王集镇、双沟镇、姚集镇平均降水量为100毫米,其中姚集镇达150毫米,农作物受灾面积为

7.2万亩,农桥损毁5座,过路涵洞损毁18个,夏场闸被冲毁坏,直接经济损失为0.0765亿元,其中水利设施经济损失为0.072亿元。

2017年

汛期累计降水量为576毫米,全年累计降水量为875.5毫米。

2018年

当年降水量偏多,受台风影响较大。全年累计降水量为1103.1毫米,较多年平均降水量多180.9毫米,全县雨情、水情的主要特点是受台风影响较大,降雨比较集中,但基本没有出现较大面积的洪涝灾害及严重干旱现象,具体表现在:① 主汛期降水量与历年同期降水量偏多。5至8月总降水量为811.2毫米,较常年同期值620.8毫米多190.4毫米;② 受台风影响较大,汛期雨势相对集中。受第18号台风"温比亚"影响,8月13日8时至18日8时,普降大到暴雨,局部特大暴雨,县境内面上平均降水量为237.6毫米。暴雨前预降河库水位,降雨过程中及时开启涵闸排涝,所以没有造成太大的灾情。

2019年

当年受台风影响比较大,降雨比较集中。具体表现在:① 主汛期降水量与历年同期降水量偏多;② 受台风影响比较大,汛期雨势相对集中。受第9号超强台风"利奇马"影响,8月10日6时至8月11日15时,全县普降大到暴雨,局部特大暴雨,据江苏水文实时信息,面上平均降水量为96.29毫米。最大降雨点在魏集镇黄河北闸处,降水量达151.5毫米;最小降雨点在双沟镇,降水量达84.0毫米。虽然这次降雨强度大、持续时间长,但是由于提前预降河道水位,科学调度,所以仅是部分镇农田短时积水受涝。

2020年

当年气象情况整体偏差。1—11月累计降水量为1079毫米,较常年同期多16.95%。其中,6—9月(汛期)累计降水量为855.4毫米,较常年同期多34.41%。

第二节 防汛组织和规章制度

防汛抗灾多是突发性的紧急任务,为了取得抗御自然灾害的主动权,必须立足于防灾。"无灾防灾,有灾抗灾"。虽然随着水利工程年年积累增加,防汛抗灾的手段愈来愈强。但由于诸多客观因素影响,人类尚不能完全征服自然,所以风调雨顺者少,自然形成的涝、旱灾害时有发生。中华人民共和国成立以来,各级政府都十分重视防汛抗灾,每年都为防汛抗旱做了大量工作,常抓不懈。

一、建立防汛防旱组织机构

睢宁县每年都根据县领导分工和各有关单位变化情况,成立一个由行政首长负总责的综合性的防汛防旱指挥机构。早在中华人民共和国成立初期,睢宁县每年就成立防汛防旱总队部,由县长任总队长(或由县委副书记任政委,县长或副县长任总队长),水利局局长和有关部门负责人任副总队长。各区成立防汛防旱大队部,各乡相应成立中队部。20世纪60年代以后,县里每年成立防汛防旱指挥部,由县长任指挥(或县委分管农业的副书记任政委),副县长和人武部长等任副指挥,水利、农业、财政、交通、商业、物资、粮食、公安、卫生、供电、邮电等部门为指挥部成员。指挥部下设防汛防旱办公室,地点设在水利局,由水利局局长兼任办公室主任,分管工程管理的副局长任办公室副主任。

20世纪70年代正式成立抗旱排涝队,汛期对积水严重地区临时架机排水,平时用于抗旱抽水,后一度撤销,2010年3月又恢复"睢宁县抗旱排涝服务队"。2018年机构改革后,睢宁县水利局改为睢宁县水务局,保留防汛防旱职能。睢宁县防汛防旱指挥部办公室作为睢宁县防汛防旱指挥部的办事机构,仍设立在睢宁县水务局。同时,睢宁县水务局机关新增内设机构"水旱灾害防御调度中心",专门负责水旱灾害防御调度工作;撤销"睢宁县抗旱排涝服务队",经睢宁县编办批准成立"睢宁县防汛防旱抢险中心"。2020年经睢宁县编办批准,撤销"睢宁县防汛防旱抢险中心",相关职能和人员编制划入县应急管理局。

二、健全防汛岗位责任制

经过多年实践,睢宁县形成了一整套的岗位责任制,并逐步完善。首先是行政首长负责制,各级行政一把手负总责。在行政首长领导下,实行6个方面责任制:① 分级管理责任制,哪级使用的工程哪级负责管理;② 各级防汛人员岗位责任制,明确职责范围;③ 工程管理责任制,管理人员务必在岗,尽其职能;④ 防汛物资责任制,各种防汛抢险物资器材在计划、调运、储备、保管等各个环节都要有责任人;⑤ 防汛抢险责任制,病涵、病闸、险工地段事先明确抢险人员,一旦出险迅速上岗;⑥ 防汛技术人员责任制,防止出现技术性事故。岗位责任制是保障防汛指挥机构有效运行、实行强有力指挥的关键,每个人任务明确、责任明确,出了问题有责任人可追责。

三、制定防汛抗灾措施

建立机构是组织保障,健全岗位责任制是制度保障,踏踏实实做好各项准备工作是措施保障。多年来,落实防汛抗灾措施的原则是:汛前有预防措施,汛中有抗灾措施,汛后有补救措施。

(一)汛前有预防措施

防汛前做好各项准备工作,其主要内容有以下几点。

(1) 舆论准备。国家、省、市每年春季都进行当年的水、旱情预测,据此睢宁县每年都提前做好宣传教育工作,如"宁可信其有,不可信其无""宁防十次空、不放一次松""有灾无灾都做有灾准备,大灾小灾都做大灾准备""立足抗大灾、抗多灾,向最坏处打算,向最好处努力""防重于抢,有备无患,争取抗灾的主动权"。

(2) 工程准备。汛前做好水利工程大检查,发现隐患及时抢修。集中人力、限定时间清除河道障碍。在建工程要有度汛预案,水利部门汛前做好防汛预案,不打无准备之仗。重点险工地段,重要的病涵、病闸,做 2~3 套防汛预案,确保万无一失。

(3) 物资后勤准备。睢宁县防汛防旱指挥部负责人每年汛前都要检查 1~2 次防汛物资储备情况,物资谁保管、谁发货、谁组织车辆运输,事前都责任到人。通往险工地段的道路汛前检查维修,必要时在险工地段先临时设点储备部分防汛物资。

(二)汛中有抗灾措施

准备工作做得充分,防汛预案做得完善,灾害到来就会临危不乱。但灾害有时也会千变万化,临时变化的事时有发生。所以抗灾措施多种多样,其中最重要的一条是各级领导要亲临现场。防汛抢险是一项应急任务,不能松、不能等,"紧一紧可化险为夷,慢一慢可能形成一场灾难"。这时领导深入第一线便能迅速决策,争取时间,充分发动群众,指导抗灾,调度各方面的力量,形成合力。

(三)汛后有补救措施

① 及时组织生产自救,对农作物实行一些农业技术措施;② 一方有难八方

支援,动员无灾地区向灾区对口支持,团结抗灾,渡过难关;③ 及时总结经验教训,找出问题根源,重新做规划、搞设计、上项目,往往大灾后反思,能痛下决心,解决多年悬而未决的问题,使水利事业前进一大步。

第三节 防汛防旱调度

一、防汛重点

进入 21 世纪,随着大量水利工程的兴建,故黄河险工地段、下游低洼地区和两湖一荡等地区已逐渐不再作为睢宁县防汛重点。如今河道堤防及沿河节制闸涵工程、县城区、水库及黄墩湖滞洪区依然是县防汛工作的重中之重。

众多的河道堤防及沿河节制闸涵工程本是为除害兴利而修,如管理不当反而有害。

改革开放后,睢宁县城内增加众多厂矿企业,有众多的农村人口进入城镇,城区不断扩大。城市建设中将原有的农村排水沟渠平毁堵塞改为小管道,导致汛期雨水出路不足,易造成内涝。虽长时间积水少、短时积水多,但给城镇交通和居民生活带来了不便。

水库防汛是分级负责,睢宁县管理庆安、清水畔两座水库。在平时用水季节水库按兴利水位蓄足,汛前适当放空,汛中超过汛限水位水库即溢洪,以保水库安全。庆安水库和清水畔水库虽多次加固,土坝较为安全,但沙土地区长期高水位下压,因此仍不能掉以轻心。每年汛期,库周有关镇对水库仍须实行联防,由睢宁县防汛防旱指挥部责领导,睢宁县武装部和有关镇武装部组织基干民兵成立联防突击队,水库一旦出现险情,可以招之即来。

黄墩湖滞洪区是抗御沂沭泗流域超标准洪水的特殊措施,滞洪区范围调整后,徐洪河东堤成为滞洪区西屏障,存在个别堤段缺口、桥梁处堤身单薄低矮的问题,不能满足封闭要求。

二、运用调度

为了科学调度水利工程,预防水旱灾害带来的损失,睢宁县水务局组织编制了各类应急抢险预案和运用调度规程,并根据实际情况适时对预案进行修订。一旦发生水旱灾害,可以按照预案及时采取有针对性的抢险措施。

(一)河流水系

全县统属淮河流域,以故黄河为界,划分三个水系。

(1) 故黄河以北、黄墩湖地区属中运河水系,流域面积为 157.7 平方千米,民便河和小阎河为排水干河,经宿迁市境内排入皂河闸下中运河,排涝标准已按 5 年一遇。徐洪河可伺机排洪,缓解黄墩湖地区洪涝的威胁。民便河上游姚集镇张圩北部,由于边界矛盾,排涝无出路,每年汛期极易形成涝灾。该区有梁山和锅山两座小(Ⅰ)型水库,主要用作拦蓄山洪,结合蓄水提供小面积抗旱水源。

(2) 故黄河自身成为独立水系,通过魏工分洪闸及新建的张庄滚水坝排入徐洪河,流域面积为 204 平方千米,防洪标准为 20 年一遇。该区有三座水库,其中,庆安水库是中型平原水库,清水畔水库和二堡水库为小型水库。此三座水库主要用作蓄水灌溉,水源不足由古邳抽水站抽水补给。同时,汛期可调蓄故黄河洪水。庆安水库可临时蓄洪 1973 万立方米,缓解故黄河险情。故黄河故道流域的洪水除利用中泓河槽及两侧中小型水库调蓄外,还可在峰山闸上向铜山区内白马河分洪。

(3) 故黄河以南,除双沟徐淮路以南 38 平方千米属濉塘河水系外,其余均属徐洪河水系,流域面积为 1373.3 平方千米。睢宁县境内又分三个水系,即徐沙河、新龙河、潼河。徐沙河和新龙河在本县境内入徐洪河,排涝标准为 5 年一遇。徐沙河高集以上,目前仍从田河经白马河入潼河下游。潼河流经安徽泗县、江苏泗洪后进入徐洪河,排涝标准为 5 年一遇。为发展灌溉,分别在徐沙河和新龙河入口处建沙集闸和凌城闸、在潼河上黄圩东部建杜集闸、在徐沙河中段高集西建高集闸进行蓄水灌溉。水源不足时由凌城、沙集、高集三座抽水站补给及通过市交通局管辖的沙集二号船闸引水。该三条河一般为独立水系,担负着排、灌、航运等任务。在特殊情况下可通过中渭河闸、小睢河地涵、白塘河地涵、朱东闸、朱西闸、鲁庙闸、龙山闸、郭楼闸、胡滩闸适当分流调度排水。该区有土山、项窝、孙庄、大寺四座小水库,主要作用是拦蓄山洪,结合蓄水抗旱。

(二) 堤防防洪标准

(1) 徐洪河:按市防指要求,当骆马湖水位达 25.0 米时,确保调泄骆马湖洪水 200~400 立方米/秒。故黄河北闸以北至民便河两侧大堤警戒水位为 20.0 米,保证水位 22.0 米。

(2) 故黄河:两侧大堤确保行洪 351 立方米/秒(黄河东闸)。警戒水位为:古邳故黄河闸上 28.5 米,魏工分洪闸上 26.0 米,峰山闸上 31.5 米。保证水位为:古邳古黄河闸上 29.6 米,魏工分洪闸上 26.5 米,峰山闸上 33.0 米。

(3) 新龙河:两侧大堤确保行洪 414 立方米/秒(凌城闸)。警戒水位为:凌城闸上18.4米,龙山闸上20.3米。保证水位为:凌城闸上20.0米,龙山闸上22.1米。

(4) 徐沙河:两侧大堤确保行洪405立方米/秒(沙集闸)。警戒水位为:沙集闸上19.5米,高集闸上23.5米,汪庄闸上24.9米。保证水位为:沙集闸上21.7米,高集闸上25.4米,汪庄闸上26.1米。

(5) 白马河:两侧大堤确保行洪204立方米/秒(新官山闸),官山闸上警戒水位为20.4米,保证水位为22.1米。

(6) 潼河:两侧大堤确保杜集闸上行洪307.0立方米/秒、四里桥闸上行洪206立方米/秒。警戒水位为:杜集闸上18.5米,四里桥闸上20.44米。保证水位为:杜集闸上20.6米,四里桥闸上22.39米。

(7) 民便河:两侧大堤确保行洪97立方米/秒(陈老庄)。古邳引河闸警戒水位为20.5米,保证水位为22.5米,陈老庄警戒水位为20.0米,保证水位为22.0米。

(8) 小阎河:两侧大堤确保行洪38立方米/秒(赵庄)。小阎河地涵警戒水位为20.0米,保证水位为21.86米。

(9) 白塘河:两侧堤防确保行洪164立方米/秒(白塘河地涵)。白塘河地涵上游警戒水位为20.0米,保证水位为22.1米。

(10) 田河:朱西闸上两侧堤防确保行洪111立方米/秒。警戒水位为20.0米,保证水位为23.2米。

(11) 老龙河:朱东闸上两侧堤防确保行洪142立方米/秒。警戒水位为20.0米,保证水位为23.1米。

(三)节制控制工程运用原则

(1) 凌城闸:控制闸上水位为18.0~18.4米,水稻栽秧用水季节可短时间控制蓄水水位到18.7米。

(2) 沙集闸:控制闸上水位为19.5米。

(3) 徐沙河船闸(二号船闸):该闸是全县引水灌溉和防洪关键性工程之一,引水灌溉和防洪控制运用由睢宁县防汛抗旱指挥中心协调调度。

(4) 杜集闸:控制闸上水位为18.0~18.5米。

(5) 黄河东闸:控制闸上水位为27.5~28.5米。

(6) 黄河西闸:灌溉期间和古黄河排洪时,闸门开启;古邳站向庆安水库补水时,闸门关闭。

(7) 高集闸:控制闸上水位为22.8~23.0米。

(8) 官山闸：控制闸上水位为 18.0～18.5 米。

(9) 四里桥闸：控制闸上水位为 18.5～19.0 米。

(10) 白塘河地涵：控制闸上水位为 19.5～20.5 米，引清水冲污时，可控制不高于 21.0 米。

(11) 小阎河地涵：控制闸上水位 19.5 米，原则上下层闸门长期开启引水灌溉。汛期下游水位高时，关闭东闸闸门防止倒灌。旱时从地涵天窗引水，关闭东闸闸门蓄水。排涝调度原则按苏防〔1996〕95 号文件执行。

(12) 中渭河闸、朱东闸、朱西闸：闸上控制水位和沙集闸闸上水位相同。需要开闸分洪或调度灌溉水源时，由睢宁县防汛抗旱指挥中心统一指挥。

(13) 民便河船闸：服从市防指统一调度。上游水位为 23.5 米时，停止通航。

(14) 汪庄闸站：控制闸上水位在 24.9～25.5 米时，原则上关门挡水，平时低水位时有效拦蓄当地降雨径流。主汛期可泄 20 年一遇的洪水，流量为 143 立方米/秒。

(15) 庆安水库：汛限水位为 28.0 米，兴利蓄水位为 28.5 米，警戒水位为 28.50 米。库水位在汛限水位以下时，进水闸开启引水入库。当库水位超过汛限水位后，视魏工分洪道及张庄滚水坝下泄能力适当开启古邳黄河东闸向下泄洪。同时视故黄河水情，多余水量可适当调蓄入库。古黄河沿线发生特大洪水时，除充分利用魏工分洪道及张庄滚水坝泄洪外，经徐州市防汛抗旱指挥部批准，水库尽量调蓄洪水，但最高库水位不超过 29.31 米。水库泄洪时，利用东泄洪闸泄洪，需同时切开东干渠北堤入魏工分洪道；如需利用南灌溉涵洞辅助泄洪，可切开南干渠退水闸泄水，退水闸不能泄完时需切开南干渠东堤入白塘河。

(16) 清水畔水库：汛限水位为 27.5 米，兴利水位和警戒水位均为 28.0 米。

(17) 锅山水库：汛限水位为 44.5 米，兴利水位和警戒水位均为 44.5 米。

(18) 梁山水库：汛限水位为 45.2 米，兴利水位和警戒水位均为 45.2 米。

(19) 土山水库：汛限水位为 31.5 米，兴利水位和警戒水位均为 31.5 米。

(20) 大寺水库：汛限水位为 38.3 米，兴利水位和警戒水位均为 38.3 米。

(21) 项窝水库：汛限水位为 43.7 米，兴利水位和警戒水位均为 43.7 米。

(22) 孙庄水库：汛限水位为 40.0 米，兴利水位和警戒水位均为 40.0 米。

(23) 二堡水库：汛限水位为 25.5 米，兴利水位和警戒水位均为 25.5 米。当库水位达 25.5 米时，庆安水库西放水涵洞关闭，不再进水。当库水位超过 25.5 米时，放水闸提闸放水，降低库水位至 25.5 米。

凌城抽水站、古邳抽水站、高集抽水站、袁圩抽水站、沙集站为灌溉站均由睢宁县水务局统一调度。

（四）水情调度原则

黄墩湖地区排洪服从省、市防指统一指挥。当骆马湖水位在23.5米以下时，皂河以下中运河服从黄墩湖排涝。超过23.5米时，皂河以下中运河不排洪。黄墩湖地区涝水由江苏省防汛抗旱指挥部安排皂河站开机排除或通过徐洪河、故黄河北闸、沙集闸闸下排。当骆马湖水位达到24.5米且水位还在上涨时，退守宿迁大控制，同时做好黄墩湖分洪准备。当骆马湖水位达到25.5米，预报上游来量大且水位将超过26.0米时，黄墩湖滞洪。黄墩湖滞洪由江苏省政府决定，报国家防汛总指挥部备案。由江苏省政府发布滞洪命令，市、县政府和防汛抗旱指挥部按命令执行，需在滞洪前，按照保人、保重要物资的原则，认真做好撤退转移和安置工作。

故黄河洪水服从市防指统筹安排。由徐州市防汛抗旱指挥部调度丁万河、白马河、魏工分洪道分洪；故黄河魏集段张庄处新建一滚水坝，可通过此坝泄洪。发生特大洪水时，经徐州市防汛抗旱指挥部批准，庆安水库尽量调蓄洪水。

徐洪河行洪服从省、市防指指挥。沙集闸站及睢宁二站上控制水位为20.0～20.5米，当黄河北闸以南、沙集以北徐洪河沿线需排涝或魏工分洪时，开闸排水。当骆马湖水位达25.0米、刘集地下涵洞天窗调泄200～400立方米/秒入洪泽湖或沙集闸站及睢宁二站抽水北调时，黄河北闸开闸，除此以外，黄河北闸原则上应予控制。当刘集地下涵洞天窗调泄200～400立方米/秒入洪泽湖时，房亭河以北涝水不能通过刘集地涵南排。

故黄河以南徐洪河流域调度的原则如下所述。

严格控制各河水位，徐沙河沙集闸上水位为19.5米，新龙河凌城闸上水位为18.0～18.4米，潼河杜集闸上水位为18.0～18.5米，徐沙河高集闸上水位为22.8～23.0米。

预报有暴雨时，分两种情况进行调度。第一，先对排水能力差和有矛盾的边界地区，即高集闸以上徐沙河上段和潼河流域腾空河道，提高防洪能力。第二，对新龙河和徐沙河预降一部分水位，待暴雨来临时，及时提闸排水，在降雨未汇流到河槽之前排除河内余水。

根据降水量计算所需排出水量，以确定提闸孔数和闸门升起高度，确保设计标准内洪水及时排出。超标准特大暴雨，除加大泄量和进一步调度分洪外，对中、上游地区，利用沟、河和小水库临时滞蓄洪水缓解下游压力；对洼地圩区要用机排。

西北部地势高差大,汇水快、时间短,降大暴雨时,为了减少高集闸和田河下游压力,可利用郭楼闸(分流43立方米/秒)和胡滩闸(分流72立方米/秒)向徐沙河分流,但要注意徐沙河城区段水位,尽量保证城区不进水,必要时可利用中渭河闸、小睢河地下涵洞、白塘河地下涵洞、朱东闸向南分流。为了减少潼河下游压力,利用汤集北闸向新龙河分流100立方米/秒,但要确保官山东部和邱集北部河堤不决口,新龙河邱集桥水位控制在21.5米以下。

第十三章 工程管理

兴建水利工程是防灾抗灾的手段,管理好、运用好水利工程,使其充分发挥效益是目的。一手抓建设、一手抓管理是水利工作两大重要内容。

20世纪80年代之前,水利工程管理多是行政管理,边建边管,但管理时紧时松,一度形成"重建设轻管理"的局面,从20世纪80年代起逐渐发展为依法管理。2014年,习近平总书记提出"节水优先、空间均衡、系统治理、两手发力"的新时期治水方针,明确了河湖治理的目标和方法。从此,睢宁县强力推进水利工程管理各项强硬措施:"水"作为资源,对其立法进行规范化管理;"睢宁县水政监察大队"是常设的水利执法队伍,严格执法管理;实行河长制,就是各级首长负责制,从此破解了全县水环境治理的困局。

第一节 机构设置

因工况不断变化,管理机构经常相应调整。

一、2005年工管机构设置

县管两个乡镇以上受益的流域性控制工程,由县政府批准成立管理所,为全民事业单位,归县水利局直接管辖。至2005年,睢宁县水利局下设16个工程管理单位,除庆安水库管理所为副科级管理单位外,其余均为股级管理单位。当时县管16个管理单位,分别为8个闸、站管理单位、2个水库管理单位、6个河堤管理单位。

（1）8个闸、站管理所:① 凌城闸、凌城抽水站成立一个管理所;② 沙集闸、沙集站成立一个管理所;③ 高集抽水站和高集闸、郭楼闸、青年沟闸、散卓闸、魏洼闸成立一个管理所;④ 睢城闸、白塘河地下涵洞、汤集闸成立一个管理所;⑤ 民便河船闸管理所;⑥ 新工抽水站管理所（与小阎河地下涵一个单位,后新工站撤销,小阎河地下涵单独成立管理所）;⑦ 古邳抽水站（包括黄河节制闸和古邳站引河闸)管理所;⑧ 袁圩抽水站管理所。每所专配技术员、工程员,抽水站技术工人按三班配置(至少两班),以备抽水时日夜分班作业。较大的节制闸管理人员配置两班,以应付汛期夜间值班,闸、站均有规章制度,实行岗位责任制。1995年沙集船闸和省管沙集抽水站建成后,从徐洪河引水入县内机会增多,县管抽水站抽水量减少,因此抽水站人员减少,站内设置有所调整。

(2) 2个水库管理所。庆安、清水畔两座水库为全民所有,由国家设立管理所,属睢宁县水利局直接管辖(其余小型水库、塘坝都是集体所有,由乡镇或村管理)。水库管理所配备行政管理干部、技术干部和技术工人,水库管理范围主要是水库自身的管理、养护、维修,包括土坝、涵闸、溢洪道等。对于水库灌区的管理、维修,1985年前水库管理所管到干、支渠闸,1985年后灌区所有渠系工程全部下放给受益乡镇,由地方负责使用、管理、维修。水库的作用首先是蓄洪,拦蓄洪水减少洪涝灾害,其次是蓄水结合灌溉。由于库内水位长年高于地平面数米,保证水库安全是头等大事,每个水库管理所均有严格的管理制度。对水库的主要建筑物如大坝、溢洪道、放水涵洞、进水涵洞、启闭设备、护坡等都指定专人管理。

(3) 6个河堤管理单位。20世纪90年代末睢宁县水利局成立6个专业管理站,即堤防管理所、潼河堤防管理所、徐沙河堤防管理所、故黄河堤防管理所、新龙河堤防管理所、徐洪河堤防管理所。

县管的水利工程,上级经常拨给岁修工程项目、水毁工程修复项目,县里从水费中安排部分维修经费,对此各管理所均能按时完成。

二、2017年工管机构设置

水利工程不断发展,当情况发生变化时,为了方便管理,一些管理单位的归属也相应被调整。

(一) 工程管理单位权属变更

2004年2月20日,魏洼闸和散卓闸管理权由高集抽水站移交给桃园水利站经营管理。

2004年9月13日,汪庄闸站的经营管理权由高集抽水站移交给睢宁县水利工程维修养护中心经营管理。

2004年9月18日,官山闸经营管理权由官山水利站移交给凌城抽水站管理所管理。

2005年11月26日,睢宁县水利局以睢水〔2005〕46号文决定,将古邳安全圩及其全部穿堤建筑物明确给新工扬水站管理所(即小阎河地下涵管理所)管理。

2012年11月,撤销潼河堤防管理所、徐沙河堤防管理所、故黄河堤防管理所、新龙河堤防管理所、徐洪河堤防管理所,县编办收回编制。保留10家工管单位分别为:睢宁县庆安水库管理所、睢宁县高集抽水站、睢宁县古邳扬水站、睢宁县凌城抽水站、睢宁县新工扬水站、睢宁县沙集抽水站、睢宁县睢城闸管理所、睢宁县袁圩抽水站、睢宁县民便河船闸管理所、睢宁县清水畔水库管理所。

2016年3月,撤销睢宁县沙集抽水站管理所,合并至睢宁县凌城抽水站,睢宁县凌城抽水站接管其管理范围。

2017年8月,睢宁县睢城闸管理所被撤销。

(二)2017年工管机构设置

2017年共保留8家工管单位:

(1)睢宁县庆安水库管理所。目前有在编工作人员18名,实际在岗工作人员11名,其中"60后"6名,"70后"4名。管理范围为:进水闸一座,西灌溉涵洞、南灌溉涵洞各一座,泄洪闸一座;主坝长7300米,副坝长5700米,全长13000米;最高洪水位29.6米以上的东、西、南坡土坝背水坡脚外的保护地至截水沟外口小子埝,北坡故黄河埝在库区外围100米。

(2)睢宁县高集抽水站。目前有工作人员6名。管理范围为:高集抽水站、高集闸、郭楼闸、汪庄闸。

(3)睢宁县古邳扬水站。目前有工作人员9名。管理范围为:黄河东闸、黄河西闸、引水河闸、送水河闸及古邳扬水站。

(4)睢宁县凌城抽水站。目前有工作人员11名(最大年龄64岁,最小年龄48岁,平均年龄53岁)。管理范围为:管理凌城抽水站、沙集抽水站、凌城闸、沙集闸4座中型水工建筑及各中型水工建筑的管理用房等附属设施。凌城抽水站距离沙集闸16千米,距离沙集抽水站13千米,距离凌城闸2千米。

(5)睢宁县新工扬水站。目前有工作人员5名。管理范围为:小阎河地下涵洞,具体包括东闸、西闸、天门闸共计15孔闸。

(6)睢宁县袁圩抽水站。目前有工作人员5人。管理范围为:袁圩站[建于1991年11月,1992年6月投入使用。从徐洪河抽水,站出水池有两座分水闸,分别向两条干渠(梁集、魏集)供水,为梁集、魏集两镇灌区的农田送水灌溉]。

(7)睢宁县民便河船闸管理所。目前有工作人员5名。管理范围为:睢宁县民便河船闸上下游各一孔闸、机房一个、办公管理房一处。

(8) 睢宁县清水畔水库管理所。目前有工作人员4人,所长1人,会计1人,职工2人。管理范围为:长1373米的大坝,还有进水闸、灌溉涵洞、泄洪涵洞各一座。

三、水利业务扩展后增加管理机构

2011年3月,将局综合经营管理站更名为"睢宁县水源保护中心"。

2012年4月,将睢宁县自来水公司变更为隶属于睢宁县水利局。

2012年4月,将睢宁县城河管理处更名为"睢宁县供排水管网管理处",隶属于睢宁县水利局。

2013年7月,增加水利工程移民工作职责,将原睢宁县城管局城市河道管理、城市排水设施管理职责,原建设局城市供水、污水处理管理职责,整合划入县水利局。机关科室增加农村水利科(水库移民扶持办公室)和供排水科。

2015年8月,设立"睢宁县黄河故道管理所",副科级。

2016年3月,设立睢宁县尾水导流管理服务中心。

2017年8月,设立睢宁县防汛防旱抢险中心。2020年7月,更名为睢宁县应急救援中心,隶属于睢宁县应急管理局。

(一)县自来水公司

睢宁县自来水公司成立于1982年8月,属自收自支事业单位。

2012年4月,根据市水利水务一体化改革要求,隶属关系由县住房和城乡建设局划归睢宁县水务局管理。

2018年10月,根据《县委办公室、县政府办公室关于印发从事生产经营活动事业单位改革的实施意见的通知》(睢办发〔2018〕85号)精神,自来水公司转企改制,由事业单位改制为企业化运作。

公司法定代表人为张彦军,注册资金为40000万元整,公司经营范围为自来水供应、自来水管道施工、维修,水环境治理,水资源保护服务,水污染治理。公司现有员工156人,拥有15万立方米水厂一座、三级水质化验室、办公室、工程技术科、安装维修、经营收费等16个科室。

睢宁水厂坐落于睢河街道办付楼社区,以庆安水库为水源,净水厂占地面积为111.3亩,供水规模为15万立方米/天,于2016年8月18日正式开工建设,建设内容包括:取水泵站、净水厂、DN1200毫米原水输水管线14.5千米及DN1200毫米清水输水管3.2千米。工艺采用常规处理工艺、深度处理工艺和污泥脱水工艺,于2017年12月26日投入运行。出厂水水质符合《生活饮用水卫生标准(GB 5749—2006)》和《城市供水水质标准(CJ/T 206—2005)》的规定。水厂运行以来,供水量和供水压力满足城乡供水需求,水质达标,最高日供水量达16.5万立方米,基本实现全县城乡统筹区域供水全覆盖。

(二)县供排水管网管理处

2017年8月,睢宁县睢城闸管理所撤销,其管理职能由睢宁县供排水管网管理处管理。供排水管网管理处目前工作人员17名,其管理范围为负责白塘河地涵、小睢河南地涵、小睢河北涵洞、城南闸站、小沿河南北闸、西渭河橡胶坝、朱庄闸等城区涵闸站管理。

(三)县黄河故道管理所

1. 单位类型和人员编制

黄河故道管理所位于姚集镇刘庄村刘庄桥北100米,全额拨款副科级事业单位,无内设机构,核定编制13人,核定领导职数1正2副,公益性1类单位。

2. 管理范围

其管理范围是维护县域内黄河故道环境和水利工程的正常运转提供管理保障;管理故黄河县域段69.5千米的水面及两岸管理范围内的绿化养护、环境卫生、亮化;故黄河县域段河道及堤防等工程的管理、养护,河道的清淤。

3. 主要功能

黄河故道主要以蓄水为主,水域面积为8000亩,蓄水约为1500万立方米(从铜山界至滚水坝睢宁境内60千米水面,平均宽度为90米,平均水深为2.8米),平时无径流,汛期徐州、铜山等上游排水可通过温庄闸向睢宁境内泄洪,排入徐洪河。黄河故道作为睢宁县庆安水库水源地的补水水源,起到了净化水质、涵养水源的重要作用。黄河西闸至黄河东闸段为睢宁县水源地准保护区,通过两闸科学调蓄,为睢宁县人民提供了可靠的供水保障。

4. 沿线开发

工程配套完善,沿途有多处景点。

(1)综合开发。从第一次对黄河故道进行长达5年的综合开发后,到2012年开始的第二次综合开发。目前,道路完善,中泓疏浚全线贯通,滚水坝、穿堤涵洞等82座配套建筑全部完成,大大提高了黄河故道干河的防洪、排涝、蓄水灌溉能力。增加蓄水3000万立方米,改善灌溉面积31.08万亩,提高了河道排涝标准和大堤防洪标准。根据县委、县政府"将黄河故道打造成百里黄河百里果、集生态、观光旅游、农业开发于一体清水走廊"的战略部署,沿线的姚集万亩优质果示范区、高党集中居住区、沿河果树经济带已初见成效。其中,优质果、优质粮示范区建设规模均达到5万亩、核心区达到1万亩。沿岸栽有垂柳、水杉、女贞、槐树、无絮杨、彩叶杨、红叶石楠、银杏等绿化苗木40余万株以及桃树、苹果、石榴、枣树、梨树等果树苗木20余万株,绿化成果初见成效。

(2)风景秀丽的水景点。以水域为依托开发水景点,房湾湿地于2018年顺利通过省级风景区创建现场考评,荣获"省级水利风景区"称号。县古黄河房湾湿地水利风景区位于睢宁县姚集镇境内,东起房湾桥,西至大刘庄桥,全长约9千米,是黄河故道沿线的一个重要节点。房湾湿地生态自然资源丰富,湿地景观效果极佳,且周边配套有清水畔水库、万亩优质果园等生态休闲观光农业。黄河故道在睢宁境内呈现5个"V"字形和1个"葫芦弯形",故称"九曲古黄河",形成自然风光。流域内有潘公再生处、汉代古墓群、革命纪念地、下邳古城等文化遗产,还有双沟镇潘公广场、王集镇鲤鱼山风景区、庆安湖景区、姚集凤凰山等景点。

第二节 水资源管理

20世纪70年代实行无偿供水,农民种田用的是"大锅水"。20世纪80年代,"水"是商品,用水要核算,收取抽引成本费。20世纪90年代,"水"作为资源,收取水资源费。进入21世纪对其立法进行规范化管理。

一、管理体制

睢宁县节约用水办公室(以下简称节水办)成立于1985年3月,原属睢宁县住房和城市建设委员会(现改为建设局)管理。按省、市文件精神,从1994年起,原城建部门下设的节水办陆续成建制划归水利部门。1996年3月根据睢政发〔1996〕4号文件规定,节水办整建制划归县水利局管理,从此标志着睢宁县水行政主管部门对地表水资源和地下水资源管理职能的全面到位。节水办归水利口后更名为"睢宁县水资源管理办公室",1999年3月1日,又根据睢编〔1999〕2号文件,重新更名为"睢宁县节约用水办公室",核定编制为20名,经费实行自收自支。主要职责是贯彻执行有关法律、法规、政策,负责全县水资源的开发、利用、保护、管理、审批发放取水许可证、排污口的审批,指导监督计划用水、节约用水,开展节水工程、污水处理工程,征收水资源费、征收污水处理费等。2019年,睢宁县水务局内设水资源管理科,承担实施最严格水资源管理制

二、规范化管理

1993年12月29日,江苏省第八届人民代表大会常务委员会第五次会议通过了《江苏省水资源管理条例》。徐州市人民政府于1994年12月17日出台了《关于贯彻落实〈江苏省水资源管理条例〉的通知》,文件规定:全市城乡地表水资源全部由水行政主管部门负责管理,实行取水许可制度,同时按照"谁发证谁收费"的原则,征收水资源费。

1996年,睢宁县水资源管理工作全面启动,按照《国务院取水许可制度实施办法》等法规、文件的要求,在全县范围内实施取水许可制度。

节水办利用一年一度的"世界水日""中国水周""城市节约用水宣传周"等时机开展形式多样的宣传活动,向社会宣传水利基础设施的地位与作用,增强全社会水忧患意识,普及水法律法规,在全县范围内营造"节约用水"良好氛围,为促进水资源可持续利用和经济社会的可持续发展奠定扎实的社会基础。

2001年,睢宁县开始对地下水全面实行"四个一"管理制度(每个自备井一证、一表、一牌、一账),从此城区自备井已经全部纳入"四个一"管理,2005年底开始编制《睢宁县节水型社会建设规划》(后于2007年8月完成),使取水许可制度和水资源费征收工作更加规范。

节水办严格取水许可审批手续,自1996年开始累计发放取水许可证112本(城区自备井)。睢宁县水利和财政、物价等部门积极配合征收水资源费,据统计,全县征收的水资源费由20世纪末的40万元,提高到2020年的1100万元,基本做到应征尽征、专户储存。

2006年1月,睢宁县成立了由县政府主要领导担任组长、相关部门主要领导为成员的"睢宁县节水型社会建设工作领导小组",负责全县节水型社会建设工作的统一领导和组织的现代农业代表。

2006年4月15日开始施行《取水许可和水资源费征收管理条例》(国务院令第460号)后,睢宁县依法实施水资源统一管理进入了新的历史阶段,取水许可制度和水资源费征收工作更加规范,2006年年底着手新版《取水许可证》的换发工作,于2008年年底全面完成换发工作。

2006年4月,《睢宁县节水型社会建设规划》开始编制,2006年11月定稿,全面完成了《睢宁县节水型社会建设规划》的编制工作。

2007年,委托资质部门完成了《睢宁县地面水厂一期工程水资源论证报告书》的编制工作。

2007年12月,为配合市局水资源管理信息系统建设,在市水资源处等业务部门的指导下,节水办完成了县水资源基础数据库录入等相关工作。

2009年,地面水厂徐洪河取水项目获得省水利厅审批同意。

2010年,水文局编制完成《睢宁县城乡饮用水水源安全保障规划》,明确了睢宁县饮用水水源地安全保障的目标、任务和政策措施。

2012年,睢宁县政府首次以文件形式下达2012年两费征收任务。

2012年,睢宁县征收水资源费(含南水北调基金)301万元,2013年征收入库311万元。征收任务稳步提高,基本做到应收尽收。

2013年,地面水厂庆安水库取水口取水项目获得江苏省水利厅审批同意。

2013年,按照各级领导指示,睢宁县政府出台了《县政府关于实行最严格水资源管理制度的实施意见》,明确提出了县实行最严格水资源管理制度、管理保障措施,确立"三条红线"的具体目标任务和具体举措。成为县今后一个时期水资源管理工作的指导性文件,对有效解决全县的水资源和水环境问题、保障经济社会可持续发展具有重要意义和深远影响。

2014年,按照江苏省水利厅、徐州市水利局意见,委托资质部门编制了《睢宁县地下水压采方案》,方案实施后将有效解决城区地下水超采、地下水污染等问题,切实保护宝贵的地下水资源。

2015年,睢宁县水务局完成水资源管理信息系统取水许可信息电子数据登记录入。

2015年,睢宁县物价局以睢价管〔2015〕36号文转发了《省物价局、财政厅、水利厅关于调整水资源费有关问题的通知》(苏价工〔2015〕43号),全面调整水资源费征收标准,推行居民阶梯水价制度、非居民用水超计划超定额累进加价制度。

2016年,睢宁县水利局强化水资源管理信息系统的建设,实现庆安水库水源地在线监测,积极配合省、市开展2期建设前期勘察。

2016年,睢宁县地面水厂一期庆安水库取水项目通过江苏省水利厅的验收。地面水厂二期庆安水库取水项目通过江苏省水利厅审批。

2017年,编制完成《睢宁县节水型社会建设"十三五"规划》。

2017年,完成袁圩灌区、古邳灌区、高集灌区、沙集灌区、庆安灌区、凌城灌区、张集7个灌区农业取水许可登记、录入和发证工作。

2018年3月中旬,以优异成绩通过了江苏省水利厅组织的2017年度最严格水资源管理现场考核和台账技术审查。

2019年,睢宁县最严格的水资源管理考核联席会议召开,承担最严格水资源管理的开展、考核及节约用水等的协调工作,下达年度节水指标分解任务并监督考核。

2019年,睢宁县水务局转发《江苏省水利厅关于开展规划和建设项目节水评价工作的实施意见》(睢水〔2019〕252号),将节水评价融入相关规划和建设项目现有审查管理程序,同时建立节水评价登记台账。

2019年,在全县范围内开展取水工程(设施)核查登记工作。

2020年,完成徐州南海皮厂有限公司、江苏世纪天虹纺织有限公司用水审计。

2020年,完成了取水工程(设施)核查登记整改提升工作,共计100个项目,其中整改类31个、退出类35个、保留类34个。

2020年,根据《省水利厅办公室关于做好用水统计调查制度实施工作的通知》(苏水办资〔2020〕7号),建立直报系统名录并完成注册、填报、审核。

2020年,申请电子印章,为全面推广电子证照打下基础,并开始落实发放电子证照。

三、节水技改工作

为推动县工业企业节水改水工作,2002年县节水办协助徐州南海皮厂有限公司开展节水技改工作,项目名称为"真空机闭路循环节水工程"。同年7月12日,该项目被江苏省节水办列入省级节水技改示范项目。10月16日,项目获得市级补助经费10万元,列入睢宁县2002年"水利建设基金"支出指标,资金专用于该厂的节水项目建设。

2004年,节水办协助江苏新天纺织有限公司的"空调节水项目"经江苏省水利厅批准为省级工业节水示范项目,2005年获得节水示范项目及智能水表补助经费2万元。

2005年,徐州益友化工有限公司的"清污两水闭路循环节水工程"被江苏省水利厅批准为省级工业节水示范项目。

2006年,徐州瑞克斯旺农业科技示范园建成,项目主要采用滴灌、微喷灌两种先进的控制灌溉模式,该园已成为江苏省黄河故道农业开发最大的亮点,被省、市主要领导和分管领导誉为"标准高、科技含量高、外向化程度高、示范带动能力强"的示范园。

2011年,徐州兴宁皮业有限公司"节水三同时"超能转股项目获得省级水资源费专项补助。

2011—2013年,全面协助江苏省水利厅做好江苏省水资源管理信息系统一期工程睢宁遥测水表的安装、维护和验收工作。

2012年,徐州天虹时代纺织有限公司获得省级节水型企业称号。

2012年,第一次全国水利普查完成,并发布成果。

2014年,睢宁县水利局职工子弟小学等四所小学获得市级"节水型学校"称号。

2015年,徐州天虹时代纺织有限公司通过了江苏省水利厅组织的节水型企业创建工作考评验收。

2016年,睢宁县水利局完成1个省级节水型企业创建申报,2所市级节水型学校创建。

2017年,江苏瑞特钢化玻璃制品有限公司获批省级节水型企业,完成9家节水型学校创建。

2018年,睢宁县水利局获批省级节水型单位;徐州天虹时代纺织有限公司通过水利厅节水型企业复核;睢宁县苏塘中学获批2018年度省级节水型学校。完成8家市级节水型学校申报。

2019年,江苏世纪天虹纺织有限公司获批省级节水型企业;睢宁南门学校获批省级节水型学校;睢宁县第四实验小区等8所学校获批市节水型学校。

2020年,邱洼社区和高党社区获批省级节水型社区;睢宁县新城区实验学校获批省级节水型学校。

四、水资源保护

2003年5月底,依据《关于贯彻落实省水利厅〈关于对水功能区进行确界立碑的通知〉的通知》(徐水资〔2003〕153号)要求,完成了对位于县境内的功能区立碑确界,分别为:徐洪河睢宁调水保护区(邳州市刘集至泗洪秦沟站),立碑1个,位置为徐宿公路沙集桥;徐沙河睢宁保留区(徐州市源头至睢宁县睢城闸),立碑3个,位置分别为徐睢公路桥(双沟)、高集闸(郭楼桥)、睢城闸(104公路桥)。

2003年7月起,根据《关于开展全市重点水功能区监测和通报工作的通知》(徐水资〔2003〕231号)由睢宁县水利局负责组织协调,睢宁县水文站(归属市水文局)负责,开始对县重点水功能区监测。睢宁县共有四个监测断面,分别是徐洪河睢宁调水保护区（沙集闸上）、徐洪河睢宁调水保护区（小王庄）、故黄河徐州开发利用区（邳睢公路桥）和徐沙河睢宁保护区（104公路桥）。

为了保护饮用水源地的安全，保障人民生命健康，根据江苏省水利厅《关于开展"饮用水源地保护行动"的通知》（苏水资〔2005〕17号），2005年6月2日睢宁县成立"饮用水源地保护行动"领导小组，负责全县的饮用水源地保护工作。

为加强地下水水资源保护，根据《江苏省地下水压采方案（2014—2020年）》（苏政复〔2015〕19号）、《睢宁县地下水压采方案》等文件精神，按照"供关同步、水到井封，确保单位和居民正常生活、生产用水"的原则，积极开展封井工作，于2014—2020年，睢宁县完成143眼地下水井封井任务，其中2014年5眼、2015年23眼、2016年14眼、2017年19眼、2018年21眼、2019年24眼、2020年37眼。

2017年，全省率先完成《睢宁县省级水功能区达标整治方案》的编制，并通过江苏省水利厅组织评审。

第三节 水政执法

1988年《中华人民共和国水法》颁布后，江苏省政府办公厅即下文明确"各级水利部门为各级人民政府水行政主管部门"。1989年水利部发出《关于建立水利执法体系的通知》，决定在全国水利系统建立水利执法队伍，负责贯彻执行水法，维护水事秩序，查处和纠正违法行为，依法追究违法者的法律责任，并对下一级水行政主管部门或单位执法情况进行监督检查。据此精神，1996年5月，县编委批准县水利局设立"睢宁县水政监察大队"，作为常设的水政执法专业队伍。经过25年的砥砺发展，水政监察队伍建设实现了从无到有、由弱变强、从兼职化到专职化、从单一执法向综合执法发展。

一、执法机构和执法队伍

1996年5月"睢宁县水政监察大队"批准成立，为全民股级单位，隶属县水利局领导，业务上接受市监察支队指导，具体负责全县范围内水事案件的依法查处工作。当时核定编制20名，经费从水费、水资源费中列支，大队人员在编人员19名。

1999年3月，睢宁县水利局成立睢宁县徐洪河堤防管理站、睢宁县废黄河堤防管理站、睢宁县徐沙河堤防管理站、睢宁县新龙河堤防管理站、睢宁县潼河堤防管理站。上述5站为全民股级事业单位,业务隶属县堤防管理所领导,为水利局下属单位。

为切实加强水行政执法,2003年4月1日,水利局下文组建新的水政监察大队,对外挂"河道所""水政大队"两块牌子,组建8个水政监察中队。其中依托原水利工程管理单位和河道管理站组建7个中队,各中队同时承担"三位一体"职能即:① 组织宣传水法律、法规;② 负责辖区内河道管理、水政执法和河道堤防工程占用补偿费的征缴;③ 灌区用水管理和用水服务。各中队业务接受大队指导,各中队区域内独立执法,大案要案大队直接查办。节约用水办公室为第八中队,单独负责查处涉及水资源的案件。

水政监察人员从在编的各工管单位、河道管理站人员中充实,至2005年监察队伍已发展到70人。经过法制业务培训和考核合格获取监察员证和行政执法证,一律持证上岗、亮证执法。

进入21世纪,水政监察工作被进一步规范化管理。睢宁县水政监察大队是睢宁县水利局依法行政的具体执法机构,执法大队长由副局长郑之高同志兼任。为确保执法安全,涉及重大的水事案件,水政监察大队与水上警察大队联合执法,维护执法秩序,保证执法安全。为规范执法行为,水政监察大队聘请了行风监督员,制定了"执法巡查制度、水政监察人员培训制度、水政监察大队工作职责、错案追究制度、行政执法人员行为规范",并设举报电话。2000—2005年查处水事案件400余起,其中立案查处50余宗,申请人民法院强制执行16宗,无一例错案。1999—2005年间,水政监察大队两次被评为"全省文明执法先进单位",三次被评为"全市文明执法先进单位"。

2006年后,睢宁县水政监察大队历任负责人先后是丁宗隆、陈海东、朱维明、刘锁、崔烂、周亮。

二、水政监察大队工作职责

水政监察大队的工作职责:① 宣传贯彻《中华人民共和国水法》《中华人民共和国防洪法》《中华人民共和国水土保持法》《中华人民共和国安全生产法》《江苏省水利工程管理条例》《江苏省水资源管理条例》《江苏省城乡供水管理条例》《江苏省河道管理条例》《徐州市排水与污水处理条例》等;② 依法对本行政区域内的水资源、水土保持、水工程、供排水设施、水文设施和防汛、管理设施等进行监察和保护,维护正常的水事秩序;③ 依法对本县辖区内的水事活动进行监督检查,查处违法水事案件,并作出行政处罚;④ 负责全县水政监察人员业务培训;⑤及时准确地填报执法统计报表;⑥配合公安部门查处水事治安、刑事案件。

执法案件来源有巡查发现、上级交办、投诉举报、专项行动等。

根据形势发展需要,上级不断推出新的实施办法,便于水政监察大队在实践中操作。

1999年11月,《江苏省河道堤防工程占用补偿费征收使用管理办法》出台,文件明确指出:占用补偿费由县级以上地方人民政府河道主管机关负责征收。文件还针对占用性质和范围规定了具体的收费标准。《江苏省河道管理实施办法》和《江苏省河道堤防工程占用补偿费征收使用管理办法》的配套出台,为河道的依法管理和依法收费提供了可操作性。

根据《中华人民共和国河道管理条例》的规定,江苏省人民政府于2002年11月25日《江苏省河道管理实施办法》进行修正颁布。《江苏省河道管理实施办法》第八条第二款指出:县级以上人民政府河道主管机关应当建立健全水政监察队(站),配备水政监察人员和执法工具,维护正常的水事秩序。第二十一条规定:"因生产、经营需要,确需占用河道堤防工程的单位和个人,必须经河道主管机关批准,并应当交纳河道堤防工程占用补偿费。占用补偿费主要用于河道堤防工程的维护和管理。"

三、确权发证依法管理

20世纪90年代末,河道堤防管理被提上重要日程,其工作内容为规范化管理、开展河道堤防工程占用补偿费的征缴工作。

在前期做好相关勘察详查、测绘图纸、划界定桩、完善各种手续的基础上,1998年上半年睢宁县水利局对全县23条国有河道(包括庆安干渠、姚龙干渠)完成定权发证工作。1998年11月,睢宁县人民政府发布《县政府关于对全县河道实行统一管理的通知》(睢政发〔1998〕112号),规定了河道的管理范围为河道的水面、滩地、堤防及两侧护堤地,实行按水系统一管理和分级管理相结合的管理办法。确权管理的国有河道有:徐洪河、民便河、故黄河、魏工分洪道、徐沙河、新龙河、潼河、凌城抽水站引水河和送水河、古邳站引水河和送水河、老龙河、小睢河、中渭河、西渭河、白塘河、白马河、田河、牛鼻河、庆安干渠、姚龙干渠、小阎河、徐沙西支河等。2001年3月,睢宁县人民政府又发布了《关于进一步加强全县河道堤防管理的通知》(睢政发〔2001〕28号),文件中明确指出:不准将已确权河道堤防、滩地等水利工程分到农户使用经营,凡分到农户的要限期收回。镇、村、组私自发包的都属侵权行为。凡已确权由水利局管理、使用的河道堤防不纳入农村税费改革的计税面积。水利部门要建立完善的管理网络体系,严格执法,坚决打击乱耕种、乱取土、乱占用的行为,彻底改变过去重建轻管的现象。

睢宁县水利局为提高全系统工作人员的法制观念和依法管理好河道的思想意识,于2004年9月选编了《河道管理法律法规汇编》,印制500本发至每个工作人员,于当年10月和次年10月连续两年在全县范围内掀起轰轰烈烈的"河道管理宣传月"活动,有领导电视讲话、新闻媒体报道、制作宣传牌匾、悬挂过路过街条幅、印发宣传材料、刷写标语墙字,到城区、各集镇、各河道沿线及村庄设点和巡回宣传水法律、法规,营造依法管理的氛围,把宣传的重点放在严格查处破坏水利工程的水事案件和按规定征缴河道堤防占用费上,通过狠抓河道管理,开创了全县水利工程管理工作的新秩序。2004年,河道堤防工程占用补偿费的征收首次突破50万元,2005年河道堤防工程占用补偿费收缴到位88.9万元,打开了河道堤防占用费正常征收的局面。

法制宣传方面实行"谁执法谁普法"工作原则,结合"世界水日"和"中国水周"开展主题宣传活动。

四、规范办案、文明执法

2000年5月27日,睢宁县水政监察大队联合公安、交通部门,组织30余人,巡逻艇2只,对民便河、徐洪河非法采砂活动进行打击,共捣毁非法采砂船10条,砸毁非法采砂机具30余台,采砂泵20余台,狠狠打击了当地非法采砂活动。

2020年在市支队指挥下,睢宁县水政监察大队联合邳州市水政监察大队会同邳州市禁采办联合查处"12·28"徐洪河非法采砂案,查获新型非法采砂船只1艘,非法运砂船只3艘,经查已构成刑事犯罪,移交公安机关成立专案组,同时成为公安部、省厅督办的"两法衔接"重点案件。该案件正式批捕3人,取保候审6人。此案的处理结果有效打击徐洪河非法采砂行为,震慑了企图在我县境内非法采砂的犯罪活动,为保障南水北调水生态走廊提供了有力保障。

2020年,按照水利部、江苏省水利厅部署,我县进行河湖违法陈年积案"清零"行动。以创建"无违"河湖为目标,坚持有违必查、有查必果、查案必结,严厉打击涉河违法行为,从而我县22件陈年积案已实现"清零"。

全面落实《国务院办公厅关于全面推行行政执法公示制度执法全过程记录

制度重大执法决定法制审核制度的指导意见》(国办发〔2018〕118号)和《省政府办公厅关于印发江苏省全面推行行政执法公示制度执法全过程记录制度重大执法决定法制审核制度实施方案》(苏政办发〔2019〕39号)。按照《司法部关于开展全面推行行政执法三项制度行政规范性文件合法性审核机制落实情况专项监督行动的通知》(司明电〔2020〕33号)、《江苏省司法厅关于开展全面推行行政执法三项制度行政规范性文件合法性审核机制落实情况专项监督行动的通知》(苏司电〔2020〕125号)、《徐州市关于开展全面推行行政执法"三项制度"和行政规范性文件合法性审查制度落实情况专项督查工作的通知》要求,县监察大队立足本职,认真推行行政执法公示制度、执法全过程记录制度、重大执法决定法制审核制度"三项制度"。

睢宁县积极建立"双随机一公开"检查机制,严格落实执法检查前的营商报备制度和企服平台备案制度。坚持有案必查、有查必果。

《关于在建制镇、街道办事处开展相对集中行政处罚权工作的通知》(睢政发〔2017〕61号、睢政发〔2018〕80号)要求,根据工作职责和工作边界,做到行政审批、行政处罚、行政管理服务的对接工作,参加综合执法业务培训30余次,针对综合执法局行使下放处罚权的业务指导20余次,和综合执法局联合执法20余次,有效地打击了水事违法行为。

第四节 河 长 制

随着改革进入深水区,以创新、协调、绿色、开放、共享五大发展理念为指引,在生态文明建设的背景下,在中央战略规划的系统推进下,河长制、湖长制作为一项破解当前体制机制条块分割治理制约水环境系统化治理难题的制度应运而生。

一、河长制创新于基层

2007年,太湖蓝藻暴发之后,无锡市委、市政府自加压力,针对无锡市水污染严重、河道长时间没有清淤整治、企业违法排污、农业面源污染严重等现象,印发出台了《无锡市河(湖、库、荡、汊)断面水质控制目标及考核办法(试行)》,明确将河流断面水质的检测结果"纳入各市(县)、区党政主要负责人政绩考核内容","各市(县)、区不按期报告或拒报、谎报水质检测结果的,按照有关规定追究责任"。这份文件的出台,被认为是无锡推行"河长制"的起源。自此,无锡市党政主要负责人分别担任了 64 条河流的"河长",真正把各项治污措施落实到位。

2008 年 6 月,江苏省政府决定在太湖流域借鉴和推广无锡首创的"河长制"。2012 年 5 月,江苏全省 15 条主要入湖河流已全面实行"双河长制"。每条河由省、市两级领导共同担任"河长"。2016 年 10 月 11 日,习近平主席主持召开中央全面深化改革领导小组第二十八次会议,审议通过《关于全面推行河长制的意见》。2016 年 11 月 28 日,中共中央办公厅、国务院办公厅印发《关于全面推行河长制的意见》;2017 年元旦,习总书记在新年贺词中发出"每条河流要有'河长'了"的号令。2017 年 12 月 26 日出台了《关于在湖泊实施湖长制的指导意见》。2018 年 6 月,按照党中央、国务院安排部署,全国 31 个省(自治区、直辖市)全部建立河长制,比要求的时间节点提前了半年。

由此可知,现代河长制是太湖流域的基层人民政府为解决治水问题而探索出来的一种制度创新,发源于基层,创新于基层,服务于基层。

二、河长制运行机制

(一) 河长制解

河长制是在现有行政体制上的微创新、机制上的大创新。在人民代表大会制度的政治体制之下,在党政领导负责制的制度之下,河长制的内核表现为两个机制:一个是责任制,即党政领导下的责任到位,是嵌套在现有行政体制之中对水责任体系缺位的一种补漏措施;二是协调机制,即让不同层级的行政机构以及不同的行政部门的责任实现协同。

河长制在基层工作的落实表现为协调统筹:一是打破跨区域、跨流域的行政壁垒,让不同层级的河长工作沟通更顺畅、统筹全覆盖;二是打破原有上下级、各部门间工作的分割、对立局面,发挥系统治理、两手发力的作用。

(二) 河长人选

党政一把手领导担任本行政区的总河长,各级政府的党政领导担任河长。河长是政府在水问题上的全权代表,是统筹与水有关的工作、履行与水有关的责权利的最高党政代表。党政领导包挂具体河湖、实施一河一长,目的就是让政府在水的责任问题上归位、在权利问题上实现系统统筹。

(三) 河长职责

河长是政府在河道治理与管理上的权责代表,是协调各部门职能与责任的中枢。各级地方党政领导担任河长,负责协调统筹,使得各部门的"九龙"化为政府的"一龙";根据各地各时段的轻重缓急,分步骤进行系统治理,解决河流水环境治理与水生态管理问题,最终实现河流生态系统的修复,具体包括:巡查河湖、组织问题整改、审定河湖治理与空间保护利用规划、督导考核下级河长等。

河长作为河长制的关键所在也是核心组成,其到位情况与履职情况直接决定了这个制度的落实程度以及河道治理与管理的工作成效。在一个行政区域内,只有总河长落实到位,重点贯彻落实河长制工作,每条河道的河长才会有压力和动力,河长制才可以层层落实下去。

（四）组织机制

建立省、市、县、镇、村五级河长体系,设立总河长,成立河长制办公室和考核组、落实专职办公人员和工作经费,完善落实以巡河、管护、执法、督查、考核为主要内容的河长制工作机制。

三、睢宁河长制的前期工作

划定河湖和水利工程管理范围是推行河长制必做的前期工作。

由于历史原因,睢宁县大多河道已确权未划界,虽有相应管理规定,但未落到实处,不能有效管理,存在管理范围边界不清、权属不明等问题,沿线单位、群众侵占河道、水利工程管理范围,与水争地等现象也时有发生。因此,开展睢宁县河湖和水利工程管理范围划定工作,推进建立归属清晰、责权明确、监管有效的河道资源管理体系,有利于实现工程管理的制度化和规范化,实现国土空间集约、高效、可持续利用,建立统一衔接、功能互补、相互协调、多规合一的空间规划体系,实现水利现代化,发展整体经济。

（一）为划界县专门成立领导组

按照江苏省人民政府办公厅《关于开展河湖和水利工程管理范围划定工作的通知》(苏政办发〔2015〕76号)、江苏省水利厅《关于开展河湖和水利工程管理范围划定工作的实施意见》(苏水管〔2015〕134号)和徐州市人民政府办公室《市政府办公室关于开展徐州市河湖和水利工程管理范围划定工作方案的通知》(徐政办发〔2015〕143号)等文件精神,睢宁县启动了河湖和水利工程管理范围划定工作,组织相关单位专门编制了《徐州市睢宁县河湖和水利工程管理范围划定实施方案》,成立了河湖和水利工程管理范围划定工作领导小组,明确副县长为组长,高位推动项目实施。

(二)按省下达的划界任务圆满完成

江苏省水利厅、国土资源厅、财政厅分别以苏水管〔2016〕27号、苏水管〔2017〕14号文、苏水管〔2018〕23号文件下达了睢宁县2016年、2017年、2018年度河湖和水利工程管理范围划定工作年度任务,划界总任务2404.58千米,包括145条河道、9座中小型水库、33座涵闸站、3座尾水导流泵站。

按此划定工作任务要求,睢宁县完成了河湖和水利工程管理范围基准线的测绘,进行了实地放样和属性数据采集,完成了界桩(牌)、告示牌的制作安装,形成了完整规范的成果资料和信息数据并上报审核,建立了信息化成果数据库。共完成145条河道、9座中小型水库、33座涵闸站、3座尾水导流泵站工程的划界工作,实际管理范围线测绘2281.55千米,界桩(牌)共计17040根,告示牌1074块,控制点1030个。实施工程量如表13-1所列。

表13-1　实施工程量统计表

项目类别	工程数量	计划管理线长度/千米	完成管理线长度/千米
流域性河道1条	1	99.61	101.08
区域性河道4条	4	299.19	309.52
跨县河道4条	4	156.76	154.14
县域河道7条	7	365.47	377.58
一般河道129条	129	1418.69	1234.45
中型水库1座	1	14.58	14.87
小型水库8座	8	28.01	35.90
中型抽水站6座	6	3.52	10.82
中型涵闸25座	25	16.29	41.07
小型涵闸2座	2	2.46	1.39
尾水导流泵站3座	3	0	0.74
合计	190	2404.58	2281.55

四、睢宁县的河长制、湖长制

(一)河湖概况

睢宁县在册中小型水库9座,列入《江苏省骨干河道名录》河道16条,其中徐洪河属省管河道,长50千米,河道等级2级;故黄河属市管河道,长69.5千米,河道等级3级;潼河、徐沙河河道等级4级;新龙河、睢北河等其他县级河道均为5级、6级。县级非骨干河道5条,分别为徐沙河西支、小睢河、田河、引水河、牛鼻河,均为6级河道。镇管大沟级河道为394条,村级河道为280条,汪塘为2537个,沟渠为1447条。

(二)落实河长制绩效显著

睢宁县委、县政府高度重视河长制的全面推行,结合睢宁实际,因地制宜地制定可行性政策。全面建立了河湖长制组织体系、制度体系、责任体系等。2017年,睢宁县推行河长制,县委书记、县长任总河长,县委常委委员、县政府副县长及县四套班子有关成员任有关县管河道河长。镇级和村级相应设立各自范围内的镇村级河长。2017年9月,睢宁县制定河长制工作相关制度,从此河长制工作走上正轨,河长制各项工作稳步推进。

自从推行河湖长制,睢宁县先后完成了13个方面的重点工作,推进各项政策逐步落到实处。

1. 制订工作方案

2013年10月23日,中共睢宁县委、睢宁县人民政府印发《关于建立"河长制"管护制度保障睢宁"水更清"的意见》(睢发〔2013〕90号),在全县全面建立河道"河长制"管护制度。2017年4月28日,县委办公室、县政府办公室印发《睢宁县全面推行河长制工作方案》(睢办发〔2017〕38号),在全县范围内全面推行河长制。睢宁县在坚持"生态优先、绿色发展、党政主导、部门协作、因河施策、系统治理、依法管理、长效管护、强化监督、严格考核"的基本原则下,对水环境实施分单元、分阶段科学治理,系统推进水资源管理、河湖资源保护、河湖水污染防治、水环境综合治理、河湖生态修复、河湖长效管护、河湖执法监督,全面提升河湖综合功能。

2. 建立组织体系

架构"县、镇、村"三级河长体系,明确县党委、政府主要领导为县级总河长,其他县领导为县级河长,镇党委、政府主要领导担任总河长,镇党委、政府分管领导担任副总河长,其他镇领导为镇级河长。全县共明确县级河长16人,镇级河长209人,村级河长400人,县、镇两级19个河长制工作办公室全部落实人员、经费和办公场所实现组建运行。睢宁县河长制办公室设置在县水务局,睢宁县水务局河长办担负县级河长制办公室职能。

3. 制定河长工作制度

结合实际工作,制定并印发了河长会议、河长述职、河长巡查、工作督查、部门联动、信息报送与宣传、履职办法、考核细则等14项制度并严格执行。

4. 设立河长制桩牌

规范设立省、市、县、镇、村五级河长公示牌600余块,公示牌标明河湖概况,管护目标,河湖长姓名、职责,监督电话等,结合工作实际,及时更新公示牌内容信息,并保障监督电话畅通。

5. 细化"一河一策"管护措施

2018年,睢宁县水利局成立"一河一策"工作编制组。按照"节水优先、空间均衡、系统治理、两手发力"的新时期水利工作方针,以摸清河道河貌、水利工程设施、存在问题、空间现状等河流基本情况为基础,以加强水资源保护、加强河湖水域岸线管理保护、加强水污染防治、加强水环境治理、加强水生态修复和加强执法监督为主要任务,以治理和管控为手段,因地制宜,系统规划了空间划定工程、去源控污工程、清违还河工程、设置桩牌工程、功能完备工程、生态修复工程六大工程,制定了河长组织推进机制、市场管护保洁机制、监管巡查调度机制、综合执法保护机制、考核评估奖惩机制、社会公示监督机制六大机制,编制完成了19本县级和202本镇级"一河一策"实施方案,为全面开展河湖治理管护提供了依据和抓手。

6. 重拳出击整治河湖三乱

根据中央、省、市工作部署,睢宁县出台了《睢宁县河湖"三乱"专项整治行动实施方案》(睢政办发〔2018〕19号)、《睢宁县河湖违法圈圩和违法建设专项整治工作实施方案》(睢办发〔2019〕8号)和《睢宁县河湖"两违三乱"专项整治联席会议与督查督办制度》(睢办发〔2019〕67号)。2018—2020年,睢宁县共排查、彻底整治河湖违法案件225起,有效控制了河道工程乱占、乱建、乱排三乱现象,大大净化了河湖空间。

7. 规范长效"水更清"管养机制

制定日常保洁规范,促进河道管护提质增效。建立了县管河道长效保洁管养机制,通过市场化运作,委托专业保洁公司对河道水体进行养护,时刻确保县管河道"无污水直排、无黑臭现象、无埂坝、无障碍物、无淤堵、无杂草水草、无漂浮物、无垃圾、无违章建筑、无违规种植养殖"的"十无"要求。

8. 实行水域岸线信息化管理

严格水域岸线空间管控。根据江苏省人民政府办公厅《省政府办公厅关于开展河湖和水利工程管理范围划定工作的通知》(苏政办发〔2015〕76号)要求,我县于2016—2018年实施全县21条县级河道、9座水库、36座涵闸站及124条镇级大沟的管理范围划定工作,完成了河湖和水利工程管理范围基准线的测绘,进行了实地放样和属性数据采集,完成了界桩(牌)、告示牌的制作安装,形成了完整规范的成果资料和信息数据并上报审核,建立了信息化成果数据库。实际完成管理范围线测绘2403.93千米、界桩(牌)17040根、告示牌1074块、控制点1030个。全部工程已于2019年通过徐州市技术性验收和睢宁县政府正式验收,建立了归属清晰、责权明确、监管有效的河道资源管理体系。

9. 成立河湖长制民间组织

成立河湖长制民间"三支队伍"。睢宁县积极拓宽群众参与河道治理,出台了《关于建立河湖长制民间"三支队伍"的指导意见》,优选素质高、能力强、群众基础好的社会人士参与河长制工作,全面建立我县河湖长制民间"三支队伍"。通过发放学习手册、举办培训会等形式,对全县选录的352名民间河长、58名护河监督员、114名护河志愿者进行上岗前培训,确保"三支队伍"人员高效履职。

10. 行政执法和司法联合管河护河

创设"河湖长+检察长"依法治河护河新机制。2020年3月,睢宁县出台了《关于印发睢宁县"河长制+检察长制"工作名单的通知》,通过建立联合巡查、联合督查、联席会议等10项机制,形成全流域水环境和资源保护合力,确保行政执法和司法无缝衔接,进一步织密管河护河责任网。

11. 打造河湖治理示范样板

2018年,睢宁县出台《睢宁县生态河湖行动计划实施方案》,从水安全保障、水资源保护等8个方面制定了29项工作任务。2020年,建成生态美丽示范河湖——故黄河房湾段、西渭河城区段。同时,根据《省水利厅关于加强生态河湖状况评价工作的通知》(苏水资〔2020〕2号)和徐州市水务局要求,睢宁县积极推进县管河道生态河湖状况评价工作。组织专家按照《生态河湖状况评价规范》对全县河湖健康状况做初步评估,并拟订睢宁县河湖生态状况评价工作计划。除徐洪河、故黄河这两条省、市已开展评价的河道外,利用3年时间分批对14条骨干河道、1座中型水库开展生态河湖状况评价工作。

12. 营运河湖长制管理信息系统

为更好地全面推行河长制,实现系统治理,睢宁县注重依法监管、严格考核,推进信息化平台建设,组建营运徐州市河湖长制管理信息系统,将日常巡河、问题督办、情况通报、责任落实、管理统计分析等纳入信息化、平台化管理,及时发布河湖管理保护信息,接受社会监督,开启"大数据+河长制"河湖生态管理新模式。

13. 强化督导检查与考核问责

按照水利部办公厅《关于进一步强化河长湖长履职尽责的指导意见》（办河湖〔2019〕267号）、《睢宁县河长制湖长制工作县级考核细则》，河长制工作被纳入县委县政府年度综合目标考评，对在重要工作中失职渎职行为进行追责，以最严格的督查考核问责制度倒逼责任落实和工作推动。

实践证明，河长制与落实绿色发展理念高度契合，与乡村振兴战略紧密联系。它不仅是水环境治理机制上的创新，更是治水、护水、管水、用水的系统升华，是解决历史发展遗留问题、解决经济与环境绿色发展问题的有效探索。图13-1所示为水利部工管司祖雷鸣专员到徐洪河埋桩现场检查并指导工作。

图13-1　2016年12月15日，水利部工管司祖雷鸣专员到徐洪河埋桩现场检查并指导工作（中间为祖雷鸣）。

第十四章　财务与审计

水利部门的财务、审计多年来经常分分合合,虽然组织形式不同,但两项业务始终还是连续进行的。水费征收是水利经济重要组成部分,其工作起步困难重重,经过多年努力,逐步走上正轨。

第一节　水务投资和财务管理

中华人民共和国成立后,全县启动了大量的水利(务)工程,国家和地方都进行了大量水利(务)投入,特别在改革开放后,投入大幅增加。水利(务)是国民经济和社会发展的重要基础设施。对具备一定条件的重大水利工程,国家鼓励通过深化改革向社会投资敞开大门,建立权利平等、机会平等、规则平等的投资环境和合理的投资收益机制。放开增量、盘活存量、鼓励和引导社会资本参与水利工程建设和运营有利于优化投资结构,建立健全水利投入资金多渠道筹措机制;有利于引入市场竞争机制,提高水利管理效率和服务水平;有利于转变政府职能,促进政府与市场有机结合、两手发力;有利于加快完善水安全保障体系,支撑经济社会可持续发展。

一、水利投入

(一)水利投入形式

按资金来源,水利投入形式主要分为上级拨款和地方配套资金。

1. 上级拨款

在制订好水利规划的前提下,由县级水务部门向上级有关单位上报可研报告或者实施方案,编制工程设计。项目经过上级主管单位批准以后施工,工程完工后进行竣工验收、审计决算。按项目大小、性质和经费来源,上级投资又可分为基本建设项目和水利发展资金项目。

2. 地方配套资金

即使是面广量大的水利工程，国家也一贯提倡发扬艰苦奋斗、自力更生的精神以自办为主。20世纪80年代以后，工程投入显著增多，资金需求量大，水利部门为了调动地方在项目建设过程中的责任心和积极性，大多实行配套资金，即国家补助一部分，其余由省、市、县各级政府按比例配套。地方配套资金主要有县财政投入、水利部门自筹和群众自筹等。

（1）县财政投入主要为县政府拿出县财税收入的一部分作为水利项目配套资金投入到水利建设的资金。

（2）水利部门自筹主要为水利部门积极开展政府和社会资本合作的探索实践，通过投资补助、财政贴息、价格机制、税费优惠等政策措施，鼓励和引导社会资本以多种形式参与水利工程建设运营。

（3）群众自筹资金在中华人民共和国成立初期比较多，办法有筹集资金、以物或以工抵资、劳动积累工三种。筹集资金是指按"谁受益，谁负担"的原则，在受益范围内，按田亩或按人口筹集一定的资金，由乡、村组织施工。由于有些工程的工程量偏大，必须一次性做完才能发挥整体效益，但一次性筹集超过农民负担能力，便分户做贷款，来年偿还或分年偿还。以物或以工抵资是指在筹集资金有困难的情况下，有的筹集粮、草折资，有的提供块石、石子等建设筑材料折资，也有的多出工或利用车辆搞建材运输抵资。劳动积累工多是由群众无偿出力完成。小型水利每年都有大量的土方工程，由村、组统一规划，统一放样，统一施工，将任务分到户，按时、保质、保量完成。"水利大干，回家吃饭"，小型水利土方是农民必须负担的任务。至于农民每年出工多少各地区之间是不同的，年际任务也不相同，农民反映任务重的事时有发生。20世纪90年代初，国家正式规定"每个农村劳动力每年承担的10~20个劳动积累工"。

20世纪90年代后期，随着经济不断发展，机械化施工逐渐代替了人力施工，由过去的是农民投劳投资搞各项基本建设逐渐发展为国家增加补助标准，减轻农民负担。国家补助部分大幅度增加，甚至小型水利整修工程也以扶贫等方式给予补助。

（二）水利投入分析

中华人民共和国成立70多年来，睢宁县的水利投入有以下两个特点。

（1）上级每年投入水利资金的呈上升趋势。中华人民共和国成立初期，国家财力有限，水利投入较少。1949年10月—1956年，上级投入资金最多的是1950年的55.1万元，最少的是1951年，只投入资金0.2万元。1956年以后每年投入资金虽有多有少,但总体趋势是增加的。中华人民共和国成立后的10年年平均投资为80.42万元;2011—2020年这10年年平均投资为11826.62万元,后10年的上级水利投入是头10年的147.06倍。1949—1997年49个年头水利总投入为2.35亿元;1998—2020年23个年头,水利总投入为24.43亿元,如表14-1所列。

表 14-1　睢宁县 1949—2020 年水利投资统计表　　　　单位:万元

年份	总投资	上级投资	地方配套	备注
1949	2.6	2.6		
1950	55.1	55.1		
1951	5.9	0.2	5.7	
1952	57.9	35.8	22.1	
1953	6.8	3.5	3.3	
1954	1.6	1.6		
1955	8.2	8.2		
1956	333.4	322.8	10.6	
1957	158.5	155.5	3	
1958	284.4	218.9	65.5	
1959	309.4	154.2	155.2	
1960	294.9	132.6	162.3	
1961	62.9	30.5	32.4	
1962	33.5	18.5	15	
1963	80.6	80.6		
1964	101.9	101.9		
1965	177.7	168.7	9	
1966	372.6	239.3	133.3	
1967	160.4	159.4	1	
1968	70.6	60.6	10	
1969	132.6	109.6	23	
1970	98.9	70.3	28.6	
1971	508	268	240	
1972	311.3	280.7	30.6	
1973	310	168	142	
1974	353	313	40	

表 14-1（续）

年份	总投资	上级投资	地方配套	备注
1975	406.1	372.1	34	
1976	315	300.9	14.1	
1977	220.3	202.3	18	
1978	1171	1138.8	32.2	
1979	842.2	785.2	57	
1980	418	373	45	
1981	300.3	287.6	12.7	
1982	390.5	290	100.5	
1983	411	280	131	
1984	332.8	332.8		
1985	511.4	273	238.4	
1986	222.1	222.1		
1987	317.3	140	177.3	
1988	334.4	214	120.4	
1989	392.6	284.5	108.1	
1990	931.2	401.1	530.1	
1991	2897.1	2267.1	630	含徐洪河拆迁补偿经费
1992	1708.1	970.9	737.2	
1993	883.2	109	774.2	
1994	1007.6	164.7	842.9	
1995	1154.5	302.2	852.3	
1996	1739.9	324.9	1415	
1997	2358.6	1121.2	1237.4	
1998	1450	800	650	
1999	2690.6	1850.6	840	
2000	1438.24	1350	88.24	
2001	1236.86	985	251.86	
2002	1410	640	770	
2003	15600	7730.9	7869.1	睢北河工程 1.1 亿元
2004	2920	770	2150	
2005	2302	1602	700	庆安水库除险加固

表 14-1（续）

年份	总投资	上级投资	地方配套	备注
2006	3962.15	3677.73	284.42	黄墩湖滞洪区安全、病险水库除险加固
2007	4556.98	4241.3	315.68	病险水库除险加固、节水灌溉
2008	1553.88	1093.65	460.23	病险水库除险加固
2009	2592.06	1957.5	634.56	中小河流治理、病险水库除险加固
2010	2863.64	2337	526.64	黄墩湖徐洪河浦棠桥、关帝庙桥改建、中小河流
2011	4540.12	3770.67	769.45	中小河流治理
2012	2830.71	2200.71	630	古邳泵站
2013	17090.53	16431.3	659.23	大型泵站、中型水闸、中小河流治理等
2014	25219.15	23495.65	1723.5	大型泵站、中型水闸、中小河流治理、尾水导流等
2015	15881.31	13893.85	1987.46	大型泵站、中型水闸、中小河流治理、尾水导流等
2016	6857.71	4654.09	2203.62	大型泵站、中型水闸、中小河流治理
2017	9772.9	3377.56	6395.34	黄墩湖调整与建设、中小河流治理、城乡供水一体化
2018	38012.07	14154.34	23857.73	黄墩湖调整与建设、中小河流治理、城乡供水一体化
2019	34297	17547.68	16749.32	中型水闸、黄墩湖调整与建设、城乡供水一体化
2020	45172.27	18740.34	26431.93	洼地治理、中型水闸、灌区节水、城建工程
总计	267808.08	161619.37	106188.71	

（2）上级投资与工程总造价的比例逐年减少，地方水利投入呈增长趋势。20世纪50—60年代做水利工程，建筑物由上级投资，土方按定额补助，还有的是"以工代赈"，发给钱、粮补助做水利土方工程。20世纪70年代开始，建筑物由上级投资，土方工程不予补助，后来发展成建筑物只补助"三大材"，即水泥、木材、钢材，其余一律不补。进入21世纪，地方水利投入增加以及社会资本投入水利项目建设管理，地方配套占比呈上升趋势。就单个工程而言，因中华人

民共和国成立初期工程少、规模小，虽补助总经费少，但基本都是国家或地方拨款。越向后工程越多，规模越大，加上物资价格增涨等因素，虽上级补助经费多，但其自筹配套资金也多。

二、财务管理

1956年，睢宁县政府水利科改为睢宁县水利局，内设财务股，管理钱、粮、煤及三大材（水泥、钢材、木材）、防汛物资、施工工具、机械设备等，是水利建设的总后勤。1981年6月，财务股改名为财会股，1988年4月又增设审计股。2002年6月，财务股、审计股根据工作需要合并为财务审计科。2004年4月，为了加强水利系统财务集中核算，睢宁县供水总站会计核算中心成立，集中核算水利局工管单位、水利站、水利局统发工资单位的经济业务。2013年9月，为了提高水利系统会计核算和监督水平，促进资金使用效率的提升，睢宁县供水总站会计核算中心变更为睢宁县水利局会计核算中心，集中核算局属工管单位、水利站、水利局统发工资单位及各建设处的经济业务。2013年12月，财务审计科根据中央、省、市、县等加强内审工作的要求分设财务科、审计科。2019年7月，财务科、审计科根据机构改革三定方案合并为财务审计科。

为了加强财务管理，规范财务行为，统一收支程序，强化财务核算和监督，提高资金使用效益，促进廉政建设，水务局制定了《睢宁县水利局内部控制制度》《睢宁县水利局关于加强水利（务）基本建设资金监管工作有关规定》《睢宁县水利局专项资金管理办法》《睢宁县水利局会计核算中心审批流程》等一系列财务管理制度，完善规章制度、防范财务风险、深化绩效管理、提升管理水平。项目投资经严格执行基本建设程序，落实项目法人责任制、招标投标制、建设监理制和合同管理制，对项目的质量、安全、进度和投资管理进行全面监督；用好管好各项水利资金，使其发挥应有的作用。1958年后，"大跃进"时期，水利建设追求高指标、高速度，水利工程过大，造成资金供应紧张，财务制度松弛，出现了平调集体和私人财务现象。1961年后，全国贯彻"执行、调整、巩固、充实、提高"方针，财务管理逐步回到正常轨道，这时财务管理情况较好。睢宁实施的大中型工程，均成立施工指挥部或施工团，财务管理的方法由施工单位变为水利局财务股报账。1966年以后，"文革"期间财务各项规章制度被全部打乱，到1970年以后，水利财务管理各项规章制度才逐步得到恢复。1978年，中共十一届三中全会以后，财务管理工作进入新阶段，水利系统开展财务体制改革，基本建设工程，全面推行大包干经济承包责任制；大中型水利工程逐步实行招投标制度，水利工程建设资金实行分级负担集资办法；农田水利补助实行合同制、有偿和无偿相结合、先贷后补等管理方法；水利工程管理单位试行"以收抵支，财务包干"的管理办法，推行联产承包责任制，开展综合经营，实行企业管理。2000年8月，江苏省水利厅制定《关于加强财务管理制度的规定》，又从7个方面加强水利财务管理，规范了水利财务行为。

水利事业经费的管理，起初是按条管理，之后变革为以块管理为主。

1953～1963年实行"上下对口，按条管理"，江苏省对各项水利事业费均以资金拨付方式逐级领拨经费，按实际支出，采取实报实销形式由江苏省水利厅、财政厅监督管理使用。1964年，江苏省水利厅、财政厅、中国农业银行江苏分行联合下文，对水利事业费实行"统领导、分级管理、条块结合、以块为主"的管理原则，小型农田水利补助经费逐级下达指标，纳入县财政预算管理。对打井、防汛、岁修（不包括防汛抢险经费）、抗旱经费下达指标到地区财政，然后由地区水利局向县水利部门下达计划、拨款。1979年，省财政厅、水利厅为了进一步管好用好水利事业资金，提高投资效果，将原下达地区财政管理的打井、防汛、岁修、抗旱经费指标改为逐级下达到地、县财政预算管理。1982年，江苏省水利厅、财政厅又将其他水利事业费，以1981年下达的指标为基数，划交地、县、区财政切块管理，各县水利部门除向同级财政编报预算、领拨经费和办理决算外，还需向徐州市水利局报送，然后徐州水利局汇总向江苏省水利厅报送。

第二节　水 费 收 交

水费收交是一项政策性很强且执行起来又很复杂的一项工作。睢宁县水费收交由粗放到精细，逐步走上正规化、规范化。

一、发展历程

（一）睢宁县多次出台水费征收办法

（1）1980年之前是"无偿供水"。当时是人民公社的集体经济，"一大二公"，为了支援农业，农民使用"大锅水"，不讲用水成本核算。农村实行旱改水，农民用水交费的意识非常淡薄，灌溉管理粗放，水资源浪费严重。各抽水站虽将用电、机械修理等有限成本费分摊下去，但收费实行不起来，只有县财政贴补，形成"国家出钱，农民种田"的局面。

（2）1980—1984年才开始象征性收取水费。由于水稻种植面积不断扩大，用水量逐年增多,灌溉成本逐年提高,20世纪80年代初已正式下达征水费指标。当时灌溉用水管理不够规范,量水手段和计费办法也没有经验,只是简单地按水稻种植面积计算水费征收指标。这种办法有两个弊端。一是水稻准确面积难以弄清,乡、村在年初向统计部门上报的水稻种植面积偏大,到交水费时又以种种原因作为借口,压低水稻种植面积,为此经常推委,使水费收交工作不能正常进行。二是先用水,水稻收获粮食部门征购后再谈交水费,往往只能象征性交纳一部分,没有较好的水费促交办法。此时农民对用水必须交费的认识已初步确立,只是交费行动尚不到位。睢宁县管理的几座抽水站的电费仍由县里财政负担,从睢宁县供电局每年应上交县财政的供电附加费中充抵。

(3) 1984年第一次改革水费征收办法。全县水费收交工作是从1984年开始走上正轨的,实行"分灌区核算,按方计量,按量收费",初步打破"喝大锅水"的局面,通过加强供水管理、增强服务功能以改进供水服务的办法促进水费征收。睢宁县政府将水费收交工作列入议事日程,并多次召集专题会议,宣传和布置水费收交工作,提高各级工作人员"水是商品"的思想认识,大大减少了水费收交工作的阻力。睢宁县政府还协调睢宁县水利局、供电局、物价局、粮食局等部门工作,并每年两次下文明确水费指标,一次是7月下文实行半年预收,第二次是10月下文明确全年收费指标。乡、村等基层组织也都及时按县规定的指标向下分解。从此水费收交工作走上正轨。

(4) 1993年第二次改革水费征收办法。农业收成好坏,直接影响水费收交。农业收成好,水费收交顺利;遇有自然灾害,农业减收,一些单位便不愿意上交水费,把损失推给国家,水费大量欠交,影响抽水站的正常运转,影响下一年的农业生产。为此,睢宁县政府于1993年发布《水费改革实施意见》,其主要措施有两条。一是将水费收交工作的纳入法制化管理轨道。年初由县和乡签订供水合同,实行分月供水计划和分月交纳水费。年初有合同,年底有县政府征收水费文件,必要时还可由有关执法部门依法裁决。二是在收交手段上,以乡水利站自收为主,多种措施一齐上。乡水利站直接收取水费,实行乡水利站供水、收费一体化,避免基层对水费层层加码和任意截留、挪用。

(5) 2002年第三次改革水费征收办法。水利工程水费从行政事业性收费转为经营性收费,其核心内容是将过去纯政府定价的水费标准转变为由政府调控与市场调节相结合的供水价格;水费资金从过去的财政预算外资金管理转变为经营性收入管理;农业水费从过去的委托代收转变为由供水部门自行收取,实现水利工程供水经营管理与服务收费的一体化。2002年遇严重的春、夏、秋连续干旱,睢宁县水利局根据新的情况又重新进行成本核算。睢宁县农工部、睢宁县物价局、睢宁县水利局三家联合对水费成本进行了深入细致地核算。通过认真核算出来的水价,部分灌区由于工程配套不完善,水稻种植面积少等问题价格确实偏高,超出了农民承受的能力。根据实际情况,三部门通过酝酿商讨,决定水费要让利于民,水价低于水费成本。三个灌区水价分别是:庆安袁圩灌区50元/亩;凌沙灌区30元/亩;高集、古邳灌区35元/亩。这一价格一直执行到2006年。

(二)国家出台指令性文件

农业是用水大户,也是节水潜力所在。长期以来,我国农业用水管理不到位,农业水价形成机制不健全,价格水平总体偏低,不能有效反映水资源稀缺程度和生态环境成本,价格杠杆对促进节水的作用未得到有效发挥,造成农业用水方式粗放,难以保障农田水利工程良性运行。

党和国家高度重视农业水价综合改革,2016年1月,国务院办公厅印发了《国务院办公厅关于推进农业水价综合改革的意见》(国办发〔2016〕2号),确定推进农业水价综合改革,建立健全农业水价形成机制,促进农业节水和农业可持续发展,要求农田水利工程设施完善的地区通过3~5年努力率先实现改革目标。2016年7月1日施行的《农田水利条例》亦明确农田灌溉用水实行总量控制和定额管理相结合的制度,灌溉用水应当合理确定水价,实行有偿使用,计量收费。2017年中央1号文件明确指出,全面推进农业水价综合改革,加快建立合理水价形成机制和节水激励机制。2017年6月,国家发展和改革委员会、财政部、水利部、农业部、国土资源部联合颁发的《关于扎实推进农业水价综合改革的通知》(发改价格〔2017〕1080号)中指出,现阶段要通过"花钱买机制"等方式,建立健全农业水价形成机制,同步建立精准补贴和节水奖励机制,总体上不增加农民负担,调动各方推进改革的积极性。文件要求切实把农业水价综合改革摆到更加重要的位置,把农业节水作为方向性、战略性大事来抓,加强组织领导,加大工作力度,积极稳妥推进农业水价综合改革,加快完善支持农业节水政策体系,促进水资源可持续利用,保障农业和经济社会可持续发展。

江苏省在《省委办公厅、省政府办公厅关于印发〈江苏省深化农村改革综合性实施计划〉的通知》《省政府办公厅关于推进农业水价综合改革的实施意见》(苏政办发〔2016〕56号)中,明确2020年前基本完成农业水价综合改革,对农业用水实行总量控制和定额管理,建立合理反映农业供水成本、有利于节水的农业水价形成机制,建立农业用水精准补贴制度和节水激励机制。

二、机构设置

1984年水费收交工作开始正常运转,20世纪80年代由睢宁县水利局财务股收取。20世纪90年代睢宁县水利局成立水费所,成为农业水费收交专门机构。1994年4月,成立"水费管理所",负责全县水费征收管理工作。1999年3月,睢宁县编制委员会批复成立"睢宁县水利工程水费管理所",和睢宁县节约用水办公室"一套班子、两块牌子"。2001年2月,睢宁县编制委员会批复同意县水利工程水费管理所独立设置,从睢宁县节约用水办公室划出事业编制5名,人员内调,所需经费按规定从收取的水费中开支。

三、水费计算标准

水费计算标准分"两大项"和"六个指标"。两大项即基本费和生产费。基本费包括供水人员工资、管理费和国家供水工程水费;生产费包括抽水电费、机电设备等折旧费、大修理费和一般维修费。睢宁县内各灌区六项成本的合计总额就是县级供水总成本,这是拟定年度征收水费方案的主要依据。全县灌区分为三种类型分别进行成本核算。

(1) 一级提水后自流灌区,如北水灌区提水入库、入故黄河属于此类。以古邳等抽水站六项开支为总指标,除以各有关乡年度用水量总和,即得出一方水的收费指标,然后按各乡用水量即可算出乡收费指标。

(2) 内河二级或三级小提水灌区。凌城站、沙集站、高集站灌区均属此类。以县管抽水站六项开支为总指标,除以各小型抽水站抽水总量之和,即得出一方水的收费指标,然后按各乡用水量即可算出乡收费指标。

(3) 外河自提灌溉区,如徐洪河以东和黄墩湖地区均属此类。因各小站自提外水,生产费用由有关乡、村自己负担,睢宁县只向其征收国家供水工程水费一项指标。

睢宁县在编制征收水费方案时,考虑两种因素予以调整。一是根据当年农业收成情况和农民承受能力,推敲征收水费方案是否偏高,20世纪80年代后农业产量基本稳定,没有大幅度的变化,但粮食价格不稳定,电价又多次上涨,因此粮价、电价、水费征收标准三者要综合考虑。从1984年起,连续14年每年下文实际征收水费数按亩计算的平均水平只相当于30~40斤水稻钱,这样既照顾了农民的承受能力,又能维持简单再生产,使供水工作能正常运行。睢宁县政府下文征收数略低于六项指标计算的总成本,实际等于降低了六项指标中的大修折旧费。二是对个别高地成本偏高地区适当照顾，一些高亢地区三级提水，费用比一般地区高50%左右。由于提高农业产量和改良土壤的需要，又必须扩种水稻，为此在编制方案时对局部高地收费标准适当降低。

根据睢宁县物价局、睢宁县委农村工作办公室、睢宁县水利局《关于进一步明确农业用水价格有关问题的通知》（睢价费〔2011〕41号）文件精神，按灌溉形式分自流灌区和非自流灌区，其中凌沙灌区（凌城灌区、沙集灌区）、古邳灌区、高集灌区、外河灌区（河东、张集、袁圩）为非自流灌区，袁圩灌区、庆安灌区为自流灌区。

非自流灌区的农业用水到户价格由省水利工程费、县（含镇）级机电排灌费和村级提水价格构成。自流灌区的农业用水到户价格由省水利工程水费、县（含镇）级机电排灌费构成。农业水费收费标准具体为：水田镇级以上农业用水价格为凌沙灌区26元/亩，庆安、袁圩灌区46元/亩，高集、古邳灌区32元/亩，外河灌区18元/亩。

农业水费从1984年开始计收，随着征收方式的不断完善，农业水费征收金额一直呈增长趋势，到2001年前后达到收费金额的顶峰，之后随着产业结构调整、新农村建设等因素影响，农业水费的征收略有下降并趋于稳定。1984—1997年的14年间共收取农业水费4861.47万元；1998—2020年的23年间共收取农业水费17989.34万元，如表14-2所列。

表 14-2

年度	批准文号	应收水费/万元	实收水费/万元	征收率/%	水费使用情况						
					总支出/万元	电费/万元	运行管理费/万元	小修费/万元	上交省市/万元	返回奖金/万元	大修费及其他/万元
1984	睢政发〔1984〕173号	128.6	115.8	90.05	111.8	68.5	27.5	8.5	3	4.3	
1985	睢政发〔1985〕152号	112.2	107	95.37	111.1	51.2	24.1	27.8		3	5
1986	睢政发〔1986〕99号	119.4	116.7	97.74	103.6	54.6	32.7	10	2	4.3	
1987	睢政发〔1987〕124号	128.1	125.6	98.05	127	54.6	53	11.6	2	5.8	
1988	睢政发〔1988〕137号	155.6	149.7	96.21	136.6	65	54.5	10		7.1	
1989	睢政发〔1989〕188号	294.01	273.8	93.13	212.16	116.33	71.39	16.7		7.74	
1990	睢政发〔1990〕49号	355.24	308.29	86.78	282.42	167.89	67.33	17.28		6.05	23.87
1991	睢政发〔1991〕89号	326.55	291.74	89.34	245.7	74.66	86.65	24.91	5	6.94	47.54
1992	睢政发〔1992〕64号	438.06	352.46	80.46	374.76	170.06	129.14	29	10	3.71	32.85

表 14-2（续）

年度	批准文号	应收水费/万元	实收水费/万元	征收率/%	水费使用情况						
					总支出/万元	电费/万元	运行管理费/万元	小修费/万元	上交省市/万元	返回奖金/万元	大修费及其他/万元
1993	睢政发〔1993〕84号	396.04	245.96	62.10	357.54	182.2	135.44	13.2		4.35	22.35
1994	睢政发〔1994〕74号	658.72	558.9	84.85	557.41	296.64	170.21	23	45	12.41	10.15
1995	睢政发〔1995〕64号	685	729.37	106.48	622.07	299.14	193.99	25.96	71	4.71	27.27
1996	睢政发〔1996〕67号	748.99	664.99	88.78	616.75	177.42	294.76	25	95	23.86	0.71
1997	睢政发〔1997〕84号	965.53	821.16	85.05	778.94	277.8	272.95	40.7	95	13	79.49
1998		966.34	825.67	85.44	768.8	273.35	360.45	40	95		
1999	睢政发〔1999〕39号	965.46	829.32	85.90	773.55	193.59	398.52		107		74.44
2000		1000	828.26	82.83	817.95	273.38	380.62	56.95	107		
2001		1020	832	81.57	825.83	178.84	456.94	83.05	107		
2002		962.23	828.29	86.08	845.02	274.92	463.1		107		
2003		868	792.58	91.31	785.35	189.41	488.94		107		
2004		909	790.26	86.94	790.26	109.78	507.48	66	107		
2005		871	783.49	89.95	783.49	280.33	393.48	2.68	107		
2006		894	779.48	87.19	779.48	195.83	465.12	11.53	107		
2007		863.85	759.53	87.92	759.53	206.27	413.21	63.05	77		
2008	睢价费〔2008〕86号	851.38	751.58	88.28	751.58	158.24	455.54	42.8	95		
2009	睢价费〔2008〕86号	791.67	740.78	93.57	740.78	110.28	519.5	16	95		
2010	睢价费〔2008〕86号	756.11	732.13	96.83	732.13	156.26	480.87		95		
2011	睢价费〔2011〕41号	758.18	735.63	97.03	735.63	190.38	450.25		95		
2012	睢价费〔2011〕41号	815.1	759.12	93.13	759.12	162.87	501.25		95		
2013	睢价费〔2011〕41号	822.81	778.29	94.59	778.29	283.29	400		95		
2014	睢价费〔2011〕41号	833.68	783.26	93.95	783.26	220.73	411.6	55.93	95		
2015	睢价费〔2011〕41号	832.81	784.67	94.22	784.67	279.23	441.51	63.93			
2016	睢价费〔2011〕41号	832.84	785.13	94.27	785.13	232.91	552.22				
2017	睢价费〔2011〕41号	832.85	763.51	91.67	763.51	267.34	433.17	63			
2018	睢价费〔2011〕41号	832.85	768.19	92.24	768.19	208.12	560.07				
2019	睢价费〔2011〕41号	820	799.8	97.54	799.8	309.47	490.33				
2020	睢价费〔2011〕41号	824.31	758.37	92.00	758.37	231.71	458.66	68			
合计		25436.5	22850.8	33.388259	22507.6	7042.57	12096.5	916.57	2021	107.27	323.67

四、关于工业和城镇水资源费

按省、市的文件精神,原睢宁县城建部门下设的"睢宁县节约用水办公室"整建制划归睢宁县水利局管理,1996年4月17日交接完成。从此,睢宁县水资源管理工作全面启动,按照《国务院取水许可制度实施办法》等法规、文件的要求,在全县范围内实行取水许可制度。

按照谁发证谁收费的原则征收水资源费,收费标准多有变化,为节约和保护水资源,合理配置水资源,2005年8月经睢宁县政府同意,睢宁县物价局出台了《关于调整水资源费暨自来水价格的通知》(睢价费〔2005〕第54号)。该文件将地表水水资源费和公用自来水厂水资源费调整为0.13元/立方米,自来水管网到达地区的地下水水资源费调整为0.81元/立方米,自来水管网未到达地区的地下水水资源费调整为0.56元/立方米(2006年水资源费每立方米又提高0.07元,用来筹集南水北调工程基金)。

据统计,全县征收的水资源费由1997年的40万元提高到2005年的200万元,基本做到应征尽征,增速明显,在征收过程中也能按照上级要求,统一使用江苏省水资源费专用票据,对票据管理制定了严格的管理制度,专人负责,定期审验。征收的水资源费全部按规定缴入睢宁县财政专户,纳入财政预算内管理,实行财政专户储存,专款专用,并按比例足额上缴省级和市级财政。

第三节 审 计

睢宁县水利局成立之初,就设置了财务股,财务既包括核算也包括监督(即审计)。审计工作采用财务会审、检查等形式由局统一组织,对所属单位定期或不定期地进行会审检查、抽查。1982年12月5日,第五届人民代表大会第五次会议通过了修改后的《中华人民共和国宪法》,规定我国建立审计机关,实行审计监督。据此,国家成立审计署,1985年《审计署关于内部审计工作的若干规定》颁布实施。1988年4月,水利局增设审计股,审计工作日益规范化,后因工作需要,审计股与财务股合并为财审科。

财审科每年都对局属各工程管理单位、乡镇水利站(供水分站)、驻城单位及各公司进行年度财务收支抽查审计,从1996年开始对所属单位法定代表人进行任期经济责任审计。近年重点审计的有:对睢城、官山、李集、凌城、邱集、沙集、高作、梁集、魏集、古邳、姚集、双沟、庆安、王集、岚山、桃园、金城、睢河等

18个水利站主要负责人进行了离任审计,对水建公司、自来水公司、机井队的主要负责人进行了经济责任审计,对节水办、水费所、水政监察大队以及供排水管网管理处、水源保护中心、黄河故道管理所、尾水导流中心等单位的主要负责人进行了在任职期间的经济责任审计。通过审计弄清了离任者任期内的生产经营成果和固定资产保值增值状况,对其工作成绩和经济责任做出了客观公正的评价。

第十五章 水利机构

睢宁县于1948年11月20日被解放,1949年1月23日宣布成立"睢宁县政府",内设财政、建设等7个科,水利由建设科负责。

1953年5月,睢宁县设农林科,水利由农林科管。

1954年,农林科被改为农林水利科。

1955年3月,睢宁县成立水利科。

1956年,水利科被改为水利局。

1967年"文化大革命"期间,水利由"中国人民解放军睢宁县人民武装部生产办公室"下属的工程科负责。

1972年1月,睢宁县成立"睢宁县革命委员会水电局"。

1977年12月,睢宁县撤销水电局改为水利局。

1984年3月,水利、农机两局合并为水利农机局。

1989年1月,水利、农机分开,恢复"睢宁县水利局"。

2013年7月,设立睢宁县水利局,挂县水务局牌子;一个单位,两块牌子。

第一节 局机关

进入21世纪,睢宁县水利局几次迁移办公地址。水利局又改称水务局,业务范围逐步扩大,内部机构设置及其职能也有了相应调整。

一、办公地址迁移

20世纪八九十年代,水利局坐落于府前路西段、小睢河西侧,占地面积约为17600平方米,前半部办公区,占地4950平方米,其余在办公楼北为职工宿舍区。睢宁县水利局"单家独院"坐落在县城西关30余年,前有三层办公楼,后有100余套职工宿舍。2009年拆迁,办公地点易址,职工分散各处居住,现在的滨河名城小区南半部就是原睢宁县水利局旧址。

2009年8月至2015年6月,睢宁县水利局租借于睢城镇南外环路南侧,办公面积为500余平方米。

2015年7月至2018年6月,睢宁县水利局购置一块地,坐落于睢宁县宁江工业园区红杉树路,内置办公楼面积为2100余平方米。

2018年7月至今,睢宁县水利局坐落于睢宁县商务中心,办公于10楼的一部分及11楼整层,办公面积为1700多平方米。

二、局内部机构设置

(一)2013年内设机构

2013年7月19日,睢政办发〔2013〕88号文,根据《中共徐州市委 徐州市人民政府关于印发〈睢宁县人民政府机构改革方案〉的通知》(徐委发〔2010〕30号)和《中共睢宁县委 睢宁县人民政府关于印发〈睢宁县人民政府机构改革实施意见〉的通知》(睢发〔2010〕51号)有关精神,设立睢宁县水利局,挂睢宁县水务局牌子,为睢宁县政府工作部门。此次改革详细明确了五项内容:

1. 第一项 职责调整

(1)取消已由县政府公布取消的行政审批事项。

(2)增加水利工程移民工作职责。

(3)将原睢宁县城管局城市河道管理、城市排水设施管理职责,原建设局城市供水、污水处理管理职责整合划入睢宁县水利局。

2. 第二项 主要职责

根据以上职责调整,睢宁县水利局的主要职责是:

(1)贯彻执行国家、省和市有关水行政方面的法律、法规、规章和方针政策,拟订全县水利、水务(以下简称水利)工作的规范性文件并监督实施。

(2)组织拟订全县水利中长期规划和年度计划,负责编制全县范围内的河流、湖泊和流域(区域)综合规划及有关专业规划,并负责监督实施。

(3)统一管理和保护全县水资源;指导全县供水、排水、污水处理工作,负责入河排污口设置并参与水环境保护工作;组织拟订全县水中长期供求计划、水量分配方案并负责监督实施;统一管理全县计划用水、节约用水工作;组织实施取水许可制度和水资源有偿使用制度,指导再生水等非传统水资源的开发利用工作。

(4)组织、指导全县水政监察和水行政执法工作;查处涉水违法事件,协调水事、边界纠纷;根据权限负责河道采砂监督管理工作。

(5) 指导全县水利行业财务审计工作;负责有关水利资金的计划、使用、财务管理及内部审计监督;会同有关部门拟订供水价格及污水处理费征收标准;配合有关部门提出有关水利管理的价格、收费、税收、信贷、财务等方面的建议;指导全县水利行业国有资产的监督管理工作。

(6) 组织实施全县水利工程(含城市供排水管网和截污管网及相关窨井盖)建设、质量监督及运行管理工作;协助南水北调工程建设及运行管理工作;负责水利建设市场的监督管理;组织编制水利基本建设项目建议书和可行性研究报告、初步设计文件。

(7) 指导全县农村水利工作;组织协调农田水利基本建设,指导全县节水灌溉、乡镇供排水、河道疏浚整治、农村饮水安全等规划编制、工程建设与管理工作,指导农村水利社会化服务体系建设;组织指导全县水土保持工作,拟订水土保持规划并监督实施,组织水土流失的监测和综合防治。

(8) 组织指导全县水利科技工作及信息化工作;指导水利突发事件的应急管理工作;依法负责水利行业安全生产工作。

(9) 承担县防汛防旱指挥部的日常工作;组织、协调、监督、指导全县防汛防旱工作;负责县城区防洪排涝等工作。

(10) 组织指导全县各类水利设施、水域及其岸线的管理与保护;指导流域和区域骨干河道、湖泊、水库治理与开发,负责县属水利工程的运行与管理,承担水利工程移民工作。

(11) 承办县政府交办的其他事项。

3. 第三项　内设机构

根据上述职责,县水利局(县水务局)设7个内设机构:

(1) 秘书科。负责机关文电、会务、机要、档案、宣传、政务公开、信访、安全、保密、接待、后勤、大众信用管理等工作;负责局机关和直属单位党群、机构编制、人事工作;组织开展本系统干部培训工作;组织指导水利行业专业技术职务评聘工作;负责局机关和指导直属单位离退休人员工作。

(2) 规划基建科(安全生产科)。组织拟订水利中长期规划和年度计划、流域(区域)水利规划、供排水规划并监督实施;参与各镇水利规划编制并做好边界规划协调工作;拟订全县水利固定资产投资计划;组织编制全县水利建设项目的建议书、可行性研究报告、初步设计;承担水利综合统计工作;组织实施全县水利基本建设及行业管理工作;承担水利工程建设招投标活动的监督管理工作;承担全县水利工程质量监督工作,指导全县水利工程建设监理工作;承担全县水利工程建设安全生产监督管理工作;承担县水利工程建设项目稽查和验收工作;组织全县水利科技工作,组织水利科学技术研究、技术引进和成果推广工作;指导水利信息化工作。

(3) 水政水资源科(行政许可服务科)。拟定全县水利法制建设规划,组织开展有关水利改革与发展的政策研究;承担规范性文件的拟订并监督实施;监督指导水利行政执法工作;承办本部门行政诉讼、普法宣传教育工作;组织落实水资源的管理和保护有关制度,组织水资源调查、评价和监测工作;指导水利行业污水处理、再生水利用工作;承担计划用水、节约用水工作;指导水功能区划定、核定水域纳污能力,提出水域限制排污总量意见并监督实施,按规定核准饮用水源地设置,指导水生态保护与修复工作,指导雨洪资源利用的工程建设与管理;承办本部门行政许可及行政审批事项。

(4) 农村水利科(水库移民扶持办公室)。组织指导全县农村水利工作和农村水利服务体系的建设;组织拟订全县农村水利中长期规划和年度计划;指导节水灌溉、乡镇供排水、农田水利建设、河道疏浚整治、农村饮水安全、丘陵山区小流域治理工作;组织指导全县水土保持工作,拟定水土保持中长期建设规划和年度计划并组织实施,组织水土流失的监测和综合治理。指导全县水利工程移民工作;做好水库移民后期扶持人口的汇总、核查、上报工作;负责我县水库移民后期扶持实施方案的编制及规划审批工作,做好移民安置地、库区扶持项目计划的审核汇总及项目建设的督办、检查、指导;负责监督检查水库移民后期扶持经费使用情况;处理水库移民关于后期扶持的来信来访;承担水库移民后期扶持领导小组办公室的日常工作。

(5) 财务审计科。承担水利资金的使用及监督管理;指导全县水利行业国有资产的监督管理工作;承办局机关和指导直属单位财务与内部审计管理工作。

(6) 供排水科。承担城区供排水行业监督和管理工作;组织实施城区供排水规划;依法承担城区供排水设施的相关审批及竣工验收工作。

(7) 工程管理科。负责全县各类水利设施、水域及其岸线的管理与保护;指导各类水利工作安全运行管理;拟订全县水利工程的岁修计划并负责组织实施;承担河道采砂管理工作;指导水能资源开发工作。

4. 第四项 人员编制

睢宁县水利局机关行政编制为20名,后勤服务人员编制另行核定。

领导职数为:局长1名,副局长3名;正副科长(主任)10名(含负责行政许可服务管理工作专职副科长 1 名)。

5. 第五项 其他事项

(1)水资源保护与水污染防治的职责分工。睢宁县水利局负责水资源保护,睢宁县环境保护局负责水环境质量和水污染防治。睢宁县水利、环保部门要加强协调、配合,建立协商机制,定期通报水资源保护与水污染防治有关情况,协商解决相关重大问题。睢宁县环境保护局发布水环境信息,对信息的准确性、及时性负责;睢宁县水利局发布水文资源信息中涉及水环境质量的内容,应与县环境保护局协商一致。

(2)睢宁县防汛防旱指挥部办公室设在睢宁县水利局,其主要职责是组织、协调、监督、指导全县防汛防旱工作,负责城区防洪排涝工作,承担县防汛防旱指挥部日常工作。

(3)县南水北调征地拆迁领导小组办公室挂靠睢宁县水利局,其主要职责是组织协调工程建设中的征地拆迁、移民安置、建设管理等事宜。

(二)2019年调整内设机构

2019年3月30日,睢办发〔2019〕49号文,《睢宁县水务局职能配置、内设机构和人员编制规定》。根据《市委办公室市政府办公室关于印发〈睢宁县机构改革方案〉的通知》(徐委办〔2019〕19号),县水务局是县政府工作部门,为正科级。

(1)职能转变。具体职能为:加强水资源的合理利用、优化配置和节约保护;坚持节水优先,从增加供给转向更加重视需求管理,严格控制用水总量和提高用水效率;坚持统筹兼顾,保障合理用水需求和水资源的可持续利用;加强水域和水利工程的管理保护;加强生态河湖库建设。同时,进一步明确职能定位,强化监管职责,加强审慎监管,落实"放管服"改革要求;依法规范事前审批、提高审批效率,推进行政审批服务便民化;加强事中事后监管,提升监管效率和服务水平。

(2)坚持管发展必须管环保、管生产必须管环保,根据有关法律法规、行政规章、部门权责清单以及县委县政府关于生态环境保护工作责任分工文件等有关规定,履行生态环境保护工作责任。

(3)坚持管行业必须管安全、管业务必须管安全、管生产经营必须管安全,根据有关法律法规、行政规章、部门权责清单以及县委县政府关于安全生产工作职责分工的文件等有关规定。

(4)睢宁县水利局机关行政编制18名,设局长1名,副局长3名,科长(主任)7名。

睢宁县水利局共七个科室,分别为:办公室、规划基建和信息监督科、财务审计科、水资源管理科、农村水利和水土保持科(工程移民科)、供水和排水排污科、工程运行管理科。后补设安全生产监督管理科。

(三) 增设机构

因事业发展需要,后又增设或调整一些机构。

2012年11月,成立睢宁县水源保护中心。

2012年11月,成立睢宁县供排水管网管理处。

2015年8月,成立睢宁县黄河故道管理所。

2016年3月,成立睢宁县尾水导流管理服务中心。

2019年12月,成立睢宁县防汛防旱抢险中心。2020年7月,变更为睢宁县应急管理局下属事业单位。

第二节 领导更迭

本部分领导更迭只记载行政领导、党委书记、工会组织主要负责人的更替,其副职在本章第三节列表中记载。

一、行政领导

1998年后先后有5位任县水利局局长:

刘清明　1997年4月—2001年12月;

张新昌　2002年3月—2007年6月;

刘一凤　2007年6月—2013年5月;

薛　静(女)　2013年5月—2017年1月;

王甫报　2017年1月至今。

二、党委书记

1998年后先后有7位任局党委书记:

汤荣业　1992年10月—2000年3月;

袁雅敏　2000年4月—2005年9月;

梁　惠　2005年9月—2010年11月;

杨　阳　2010年12月—2012年9月;

柏建余　2012年10月—2015年11月;

薛　静　2015年11月—2017年1月,任局长、党委书记;

王甫报　2017年1月至今,任局长、党委书记。

前5位是组织安排的局党委专职书记,从2015年11月起,不再安排专人任局党委书记。

三、工会组织

（一）领导更替

1994年12月,吕庆安任主席。

2000年1月,周少波任主席。

2002年6月,周少波任主席。

2006年,翟太祥任主席。

2008年,武家川任主席。

（二）工会活动

（1）每年定期召开工会委员会议。

（2）每年定期组织职工开展符合机关特点的文化体育活动。

（3）配合党组织教育职工努力学习科学文化知识,不断提高职工的思想道德、职业道德水平和综合素质。

（4）支持和配合做好机关妇委会工作,每年组织参加妇女干部集体活动。

（5）积极开展"送温暖"活动,关心困难职工生活,努力为困难职工办实事、办好事。

（6）根据机关实际做好慰问、安抚工作。

第三节　职工队伍

由于机构职能多有变化,又不断有年高退职、新人递补,水利职工变动较大,如每一年都记载职工岗位安排情况,工作量太大且繁杂。进入21世纪,睢宁县水利局被任命了4位局长,按4位执政时段各选一代表年列表记述,即2006年、2010年、2015年和2020年。

4个年份全部列表记述。每一年列表内容分为:行政编制人员表、水利局机关科室人员岗位一览表、水利系统基层领导干部一览表,共三项。水利系统基层领导干部一览表又细分三项,分别为:驻城单位、水管单位和镇水利站。

一、2006年水利职工汇总表

(一) 行政编制人员表（表15-1）

表15-1 行政编制人员表

单位	姓名	备注
睢宁县水利局	张新昌	局长
睢宁县水利局	梁 惠	党委书记
睢宁县水利局	胡晓海	副书记
睢宁县水利局	陈庆仪	副局长
睢宁县水利局	郑之高	副局长
睢宁县水利局	梁化林	副局长
睢宁县水利局	卓 霏	副局长
睢宁县水利局	夏如祥	纪检书记
睢宁县水利局	翟太祥	工会主席
睢宁县水利局	汪恒杰	武装部长
睢宁县水利局	陈正响	副主任科员
睢宁县水利局	董 峰	副科级
睢宁县水利局	葛从业	退养
睢宁县水利局	刘培义	退养
睢宁县水利局	吕立化	退养
睢宁县水利局	李树仁	退养
睢宁县水利局	袁雅敏	退养
睢宁县水利局	武献云	退养
睢宁县水利局	傅荣栋	退养
睢宁县水利局	徐俊伟	科员
睢宁县水利局	孟 亮	办事员

(二) 水利局机关科室人员岗位一览表(表 15-2)

表 15-2　水利局机关科室人员岗位一览表

科别	责任人	岗位职责(任职时间)
人事科	卢建华	科长(2006 年 7 月)
	张 鑫	团委书记(2005 年 5 月)
	孟 亮	
办公室 防汛办公室	郑 学	主任(2005 年 3 月)
	李永才	副主任(2003 年 11 月)。日常事务,小车管理,老干部
	胡昌栋	副主任(2006 年 6 月)。协助做好后勤管理
	沙 井	后勤水电事务,安全生产
	吴 颖	
	吴苏磊	秘书,文书
	汪 文	公勤员
	刘 志	办事员
	周 亮	面包车司机
	胡居勇	轿车司机
财务科 (记账中心)	马 永	科长,主任(2005 年 11 月)。机关报账员,总站总账
	潘 锋	副科长(2003 年 11 月)。供水总站现金
	杨 伟	庆安水库基建报账员
	张 颖	
	薛家园	
	崔 萍	睢北河基建报账员
	宋 刚	
	吕 群	
	龙帮州	
水政科	杨 军	科长(1999 年 10 月)
	马爱华	副科长,机关工会主席(2003 年 11 月)
	仝晓婷	
农水科	徐俊伟	科长,纪委副书记(2003 年 11 月)
	周立云	副科长(2005 年 3 月)
	王甫杰	
	王良威	副科长(2005 年 11 月)

表 15-2（续）

科别	责任人	岗位职责（任职时间）
规划基建科	张新永	科长（副科级干部）(2004年4月)
	王明甫	副科长（2003年11月）
	徐怀芝	副科长（2005年11月）
	余家军	副科长（2003年11月）
工管科	潘 永	科长（2003年11月）
	郑之超	副科长（2004年9月）
	李 赟	副科长（2006年6月）
	高 萍	
监察室	余 磊	副主任（2004年4月）
信访办	吕玉宏	副主任
计生办	刘 云	副主任
后勤人员	徐青平、李永松、唐军、夏旭华、陈联、王升、纪德虎、李浩、许克玉、路友林	

（三）水利系统基层领导（表15-3～表15-5）

表15-3　水利系统基层领导干部一览表

单位	姓名	职务	任职时间	身份/政治面貌/学历	备注
水利工程处	朱述义	主任	2005年3月	干部/党员/大专	
	邵统宁	书记	2005年3月	聘干/党员/大专	睢城闸所长
	朱洪先	副主任	1998年6月	聘干/党员/大专	
	周 飞	副主任	1998年6月	聘干/党员/大专	
	孙远科	副主任		干部/大专	
	郭 鼎	副主任	2006年1月	干部/党员/大学	
水建公司	邵统宁	经理	2006年9月	聘干/党员/大专	
	朱述义	副经理	2002年11月	干部/党员/大专	
维修养护中心（内设机构非法人单位）	庞从美	主任、经理	2005年11月	高中	水建公司
	顾建中	副主任	2005年11月	大专	水建公司
	乔泽银	梁庙闸站负责人	2006年9月	聘干/党员/高中	姚集水利站
	魏思瑞	汪庄闸站负责人	2006年9月	党员/大专	企业

表15-3（续）

单位	姓名	职务	任职时间	身份/政治面貌/学历	备注
机井队	戈振超	队长	2005年10月	干部/党员/大专	兼职
	徐美平	书记,副队长	2002年4月	干部/党员/中专	
	刘江平	副队长	2002年4月	工人/党员/高中	
	沙 永	副队长	2005年8月	工人/高中	
	吴 恒	副队长	2003年3月	工人/党员/高中	
物资站	戈振超	站长,书记	2005年3月	干部/党员/大专	
	马保贵	副站,副书	2005年3月	聘干/党员/高中	
	李 忠	副站长	2005年3月	工人/党员/高中	
	刘来章	副站长	2004年6月	工人/高中	
节水办	陈 杰	主任,中队长	2006年6月	聘干/党员/高中	水费所
	杨彦文	书记,副主任	2006年9月	工人/党员/大专	船闸
	杜 达	副主任	1995年5月	聘干/党员/中专	
	马远江	副中队长	2005年6月	工人/党员/初中	
	王礼兴	副中队长	2005年6月	工人/党员/高中	
水费所	赵亚德	书记,所长	2006年6月	干部/党员/大专	机井队
	金 海	副所长	2004年9月	聘干/党员/高中	水库
	张 鑫	副所长	2006年4月	干部/党员/大专	团委书记
水政监察大队河道管理所	丁宗隆	常务大队长所长	2006年6月	聘干/党员/大专	魏集水利站
	胡居春	书记,副大队长	2006年6月	聘干/党员/大专	节水办
	王政发	副大队长	2004年9月	干部/党员/高中	
	余希红	副所长	2005年8月	聘干/大专	
经营管理站	施云龙	站长	2001年3月	干部/党员/大专	节水办

表15-4　水利系统（水管单位）基层领导干部一览表

单位	姓名	职务	任职时间	身份/政治面貌/学历	备注
凌城抽水站（一中队）	刘 晓	站长,中队长	2006年9月	聘干/党员/中专	
	吴以军	书记	2005年11月	聘干/党员/中专	工程处
	王险峰	副站长	2004年2月	聘干/党员/大专	工程处
新龙河管理站	刘 晓	站长	2006年9月	聘干/党员/中专	
潼河管理站	刘 晓	站长	2006年9月	聘干/党员/中专	

表 15-4（续）

单位	姓名	职务	任职时间	身份/政治面貌/学历	备注
沙集抽水站（二中队）	高维呈	站长,中队长	2005年11月	聘干/党员/大专	
	张本龙	书记	1998年5月	工人/党员/高中	
	沙 昆	副书记	2005年8月	工人/党员/中专	
	王艳东	副中队长	2006年1月	工人/党员/初中	
徐洪河管理站	高维呈	站长	2006年9月	聘干/党员/大专	
袁圩抽水站	高维呈	站长,副书记	2004年9月	聘干/党员/中专	
	蔡万阳	二中队副队长	2006年4月	工人/党员/初中	
新工抽水站（六中队）	朱维明	所长,中队长	2006年6月	干部/党员/大专	水政大队长
	王敦报	书记	2006年1月	工人/党员/高中	
	沈西胜	副站长	2003年9月	工人/党员/初中	
	陈正永	副站,副中队	2004年12月	工人/党员/初中	
	王万才	副中队长	2005年8月	中专	企业
	黄连生	副中队长	2003年3月	工人/高中	水政大队
民便河船闸	朱维明	所长	2006年6月	干部/党员/大专	兼
	戴计明	书记,副所长	2005年3月	工人/党员/初中	
	魏 强	副所长	2003年9月	工人/高中	袁圩站
古邳抽水站（五中队）	杨洪高	站长（兼）	2005年11月	聘干/党员/大专	
	杨洪玉	中队长,副书记	2006年9月	聘干/党员/大专	机井队
	徐士龙	副站长	2006年1月	工人/党员/高中	凌城站
	夏永亮	副中队长	2006年4月	工人/初中	清水畔水库
废黄河管理站	杨洪高	站长（兼）	2005年11月	聘干/党员/大专	
清水畔水库	唐成飞	所长	2006年9月	聘干/党员/高中	姚集水利站
庆安水库（四中队）	杨洪高	所长	2005年11月	聘干/党员/大专	
	王 平	副所长,副书记	2006年9月	工人/党员/高中	水建公司
	吴昌永	副所长	2004年12月	干部/党员/大专	
	陆宇宏	中队长	2006年9月	聘干/党员/中专	大队
	魏居凯	副中队长	2006年9月	工人/党员/高中	大队
高集抽水站（三中队）	朱 辉	站长,中队长	2005年11月	聘干/党员/大专	
	周 辉	副站长,书记	2006年1月	干部/党员/大专	古邳站
	任启东	副站长	2004年4月	工人/党员/高中	
	吕 超	副中队长	2005年8月	聘干/中专	水建公司

表 15-4（续）

单位	姓名	职务	任职时间	身份/政治面貌/学历	备注
徐沙河站（七中队）	丁宗隆	站长	2002年8月	聘干/党员/高中	魏集水利站
	张东品	中队长	2006年4月	工人/党员/初中	魏集水利站
	鲁荣刚	副中队长	2004年2月	工人/党员/大专	指导站
睢城闸	丁宗隆	所长,副书记	2004年4月	聘干/党员/高中	水利站
	戈树棠	书记	2004年4月	聘干/党员/大专	工程处
	王波涌	副所长	2006年4月	工人/党员/中专	沙集站
	涂朝华	副所长	1997年3月	干部/党员/高中	凌城站

表 15-5　水利系统（镇水利站）基层领导干部一览表

单位	姓名	职务	任职时间	身份/政治面貌/学历	备注
睢城水利站	韩修路	站长	1989年5月	聘干/党员/高中	
	徐尊跃	副站长	2006年9月	聘干/党员/高中	邱集水利站
王集水利站	姜跃	站长	2005年11月	聘干/党员/高中	
	王永	副站长	2005年11月	党员/本科	企业
	陈忠辉	副站长	2005年11月	工人/党员/本科	
桃园水利站	王正龙	站长	2005年11月	聘干/党员/高中	
	孙健	副站长	2005年11月	干部/中专	
	朱友富	副站长	2005年11月	高中	水建公司
岚山水利站	朱辉	站长	2006年9月	聘干/党员/大专	高集抽水站
	魏思瑞	副站长	2006年9月	党员/大专	水建公司
双沟水利站	戴斌	站长	2005年11月	党员/大专	水建公司
	董芬	副站长	2005年3月	干部/中专	
姚集水利站	唐成飞	站长	2006年9月	聘干/党员/高中	
	姚辉	供水分站副站长	2005年5月	党员/高中	水建公司
	陈召井	副站长	2004年4月	党员/高中	水建公司
	张士敏			工人/党员/高中	
魏集水利站	陈祥光	站长	2005年11月	聘干/党员/大专	
	高忠	副站长	2005年11月	干部/中专	
	魏兴民	副站长	2005年11月	聘干/党员/高中	古邳水
	杨勇	副站长	2006年1月	工人/党员/大专	庆安水

表 15-5（续）

单位	姓名	职务	任职时间	身份/政治面貌/学历	备注
梁集水利站	曹绪春	站长	2006 年 3 月	聘干/党员/大专	
	马 刚	副站长	2006 年 3 月	工人/党员/高中	
官山水利站	王功民	站长	2005 年 3 月	初中	企业
	王立刚	副站长	2006 年 4 月	干部/大专	
	岳 明	副站长	2004 年 4 月		企业
黄圩水利站	张延昭	站长	2005 年 11 月	大专	水建公司
	许春泉	副站长	2003 年 3 月	党员/高中	企业
	许光武	副站长	2003 年 10 月	党员/中专	企业
庆安水利站	庞红海	副站长	2006 年 9 月	工人/党员/中专主持工作	
	乔泽银	副站长	2006 年 9 月	聘干/党员/高中	
	袁 振	副站长	2005 年 3 月		企业
高作水利站	张青岩	站长	1999 年 10 月	工人/党员/高中	
	凌 云	副站长	2002 年 4 月	工人/党员/中专	庆安水利站
	刘小申	副站长	2006 年 1 月	干部/中专	
沙集水利站	高维呈	站长	2005 年 11 月	聘干/党员/大专	兼职
	袁 辉	副站长	2006 年 4 月	聘干/初中	
凌城水利站	朱 培	站长	2006 年 9 月	干部/党员/中专	
	魏鹏飞	副站长	2005 年 3 月	干部/中专	
邱集水利站	朱 超	站长	2005 年 11 月	聘干/党员/中专	
	陈光奎	副站长	2005 年 11 月	高中	企业
李集水利站	王行路	站长	2005 年 3 月	党员/大专	企业
	王 飞	副站长	2003 年 3 月		企业
	王共才	副站长	2006 年 4 月	党员/高中	
古邳水利站	黄继超	站长	2006 年 1 月	工人/党员/高中	
	伏怀金	副站长	2004 年 2 月	高中	企业
	钦林义	副站长	2004 年 4 月	干部/中专	

二、2010年水利职工汇总表

(一)行政编制人员表(表15-6)

表15-6　行政编制人员表

序号	姓名	职务	性别	文化程度	政治面貌
1	刘一凤	局长,党委副书记	男	本科	中共党员
2	杨　阳	党委书记,水源地管理办公室主任	男	本科	中共党员
3	杨　玲	副局长,副书记	女	大专	中共党员
4	张　超	副局长	男	本科	中共党员
5	卓　霏	副局长	女	本科	无党派人士
6	宋　文	副局长	男	本科	中共党员
7	徐俊伟	副局长	男	本科	中共党员
8	乔文迎	副局长	男	中专	中共党员
9	郭大民	副局长	男	本科	中共党员
10	刘宜辉	副书记,纪委书记	男	大专	中共党员
11	武家川	工会主席	男	大专	中共党员
12	汪恒杰	武装部长	男	大学	中共党员
13	徐少柏	主任科员	男	中专	中共党员
14	董　峰	副主任科员	男	大专	中共党员
15	郭宜方	副主任科员	男	大专	中共党员
16	梁　惠	退养	男	大专	中共党员
17	陈庆仪	退养	男	大学	中共党员
18	郑之高	退养	男	大专	中共党员
19	陈正响	退养	男	高中	中共党员
20	梁家常	退养	男	大专	中共党员
21	胡晓海	退养	男	中专	中共党员
22	翟太祥	科员	男	大学	

（二）水利局机关科室人员岗位一览表（表15-7）

表15-7　水利局机关科室人员岗位一览表

科别	责任人	岗位（任职时间）
人事科	卢建华	科长（2006年7月）
	张文娟	副科长（2010年5月）
	邱　硕	办事员
办公室	吴苏磊	主任（2010年5月）
	翟太祥	
	田步伟	办事员
	邱丽娜	办事员
	陆　川	办事员
防汛防旱办公室	郑之超	主任（2009年4月）
	刘　志	办事员
	张新扬	办事员
财务科（记账中心）	马　永	科长（2005年11月），局长助理（2009年8月）
	潘　锋	副科长（2003年11月）供水总站现金
	张　颖	办事员
	薛家园	办事员
	崔　萍	睢北河基建报账员
	宋　刚	办事员
	吕　群	办事员
	龙邦州	办事员
	杨　洁	办事员
水政科（法制办）	张　鑫	科长（2009年4月）
	马爱华	副科长（2003年11月）
农水科	周立云	科长（2009年4月）
	余希红	副科长（2010年5月）
	王良威	副科长（2005年11月）
	郭春玲	办事员
	胥明明	办事员
	张　健	办事员
	乔泽宝	办事员

表 15-7（续）

科别	责任人	岗位（任职时间）
规划基建科	王明甫	科长（2010 年 5 月）
	余家军	副科长（2003 年 11 月）
	周 辉	副科长（2009 年 4 月）
	徐 立	办事员
	赵海洲	办事员
工管科	潘 勇	科长（2003 年 11 月），副科级干部（2008 年 11 月）
	许 宁	办事员
综合经营办	魏 举	副主任（主持工作 2010 年 5 月）
	赵 云	
移民办	王甫杰	副主任（2009 年 4 月）
	吴 颖	报账员
	高 萍	办事员

另附局机关其他办公室（表 15-8）。

表 15-8　局机关其他办公室人员岗位一览表

科别	责任人	岗位（任职时间）
指导站	杨 军	站长（2009 年 4 月），局长助理（2010 年 3 月）
	卢建华	副站长（2004 年 12 月）
	邱 硕	副站长（2010 年 5 月）
监察室		
信访办	王波勇	主任（2010 年 5 月）
	成 刚	办事员
	沈 刚	办事员
计生办	刘 云	副主任（2005 年 6 月）
招商办	张新扬	副主任（2009 年 4 月）
安全办	王吉青	副主任（2008 年 5 月）
机关工会	马爱华	主席
团委	张 鑫	团委书记（2005 年 5 月）
妇联	马爱华	主任（2001 年 3 月）
后勤人员	李永才、沙景、胡居勇、夏旭华、王升、陈联、唐军、徐清平、李永松、汤建、汪文、路友林、杨艳玲	

（三）水利系统基层领导干部一览表(表 15-9)

表 15-9　水利系统(驻城单位)基层领导干部一览表

单位	姓名	职务	任职时间	身份/政治面貌/学历	备注
水利工程处	朱述义	主任	2005 年 3 月	干部/党员/大专	
	邵统宁	书记	2005 年 3 月	聘干/党员/大专	睢城闸
	朱洪先	副主任	1998 年 6 月	聘干/党员/大专	
	周 飞	副主任	1998 年 6 月	聘干/党员/大专	
	孙远科	副主任	2004 年 4 月	干部/大专	
	郭 鼎	副主任	2006 年 1 月	干部/党员/大专	
	王险峰	副主任	2009 年 2 月	聘干/专科	
	戴夫绍	工会主席	1996 年 4 月	工人/党员/大专	
水建公司	邵统宁	经理	2006 年 9 月	聘干/党员/大专	
	朱述义	副经理	2002 年 11 月	干部/党员/大专	
维修养护中心（内设非法人单位）	庞从美	主任、经理	2005 年 11 月	工人/高中	水建公司
	顾建中	副主任	2005 年 11 月	工人/大专	水建公司
机井队	吕 超	队长	2008 年 10 月	工人/中专/	水建公司
	刘江平	书记、副队长	2008 年 10 月	工人/党员/高中	
	沙 影	副队长	2005 年 8 月	工人/高中	
	杨洪玉	副书记	2009 年 2 月	聘干/党员/大专	
物资站	戈振超	站长	2005 年 3 月	干部/党员/大专	
	马保贵	书记	2005 年 3 月	聘干/党员/高中	
	李 忠	副站长	2005 年 3 月	工人/高中	
	倪 刚	副站长	2007 年 4 月	工人/高中	
	王 建	副站长	2007 年 4 月	工人/高中	
节水办	陈 杰	主任	2006 年 6 月	聘干/党员/高中	
	吕玉宏	书记	2009 年 4 月	聘干/党员/高中	指导站
	杜 达	副主任	1995 年 5 月	聘干/党员/中专	
	乔 强	副主任	2009 年 2 月	聘干/党员/专科	
	薛成亚	副主任	2009 年 4 月	聘干/高中	
	马远江	副中队长	2005 年 6 月	工人/党员/初中	
	王礼兴	副中队长	2005 年 6 月	工人/党员/高中	

表 15-9（续）

单位	姓名	职务	任职时间	身份/政治面貌/学历	备注
水费所	赵亚德	所长,书记	2006 年 6 月	干部/党员/大专	
	金海	副所长	2004 年 9 月	聘干/党员/高中	堤防所
	张鑫	副所长	2006 年 7 月	干部/党员/本科	局团委书记
	王辉	副所长	2009 年 2 月	干部/中专	
水政监察大队 河道管理所	胡居春	书记,副大队长	2006 年 6 月	聘干/党员/大专	节水办
	陈海东	副大队长(主持工作)	2009 年 2 月	干部/党员/中专	
	崔烂	副大队长	2009 年 2 月	聘干/党员/中专	
	刘杰	副大队长	2010 年 5 月	聘干/党员/大专	

表 15-10 水利系统(水管单位)基层领导干部一览表

单位	姓名	职务	任职时间	身份/政治面貌/学历	备注
凌城抽水站（一中队）	刘晓	站长,书记(中队长)	2006 年 9 月	聘干/党员/中专	
	任启东	副站长	2009 年 2 月	工人/党员/高中	
	司少波	副站长	2010 年 5 月	聘干/党员/本科	
新龙河管理站	刘晓	站长	2006 年 9 月	聘干/党员/中专	
潼河管理站	刘晓	站长	2006 年 9 月	聘干/党员/中专	
沙集抽水站（二中队）	柏立杉	站长,书记(中队长)	2010 年 5 月	聘干/党员/中专	
	沙琨	副书记	2005 年 8 月	工人/党员/中专	
	王艳东	副中队长	2006 年 1 月	工人/党员/初中	
徐洪河管理站	高维成	站长	2006 年 9 月	聘干/党员/大专	
	张朝斌	副站长	2007 年 4 月	工人/党员/高中	
袁圩抽水站	高维成	站长	2004 年 9 月	聘干/党员/中专	
	蔡万阳	二中队副队长	2006 年 4 月	工人/党员/初中	
新工扬水站（六中队）	朱维明	站长,中队长	2006 年 6 月	干部/党员/大专	
	赵强	书记(中队长)	2009 年 4 月	工人/高中	
	王龙	副站长	2009 年 2 月	工人/党员/高中	
民便河船闸管理所	朱维明	所长	2006 年 6 月	干部/党员/大专	兼
	赵强	书记,副所长	2009 年 4 月	工人/高中	
	魏强	副所长	2003 年 9 月	工人/高中	
	田超	副所长	2009 年 2 月	工人/党员/中专	

表 15-10（续）

单位	姓名	职务	任职时间	身份/政治面貌/学历	备注
古邳扬水站（五中队）	徐士龙	站长,书记（中队长）	2009 年 2 月	工人/党员/高中	
	夏永亮	副中队长	2006 年 4 月	工人/初中	
清水畔水库管理所（四中队）	戴 斌	负责人	2008 年 9 月	聘干/党员/大专	水建公司
庆安水库	吴昌永	副所长	2004 年 12 月	干部/党员/大专	
	王 平	副所长,副书记	2006 年 9 月	工人/党员/高中	水建公司
	王万里	副所长	2009 年 2 月	工人/党员/高中	
高集抽水站（三中队）	朱 辉	站长（中队长）	2005 年 11 月	聘干/党员/大专	
	杨 旭	书记,副站长	2007 年 4 月	工人/党员/高中	
徐沙河站（七中队）	倪艄林	书记,站长	2010 年 5 月	农民/党员/专科	
	张东品	中队长	2006 年 4 月	工人/党员/初中	魏集水利站
	鲁荣刚	副中队长	2004 年 2 月	工人/党员/大专	指导站
睢城闸	高维成	所长,书记	2009 年 4 月	聘干/党员/大专	
	王波涌	副所长	2006 年 4 月	聘干/党员/大专	

表 15-11 水利系统（镇水利站）基层领导干部一览表

单位	姓名	职务	任职时间	身份/政治面貌/学历	备注
睢城水利站	高维成	站长	2009 年 4 月	聘干/党员/大专	睢城闸
	武 静	副站长	2009 年 4 月	工人/专科	
	韩 阳	供水分站副站长	2009 年 4 月	工人/中专	水建公司
王集水利站	凌 云	站长	2010 年 2 月	工人/党员/中专	
	王 永	副站长	2005 年 11 月	工人/党员/本科	水建公司
	陈忠辉	副站长	2005 年 11 月	工人/党员/本科	
桃园水利站	王正龙	站长	2005 年 11 月	聘干/党员/高中	
	朱友富	副站长	2005 年 11 月	工人/高中	水建公司
	袁 振	供水分站副站长	2009 年 1 月		计划外人员
岚山水利站	朱 辉	站长	2006 年 9 月	聘干/党员/大专	高集抽水站
	沙少强	副站长	2009 年 2 月	干部/中专	
	刘 超	副站长	2009 年 4 月	工人/党员/高中	
	魏思瑞	供水分站副站长	2006 年 9 月	工人/党员/大专	计划外人员
双沟水利站	董 芬	站长	2010 年 2 月	干部/党员/中专	

表 15-11（续）

单位	姓名	职务	任职时间	身份/政治面貌/学历	备注
姚集水利站	戴 斌	站长	2008年9月	聘干/党员/大专	水建公司
	姚 辉	供水分站副站长	2005年3月	工人/党员/高中	计划外人员
	沈 跃	供水分站副站长	2009年9月	聘干/大专	计划外人员
	陈召井	副站长	2004年4月	工人/党员/高中	水建公司
魏集水利站	高 忠	站长	2010年2月	干部/中专	
	王殿臣	副站长	2005年11月		计划外人员
	杨 永	副站长	2009年4月	聘干/党员/大专	
梁集水利站	张延昭	站长	2009年11月	聘干/党员/大专	水建公司
	袁 辉	副站长	2009年4月	聘干/初中	
官山水利站	朱 培	站长	2010年2月	干部/党员/中专	
	岳 明	副站长	2004年4月	工人/初中	计划外人员
	许春泉	副站长	2003年3月	工人/党员/高中	计划外人员
	许光武	供水分站副站长	2009年1月	工人/党员/中专	计划外人员
庆安水利站	姜 跃	站长	2008年9月	聘干/党员/本科	
	盛新军	供水分站副站长（主持工作）	2010年5月	聘干/大专	水建公司
	王立刚	副站长	2009年4月	干部/大专	
	何光宇	供水分站副站长	2009年9月		计划外人员
高作水利站	孙 剑	站长	2010年2月	干部/大专	
	庞红海	副站长	2010年5月	聘干/党员/中专	
	刘小申	副站长	2006年1月	干部/中专	
	陈 亮	副站长	2010年5月	干部/大专	
沙集水利站	徐尊跃	站长	2010年2月	聘干/党员/高中	
	潘力久	副站长	2009年2月	干部/中专	
	王艳东	副站长	2009年2月	工人/党员/初中	沙集站
凌城水利站	曹绪春	站长	2010年2月	聘干/党员/大专	
	魏鹏飞	副站长	2005年3月	干部/中专	
	朱贤甫	副站长	2009年2月	工人/党员/中专	
	秦之元	供水分站副站长	2010年5月	工人/高中	计划外人员
	仝松太	供水分站副站长			

表 15-11（续）

单位	姓名	职务	任职时间	身份/政治面貌/学历	备注
邱集水利站	陈光奎	副站长	2008年9月	工人/高中	计划外人员
	张黎明	副站长	2009年2月	干部/中专	
	高献玉	副站长	2009年2月	工人/党员/初中	
	陈作涛	供水分站副站长	2009年2月		计划外人员
李集水利站	王行路	站长	2005年3月	聘干/党员/大专	水建公司
	王飞	副站长	2003年3月	工人/高中	计划外人员
	王共才	供水分站副站长	2006年4月	工人/党员/高中	计划外人员
古邳水利站	钦林意	站长	2010年2月	干部/大专	
	伏怀金	供水分站副站长	2009年9月		计划外人员

三、2015年水利职工汇总表

（一）行政编制人员表（表15-12）

表 15-12　行政编制人员表

序号	姓名	职务	性别	文化程度	政治面貌
1	薛静	局长,党委副书记	女	本科	中共党员
2	柏建余	党委书记	男	本科	中共党员
3	卓霏	副局长,县政协副主席	女	本科	无党派
4	张超	副局长	男	本科	中共党员
5	宋文	副局长,住建局副局长	男	本科	中共党员
6	徐俊伟	副局长	男	本科	中共党员
7	乔文迎	副局长	男	中专	中共党员
8	宋凯	副局长	男	本科	中共党员
9	高纪录	纪委书记	男	本科	中共党员
10	武家川	工会主席	男	大专	中共党员
11	汪恒杰	武装部长	男	本科	中共党员
12	郭宜方	副主任科员	男	大专	中共党员
13	徐少柏	退养	男	中专	中共党员
14	董峰	退养	男	大专	中共党员
15	陈庆仪	退养	男	大学	中共党员
16	陈正响	退养	男	高中	中共党员

表 15-12（续）

序号	姓名	职务	性别	文化程度	政治面貌
17	梁 惠	退养	男	大专	中共党员
18	梁家常	退养	男	大专	中共党员
19	翟太祥	科员	男	本科	
20	彭 慧	科员	女	本科	中共党员
21	李昆榕	科员	男	本科	共青团员

（二）水利局机关科室人员岗位一览表（表 15-13～表 15-15）

表 15-13　水利局机关科室人员岗位一览表（一）

科别	姓名	职务	任职时间	身份	政治面貌	学历	编制单位
人事科	杨 军	党委委员 局长助理，科长	2011年4月	聘干	中共党员	专科	水利技术指导站
	邱 硕	副科长	2014年12月	干部	中共党员	本科	水利技术指导站
	梁 玲	档案员		干部	中共党员	大专	庆安水库
	许凯娟	办事员		干部	预备党员	本科	水政监察大队
办公室	吴苏磊	主任	2010年5月	聘干	中共党员	中专	水政监察大队
	张东品	副主任	2015年3月	工人		初中	魏集水利站
	翟太祥	科员		公务员		大学	行政
	李奎松	副主任	2015年3月	干部		本科	
财务科（会计核算中心）	杨 洁	科长	2013年12月	干部	中共党员	本科	水利技术指导站
	潘 锋	副科长 供水总站现金	2003年11月	聘干	中共党员	本科	水政监察大队
	崔 萍	副科长	2011年4月	聘干	中共党员	大专	水政监察大队
	王万里	副科长	2014年2月	聘干	中共党员	高中	庆安水库
	龙邦州	会计核算中心副主任	2011年4月	聘干	中共党员	专科	睢城闸管理所
	张 颖	办事员		聘干	中共党员	大专	节水办
	吕 群	办事员		聘干		专科	县堤防管理所
审计科	王 辉	科长	2013年12月	干部	中共党员	本科	水费所
	王 莉	办事员	2014年4月	干部	中共党员	本科	水费所

表 15-13（续）

科别	姓名	职务	任职时间	身份	政治面貌	学历	编制单位
规划基建科	王明甫	科长	2010年5月	干部	中共党员	本科	水利技术指导站
	余家军	副科长（市局借用）	2003年11月	干部	中共党员	专科	水利技术指导站
	徐 立	副科长	2013年12月	干部	预备党员	本科	水利技术指导站
	赵海洲	办事员		干部		本科	水利技术指导站
	张 江	办事员		干部	中共党员	本科	水利技术指导站
安全生产科	王明甫	科长	2015年3月	干部	中共党员	本科	水利技术指导站
	徐 立	副科长	2015年3月	干部	预备党员	本科	水利技术指导站
供排水科	周 辉	科长	2012年4月	干部	中共党员	专科	凌城抽水站
	邱 波	办事员		工人		大专	供排水管网
	张 伟	办事员		干部		本科	水利技术指导站
	彭 慧	办事员		公务员	中共党员	本科	行政
城乡供水管理办公室	周立云	主任	2015年3月	聘干	中共党员	专科	水政监察大队

表 15-14　水利局机关科室人员岗位一览表（二）

科别	姓名	职务	任职时间	身份	政治面貌	学历	编制单位
农水科（水保办）	张 健	副科长（主持）	2015年3月	干部	中共党员	本科	水利技术指导站
	余希红	副科长	2010年5月	聘干		专科	水政监察大队
	郭春玲	副主任	2012年4月	干部	中共党员	专科	古邳扬水站
	乔泽宝	办事员		干部	中共党员	本科	节水办
	单小雨	办事员		干部		本科	水利技术指导站
	杨 君	办事员		公务员	中共党员	本科	行政
	李慧峰	办事员					水建公司
工管科	潘 勇	科长，副科级干部（2008年11月）	2003年11月	干部	中共党员	专科	水利技术指导站
	许 宁	副科长	2012年4月	干部	中共党员	本科	清水畔水库
	方林峰	办事员		干部		本科	水利技术指导站
	李昆榕	办事员		公务员		本科	局行政

表 15-14（续）

科别	姓名	职务	任职时间	身份	政治面貌	学历	编制单位
防汛防旱办公室	郑之超	主任	2009年4月	聘干	中共党员	专科	水费所
	刘志	办事员		聘干		高中	凌城水利站
	张新扬	办事员		干部	中共党员	本科	水政监察大队
水政科（法制办）	张鑫	科长	2009年4月	干部	中共党员	本科	水费所
	卢莉莉	办事员	2015年9月	干部		本科	高集抽水站
行政审批中心	袁文	办事员		干部		中专	节水办
移民办	王甫杰	副主任	2009年4月	干部	中共党员	中专	水政监察大队
	吴颖	报账员		干部		大专	古邳水利站
	高萍	办事员		干部	中共党员	中专	水政监察大队
监察室	王波勇	主任	2010年12月	工人聘干	中共党员	大专	睢城闸管理所
	成刚	副主任	2015年3月	工人聘干	中共党员	高中	袁圩抽水站
信访办	刘杰	主任	2012年4月	聘干	中共党员	大专	水政监察大队
	沈刚	办事员		工人	中共党员	高中	沙集抽水站
	路友林	办事员		工人		中专	水利技术指导站
	唐军	办事员		工人		高中	水利技术指导站
	纪德虎	办事员		工人		高中	水利技术指导站
宣传科	陈海东	科长	2013年7月	干部	中共党员	本科	水政监察大队
	余雅琪	办事员		干部	中共党员	本科	水利技术指导站
招商办	陆川	主任	2013年12月	干部	中共党员	大专	水费所
饮水安全办	庞红海	办事员		工人聘干	中共党员	中专	高作水利站

表 15-15　水利局机关科室人员岗位一览表（三）

科别	姓名	职务	任职时间	身份	政治面貌	学历	编制单位
黄河风景（房湾湿地）管理处	张鑫	主任	2015年3月	干部	中共党员	本科	水费所
河长制办公室	王吉青	主任	2015年3月	工人聘干		中专	水利技术指导站

表 15-15（续）

科别	姓名	职务	任职时间	身份	政治面貌	学历	编制单位
尾水导流管理处	卢生伟	副主任（主持）	2015年3月	工人	中共党员	高中	水费所
团委	陆川	团委书记	2012年4月	干部	中共党员	大专	水费所
	乔泽宝	团委副书记	2012年4月	干部	中共党员	大专	节水办
计生办	刘云	副主任	2005年6月	工人聘干	中共党员	中专	水利技术指导站
妇联	刘云	主任	2001年3月	工人聘干	中共党员	专科	水利技术指导站
保卫科	宋浩	负责人		工人	中共党员	高中	徐沙河管理站
	李永松	办事员		工人		职高	睢城闸管理所
	侯立岩	办事员		工人	中共党员	高中	睢城闸管理所
	徐辉	办事员		工人		职高	睢城闸管理所
小车班	胡居勇（借用物价局）、闫四海、夏旭华、邵其洲、王升、陈联、魏居凯、薛波						
后勤人员	杨艳玲、沙景、汪文、王之芳、李浩						

（三）水利系统基层领导（表15-16～表15-17）

表一 水利系统（驻城单位）基层领导干部一览表（略）

表二 水利系统（水管单位）基层领导干部一览表（略）

表 15-16 水利系统（水利站）基层领导干部一览表（一）

单位	姓名	职务	任职时间	身份	政治面貌	学历	编制单位
睢城水利站	张延昭	站长	2014年2月	聘干	中共党员	大专	水建公司
	武静	副站长	2009年4月	工人		专科	
	朱银刚	副站长	2012年4月	干部		中专	邱集水利站
	韩阳	供水分站副站长	2009年4月	工人		中专	水建公司
	朱波	供水分站副站长	2010年5月				水建公司
王集水利站	王永	站长	2015年3月	工人	中共党员	本科	水建公司
	陈忠辉	副站长	2005年11月	工人	中共党员	本科	王集水利站
桃园水利站	孙剑	站长	2013年7月	干部	中共党员	本科	高作水利站

表 15-16（续）

单位	姓名	职务	任职时间	身份	政治面貌	学历	编制单位
岚山水利站	王行路	站长	2014年2月	聘干	中共党员	大专	水建公司
	沙少强	副站长	2009年2月	干部		中专	岚山水利站
	刘 超	副站长	2009年4月	工人	中共党员	高中	岚山水利站
	魏 峰	副站长	2014年12月	干部	中共党员	大专	岚山水利站
	魏思瑞	供水分站副站长	2006年9月	工人	中共党员	大专	计划外人员
双沟水利站	魏 举	站长	2012年4月	干部	中共党员	大专	水政监察大队
	邵 广	副站长	2014年12月	干部		大专	庆安水利站
姚集水利站	戴 斌	站长	2008年9月	聘干	中共党员	大专	水建公司
	张 峰	副站长	2014年12月	干部		本科	
	姚 辉	供水分站副站长	2005年3月	工人	中共党员	高中	计划外人员
魏集水利站	陈 亮	站长	2015年3月	干部	中共党员	大专	高作水利站
	杨 永	副站长	2009年4月	聘干		大专	魏集水利站
梁集水利站	钦林意	站长	2014年2月	干部	中共党员	大专	古邳水利站
	宋 雷	副站长	2014年12月	干部		中专	高作水利站
官山水利站	朱 培	站长	2010年2月	干部	中共党员	中专	官山水利站
	许春泉	副站长	2003年3月	工人	中共党员	高中	计划外人员
	许光武	供水分站副站长	2009年1月	工人	中共党员	中专	计划外人员
庆安水利站	盛新军	站长	2012年4月	聘干		大专	水建公司
	武献峰	副站长	2002年4月	聘干		大专	庆安水利站
	张述明	副站长	2012年4月	工人	中共党员	大专	官山水利站
	庞红海	副站长	2010年5月	聘干	中共党员	中专	高作水利站
高作水利站	姜 跃	站长	2013年7月	聘干	中共党员	大专	庆安水利站
	姜恒超	副站长	2014年2月	聘干	中共党员	高中	沙集水利站
	倪 成	副站长	2012年4月	干部		中专	
	庞红海	副站长	2010年5月	聘干	中共党员	中专	高作水利站
	张新军	副站长	2014年12月	干部	中共党员	大专	高作水利站

表 15-17　水利系统(水利站)基层领导干部一览表(二)

单位	姓名	职务	任职时间	身份	政治面貌	学历	编制单位
沙集水利站	潘力久	站长	2012年4月	干部	中共党员	中专	
	沙 影	供水分站副站长	2012年9月	工人		高中	机井队
凌城水利站	董 芬	站长	2012年4月	干部	中共党员	中专	双沟水利站
	朱贤甫	副站长	2009年2月	工人	中共党员	中专	
邱集水利站	朱 辉	站长	2012年4月	聘干	中共党员	大专	高集抽水站
	张黎明	副站长	2009年2月	干部		中专	邱集水利站
	高献玉	副站长	2009年2月	工人	中共党员	初中	邱集水利站
	陈作涛	供水分站副站长	2009年2月				计划外人员
李集水利站	仝松太	站长	2015年3月		中共党员	中专	
	周保志	副站长	2012年4月	干部		中专	李集水利站
	王 飞	副站长	2003年3月	工人		高中	计划外人员
	王共才	供水分站副站长	2006年4月	工人	中共党员	高中	计划外人员
古邳水利站	魏鹏飞	站长	2014年2月	干部	中共党员	中专	凌城水利站
	吴 健	副站长	2014年12月	干部	中共党员	大专	古邳水利站
	钦 刚	副站长	2014年12月	干部	中共党员	大专	古邳水利站
	伏怀金	供水分站副站长	2009年9月				计划外人员
经济开发区水利站	高维成	站长	2014年2月	聘干	中共党员	大专	睢城闸
	周 静	副站长	2014年12月	干部	中共党员	本科	睢城水利站
现代农业示范区水利站	王立刚	站长	2011年4月	干部	中共党员	大专	庆安水利站
	银 聪	副站长	2014年12月	干部		本科	魏集水利站
桃岚化工园区水利站	朱银钢	副站长	2014年2月	干部		中专	邱集水利站

四、2020年水利职工汇总表

（一）水务局领导班子及行政编制人员表(表15-18)

表 15-18　水务局领导班子及行政编制人员表

序号	姓名	职务职级
1	王甫报	党组书记、局长
2	徐俊伟	党组副书记、副局长，二级主任科员

表 15-18（续）

序号	姓名	职务职级
3	刘彦菊	党组成员、副局长、三级主任科员
4	刘 峰	党组成员、县水务有限责任公司董事长
5	赵亚德	党组成员
6	朱 培	三级主任科员
7	张 超	四级主任科员
8	戈振超	县水务有限责任公司总经理
9	刘 晓	党组成员
10	汪恒杰	二级主任科员
11	许士斌	二级主任科员
12	杨 君	水资源管理科科长、四级主任科员
13	翟太祥	一级科员
14	柏 杨	试用期
15	柏建余	四级调研员
16	乔文迎	二级主任科员
17	高纪录	四级主任科员
18	武家川	二级主任科员

（二）水利局机关科室人员岗位一览表（表 15-19）

表 15-19　水利局机关科室人员岗位一览表

科室	姓名	职务	任职时间	身份	政治面貌
办公室	张 健	负责人	2020 年 1 月	干部	中共党员
办公室	翟太祥	科员		公务员	
办公室	沈 达	办事员		企业	
办公室	李 迎	办事员		企业	中共党员
办公室	刘 芳	办事员		企业	
办公室	邱 硕	副科长	2014 年 12 月	干部	中共党员
办公室	梁 玲	办事员	2015 年 12 月	干部	中共党员
办公室	邢志伟	办事员		企业	
档案室	杜 敏	办事员	2018 年 11 月	聘干	
档案室	薛 梅	办事员	2018 年 11 月	工人	

表 15-19（续）

科室	姓名	职务	任职时间	身份	政治面貌
财务科（会计核算中心）	王 辉	负责人	2015年12月	干部	中共党员
财务科（会计核算中心）	潘 锋	副科长、供水总站现金	2003年11月	聘干	中共党员
财务科（会计核算中心）	崔 萍	副科长	2011年4月	聘干	中共党员
财务科（会计核算中心，节水办）	张 颖	会计核算中心副主任	2015年12月	聘干	中共党员
财务科（会计核算中心）	吕 群	会计核算中心副主任	2018年3月	聘干	
财务科（会计核算中心）	刘冬梅	办事员		企业	
财务科（会计核算中心）	刘国地	办事员	2017年9月	干部	
审计科	潘 锋	负责人	2015年12月	聘干	中共党员
审计科	徐 红	副科长	2016年5月	聘干	中共党员
规划基建和信息监督科	赵海洲	负责人	2020年1月	干部	中共党员
规划基建和信息监督科	余家军	协助负责人	2003年11月	干部	中共党员
规划基建和信息监督科	王明甫	协调指导	2020年1月	干部	中共党员
规划基建和信息监督科	程 龙	办事员	2017年9月	干部	中共党员
规划基建和信息监督科	王浩然	办事员	2019年6月	干部	
质监站	张 鑫	负责人	2021年4月	干部	中共党员
质监站	汪 文	办事员		工人	
质监站	王梦玮	办事员	2017年9月	干部	
质监站	柏 杨	办事员	2020年9月		
质监站	蒋 卫	办事员			
供水和排水排污科（供排）	张 伟	负责人（正股）	2020年1月	干部	
供水和排水排污科	张 曼	负责人	2020年4月	干部	中共党员
供水和排水排污科	邱 波	副科长	2015年12月	工人	
供水和排水排污科	包赵华	办事员	2017年9月	干部	
农村水利和水土保持科（工程移民科）	徐 立	负责人	2021年4月	干部	中共党员
农村水利和水土保持科（工程移民科）	侯奥运	协助负责人	2020年1月	干部	中共党员
农村水利和水土保持科（工程移民科）	李思雨	办事员	2019年2月	干部	中共党员
移民办	单小雨	负责人	2017年6月	干部	中共党员
移民办	王子玉	办事员		干部	
工程运行管理科（黄河）	周 辉	负责人	2020年1月	干部	中共党员

表 15-19（续）

科室	姓名	职务	任职时间	身份	政治面貌
工程运行管理科	高 萍	副科长	2017年8月	干部	中共党员
工程运行管理科	陈 琳	办事员	2020年4月	干部	中共党员
水旱灾害防御调度中心	郑之超	负责人	2019年5月	聘干	中共党员
水旱灾害防御调度中心	王文浩	办事员	2017年9月	干部	
水资源管理科	杨 君	负责人	2019年5月	公务员	中共党员
水资源管理科	卢莉莉	办事员	2015年9月	干部	
行政审批中心	袁 文	办事员		局干	
河长制办公室	王吉青	负责人	2015年3月	聘干	
河长制办公室	李奎松	协助负责人	2020年4月	干部	中共党员
河长制办公室	窦 静	办事员	2017年9月	干部	
信访办	崔 烂	负责人	2020年4月	工人	中共党员
信访办	沈 刚	办事员		工人	中共党员
信访办	路友林	办事员		工人	
信访办	唐 军	办事员		工人	
信访办	纪德虎	办事员		工人	
信访办	赵 雷	办事员		企业	
信访办	张傲男	办事员		企业	
重点工作督查考核办公室	成 刚	副主任（正股）	2019年5月	工人	中共党员
从严治党主体责任办公室	侯奥运	负责人	2020年4月	干部	中共党员
机关工会	张 颖	主席	2019年3月	聘干	中共党员
机关党支部	张 健	书记	2020年4月	干部	中共党员
机关党支部	梁 玲	副书记	2015年12月	干部	中共党员
团委	张 健	团委书记	2017年9月	干部	中共党员
计生办	刘 云	副主任	2005年6月	聘干	中共党员
妇联	刘 云	主席	2015年1月	聘干	中共党员

（三）水利系统基层领导干部一览表（表 15-20）

表 15-20　水利系统基层领导干部一览表

单位	姓名	职务	任职时间	身份	政治面貌	学历	编制单位
黄河故道管理所	刘 晓	主持工作	2020年	聘干	中共党员	本科	凌城抽水站
黄河故道管理所	杨 军	副科级	2019年7月	聘干	中共党员	大专	黄河故道管理所

表 15-20（续）

单位	姓名	职务	任职时间	身份	政治面貌	学历	编制单位
黄河故道管理所	周辉	副所长	2015 年 12 月	干部	中共党员	本科	黄河故道管理所
黄河故道管理所	许凯娟	九级职员（副股）		干部	中共党员	本科	县黄河故道管理所
黄河故道管理所	徐东阁	副所长	2020 年 1 月	干部	中共党员	本科	县水源保护中心
水利技术指导站	王明甫	站长	2017 年 6 月	干部	中共党员	本科	县水利技术指导站
水利技术指导站	邱硕	副站长（正股）	2010 年 5 月	干部	中共党员	本科	县水利技术指导站
水利技术指导站	郭春玲	副站长	2021 年 4 月	干部	中共党员	本科	县尾水导流管理服务中心
水利技术指导站	赵海洲	九级职员（副股）	2017 年 7 月	干部	中共党员	本科	县水利技术指导站
水利技术指导站	张伟（供排）	九级职员（副股）	2017 年 7 月	干部		本科	县水利技术指导站
水利技术指导站	单小雨	九级职员（副股）	2016 年 12 月	干部	中共党员	本科	县水利技术指导站
水利技术指导站	徐立	九级职员（副股）	2014 年 4 月	干部	中共党员	本科	县水利技术指导站
水利技术指导站	张健	九级职员（副股）	2012 年 6 月	干部	中共党员	本科	县水利技术指导站
水利技术指导站	张曼	九级职员（副股）	2020 年 8 月	干部	中共党员	研究生	县水利技术指导站
水源保护中心	王万里	主任	2020 年 1 月	工人	中共党员	中专	县水源保护中心
水源保护中心	吴昌永	副主任	2014 年 8 月	聘干	中共党员	大专	县水源保护中心
水源保护中心	吴昌永	主任	2015 年 8 月	聘干	中共党员	大专	县水源保护中心
水源保护中心	徐东阁	副主任（兼）	2020 年 4 月	干部	中共党员	本科	县水源保护中心
水源保护中心	徐东阁	九级职员（副股）	2018 年 4 月	干部	中共党员	本科	县水源保护中心
水源保护中心	张鑫	九级职员（副股）	2019 年 5 月	干部	中共党员	本科	县水源保护中心
水源保护中心	侯奥运	九级职员（副股）	2020 年 8 月	干部	中共党员	本科	县水源保护中心
供排水管网管理处	许宁	主任	2018 年 3 月	干部	中共党员	本科	县尾水导流管理服务中心

表 15-20（续）

单位	姓名	职务	任职时间	身份	政治面貌	学历	编制单位
供排水管网管理处	杨旭	副主任,书记	2018年4月	工人	中共党员	中专	县高集抽水站
供排水管网管理处	马莉	副主任	2003年12月	干部	中共党员	本科	县供排水管网管理处
供排水管网管理处	刘良	副主任	2020年4月	干部	中共党员	本科	县供排水管网管理处
县尾水导流管理服务中心	周辉	主任,书记	2020年12月	干部	中共党员	本科	县黄河故道管理所
县水务有限责任公司	张彦军	副总经理	2020年11月	聘干	中共党员	大专	县水利工程水费管理所
自来水公司	张彦军	经理,书记	2011年6月,2012年4月	聘干	中共党员	大专	县水利工程水费管理所
自来水公司	姚元生	副经理	2011年7月	聘干	中共党员	初中	县水利工程水费管理所
自来水公司	陈辉	副经理	2013年12月	聘干		本科	县水利工程水费管理所
自来水公司	时伟	副经理	2017年8月	干部	中共党员	本科	县水利工程水费管理所
自来水公司	朱洪(红)任	副经理	2019年6月	工人	中共党员	高中	县水利工程水费管理所
自来水公司	高险峰	副经理	2020年8月	工人		高中	县水利工程水费管理所
水利工程处	郭鼎	副主任	2006年1月	干部	中共党员	本科	县水利工程处
水利工程处	张琨	副主任	2016年11月	干部	中共党员	大专	县水利工程处
水利工程处	鲁帮勇	副主任	2018年10月	干部	中共党员	大专	县水利工程处
水利工程处	杜永生	副主任	2018年10月	干部	中共党员	本科	县水利工程处
水利工程处	沈雪峰	党支部副书记	2019年5月	干部	中共党员	本科	县水利工程处
水利工程处	朱述义	享受正股级待遇	2020年1月	干部		本科	县水利工程处
水利工程处	王险峰	享受副股级待遇	2020年1月	聘干	中共党员	大专	县水利工程处
水建公司	戈振超	经理	2015年12月		中共党员	大专	
水建公司	赵传开	副经理	2018年10月	企业	中共党员	本科	水建公司

表 15-20（续）

单位	姓名	职务	任职时间	身份	政治面貌	学历	编制单位
水建公司	王行路	副经理	2019年3月	企业	中共党员	大专	水建公司
水建公司	张延昭	副经理	2019年3月	企业	中共党员	大专	水建公司
水建公司	李敬瑞	工会主席	2019年5月	企业		本科	水建公司
润田公司	陈作涛	经理	2021年4月	企业	中共党员	高中	计划外人员
润田公司	王森	副经理	2019年7月				润田公司
润通公司	王行路	经理	2019年3月	企业	中共党员	大专	水建公司
润通公司	沙影	副经理	2019年9月	工人		中专	县水利工程处
机井队	吕超	队长	2008年10月	企业		中专	水建公司
机井队	杨洪玉	副书记，副队长	2009年2月，2013年12月	聘干	中共党员	大专	县水利工程处
节水办	朱辉	主任	2018年4月	聘干	中共党员	本科	县高集抽水站
节水办	乔强	副主任（正股），书记	2009年2月，2018年4月	聘干	中共党员	本科	县节约用水办公室
节水办	杜达	副主任（正股）	1995年5月	聘干	中共党员	大专	县节约用水办公室
节水办	田步伟	副主任（正股）	2012年6月	干部	中共党员	本科	县节约用水办公室
节水办	黄义飞	副主任	2018年4月	工人	中共党员	中专	县节约用水办公室
节水办	张丹	九级职员（副股）	2013年12月	工人		大专	县节约用水办公室
节水办	葛斌	九级职员（副股）	2013年12月	工人	中共党员	高中	县节约用水办公室
节水办	袁文	九级职员（副股）	2017年7月	局干		大专	县节约用水办公室
节水办	乔泽宝	九级职员（副股）	2012年6月	干部	中共党员	本科	县节约用水办公室
水费所	郭春玲	所长	2021年4月	干部	中共党员	本科	县尾水导流管理服务中心
水费所	郑之超	九级职员（正股级）	2009年9月	聘干	中共党员	大专	县水利工程水费管理所
水费所	刘锁	副所长	2013年12月	干部	中共党员	本科	县水利工程水费管理所

表 15-20（续）

单位	姓名	职务	任职时间	身份	政治面貌	学历	编制单位
水费所	卢生伟	副所长	2012年6月	工人	中共党员	大专	县水利工程水费管理所
水政监察大队	周 亮	副大队长（主持工作）	2020年4月	工人	中共党员	大专	县水政监察大队
水政监察大队	陆宇宏	副大队长	2015年3月	聘干	中共党员	大专	县水政监察大队
水政监察大队	黄连生	副大队长	2018年3月	工人	中共党员	大专	县水政监察大队
水政监察大队	高 萍	九级职员（副股）	2016年12月	干部	中共党员	大专	县水政监察大队
水政监察大队	张新扬	九级职员（正股级）	2011年6月	干部	中共党员	本科	县水政监察大队
水政监察大队	刘 杰	副大队长	2010年5月	工人	中共党员	大专	县水政监察大队
水政监察大队	吴苏磊	九级职员（正股级）	2009年9月	聘干	中共党员	本科	县水政监察大队
水政监察大队	周立云	九级职员（正股级）	2009年9月	聘干	中共党员	大专	县水政监察大队
水政监察大队	刘 杰	享受正股级待遇	2020年4月	工人	中共党员	大专	县水政监察大队
水政监察大队	王甫杰	享受副股级待遇	2020年1月	干部	中共党员	大专	县水政监察大队
堤防管理所	邵 广	所长	2018年4月	干部	中共党员	大专	庆安水利站
堤防管理所	李 刚	副所长	2015年12月	工人	中共党员	高中	县堤防管理所
堤防管理所	刘 锁	副所长,副书记	2016年11月	干部	中共党员	本科	县水利工程水费管理所
堤防管理所	吕 群	九级职员（副股）	2018年4月	聘干		大专	县堤防管理所
凌城抽水站	王波勇	站长,书记	2019年3月	聘干	中共党员	大专	县古邳扬水站
凌城抽水站	王连章	副站长	2012年9月	工人	中共党员	初中	县凌城抽水站
凌城抽水站	薛 彬	副书记	2018年3月	工人	中共党员	高中	县高集抽水站
凌城抽水站	司少波	副站长	2011年6月	聘干	中共党员	本科	县凌城抽水站
袁圩抽水站	朱 超	站长	2018年4月	工人	中共党员	初中	县袁圩抽水站
袁圩抽水站	蔡万洋	副站长	2012年4月	工人	中共党员	初中	县袁圩抽水站

表 15-20（续）

单位	姓名	职务	任职时间	身份	政治面貌	学历	编制单位
新工扬水站	刘 晓	兼管	2019年3月	聘干	中共党员	本科	县凌城抽水站
新工扬水站	杨修忠	副站长，书记	2012年4月 2016年11月	工人	中共党员	大专	县新工扬水站
民便河船闸管理所	乔泽宝	所长，书记	2021年4月	干部	中共党员	本科	县节约用水办公室
民便河船闸管理所	田 超	副所长	2009年2月	工人	中共党员	中专	县民便河船闸管理所
民便河船闸管理所	朱端权	副所长	2012年4月	工人	中共党员	初中	县民便河船闸管理所
古邳扬水站	戚锦胜	副站长（主持工作）	2020年3月	工人		本科	县庆安水库管理所
古邳扬水站	刘 晓	站长	2015年12月	聘干	中共党员	本科	县凌城抽水站
古邳扬水站	刘 晓	书记	2015年12月	聘干	中共党员	本科	县凌城抽水站
古邳扬水站	胡 平	副站长（正股）	2019年3月	工人	中共党员	大专	
古邳扬水站	夏永亮	副站长	2012年4月	工人	中共党员	中专	县古邳扬水站
古邳扬水站	司马亚波	享受副股级待遇	2020年4月	工人		高中	县古邳扬水站
清水畔水库管理所	田步伟	所长	2018年3月	干部	中共党员	本科	县节约用水办公室
清水畔水库管理所	张新成	报账员	2011年1月	干部	中共党员	中专	县清水畔水库管理所
凌城灌区管理所（筹）	郭 建	站长	2020年4月	干部	中共党员	大专	沙集水利站
高集抽水站	郭 建	站长	2020年1月	干部	中共党员	大专	沙集水利站
高集抽水站	徐士龙	副站长（正股）	2019年3月	工人	中共党员	初中	县古邳扬水站
高集抽水站	（司马）朱 刚	副站长	2020年4月	工人	中共党员	高中	县古邳扬水站
睢城水利站	陈海东	站长	2016年5月	干部	中共党员	本科	县水政监察大队
睢城水利站	张东品	副站长（正股）	2019年3月	工人	中共党员	初中	魏集水利站
睢城水利站	韩 阳	供水分站副站长	2009年4月	企业		中专	水建公司

表 15-20（续）

单位	姓名	职务	任职时间	身份	政治面貌	学历	编制单位
睢城水利站	朱波	供水分站副站长	2010年5月	企业		高中	水建公司
睢城水利站	周静	副站长	2015年2月	干部	中共党员	本科	睢城水利站
睢城水利站	吴颖	副站长	2020年1月	干部	群众	本科	古邳水利站
王集水利站	王永	站长	2015年3月	企业	中共党员	本科	水建公司
王集水利站	陈忠辉	副站长	2005年11月	工人	中共党员	初中	王集水利站
桃园水利站	卢生伟	站长	2019年3月	工人	中共党员	大专	县水利工程水费管理所
岚山水利站	张新扬	站长	2020年1月	干部	中共党员	本科	县水政监察大队
岚山水利站	唐威	副站长（正股）	2018年4月	工人	中共党员	大专	沙集水利站
岚山水利站	沙少强	副站长	2009年2月	干部	中共党员	中专	岚山水利站
岚山水利站	刘超	副站长	2009年4月	工人	中共党员	高中	岚山水利站
岚山水利站	魏峰	副站长	2014年12月	干部		大专	岚山水利站
岚山水利站	史村	副站长	2020年4月	干部		大专	官山水利站
双沟水利站	张鑫	站长	2019年7月	干部	中共党员	本科	县水利工程水费管理所
双沟水利站	邵广	副站长	2016年3月	干部	中共党员	大专	庆安水利站
姚集水利站	陈亮	站长	2020年1月	干部	中共党员	本科	高作水利站
姚集水利站	宋雷	站长	2018年4月	干部	中共党员	大专	高作水利站
姚集水利站	田步伟	副站长	2018年3月	干部	中共党员	本科	县节约用水办公室
姚集水利站	刘峰	九级职员（副股）	2016年12月	干部	中共党员	大专	姚集水利站
姚集水利站	姚辉	供水分站副站长	2005年3月	企业		高中	计划外人员
魏集水利站	乔泽宝	站长	2020年1月	干部	中共党员	本科	县节约用水办公室
魏集水利站	银聪	副站长	2015年4月	干部	群众	本科	魏集水利站
魏集水利站	杨勇	副站长	2009年9月	工人	中共党员	大专	魏集水利站
梁集水利站	马永	站长	2016年12月	企业		本科	水建公司
梁集水利站	王小雷	副站长	2018年3月	干部	中共党员	本科	庆安水利站

表 15-20（续）

单位	姓名	职务	任职时间	身份	政治面貌	学历	编制单位
梁集水利站	袁辉	九级职员（正股级）	2014年4月	农民	中共党员	初中	梁集水利站
官山水利站	胡恒志	副站长（主持）	2021年4月	干部	中共党员	大专	邱集水利站
官山水利站	许春泉	副站长	2003年3月	企业	中共党员	高中	计划外人员
庆安水利站	张锋	站长	2016年5月	干部	中共党员	本科	古邳水利站
庆安水利站	王立刚	副站长（正股）	2016年3月	干部	中共党员	大专	庆安水利站
庆安水利站	卢妍	副站长	2020年1月	干部	中共党员	本科	高作水利站
庆安水利站	姜跃	享受正股级待遇	2020年1月	聘干	中共党员	大专	庆安水利站
高作水利站	刘峰	站长	2020年1月	干部	中共党员	大专	姚集水利站
高作水利站	吴建	站长	2018年4月	干部		大专	古邳水利站
高作水利站	陈亮	副站长（正股）	2016年3月	干部	中共党员	本科	高作水利站
高作水利站	倪成	副站长	2012年4月	干部	中共党员	大专	高作水利站
高作水利站	张新军	副站长	2014年12月	干部		大专	高作水利站
沙集水利站	潘力久	站长	2020年11月	干部	中共党员	中专	沙集水利站
沙集水利站	陈龙举	副站长	2020年1月	工人		本科	双沟水利站
凌城水利站	吴建	站长	2020年1月	干部		大专	古邳水利站
凌城水利站	郭建	站长	2018年4月	干部	中共党员	大专	沙集水利站
凌城水利站	朱贤甫	副站长	2009年9月	工人	中共党员	中专	凌城水利站
凌城水利站	周静	副站长	2020年11月	干部	中共党员	本科	睢城水利站
邱集水利站	倪艄林	副站长（主持）	2020年11月	农民	中共党员	本科	县堤防管理所
邱集水利站	张黎明	副站长	2009年2月	干部	中共党员	本科	邱集水利站
邱集水利站	高献玉	副站长	2009年2月	工人	中共党员	初中	邱集水利站
李集水利站	庞红海	站长	2019年9月	工人	中共党员	中专	高作水利站
李集水利站	周保志	副站长	2012年4月	干部	中共党员	中专	李集水利站
古邳水利站	钦刚	站长	2017年6月	干部	中共党员	本科	古邳水利站
金城水利站	朱银钢	站长	2018年4月	干部	中共党员	本科	邱集水利站
金城水利站	庄娜	副站长	2020年1月	干部	中共党员	中专	睢城水利站

表 15-20（续）

单位	姓名	职务	任职时间	身份	政治面貌	学历	编制单位
睢河水利站	银　聪	站长	2020年1月	干部	群众	本科	魏集水利站
睢河水利站	单昌文	副站长	2020年1月	干部	中共党员	大专	姚集水利站
睢河水利站	方　旭	供水分站站长	2020年11月	企业	中共党员	大专	水建公司

第十六章 人　　物

　　回顾中华人民共和国成立后的睢宁水利建设,睢宁县水利局作为睢宁县委治水参谋部,广大职工和技术干部爱岗敬业、长期拼搏,终于取得了今天的辉煌成就。水利职工往往是长期的甚至是终身地从事水利工作,是科学治水、保证治水方案实施连续性的基本队伍,是奋战治水第一线的尖兵。睢宁水利人爱岗敬业的精神代代相传,当今水利工作者仍继承和发扬水利人的传统作风。

第一节　睢宁水利人爱岗敬业的典范

　　中华人民共和国成立后70多年,水利战线优秀人物层出不穷,此处记载五例特别突出者,作为爱岗敬业的典型人物代表。

一、黄辉精神永放光芒

　　黄辉,江阴人,1944年生,1967年7月从扬州水利学校毕业后分配到睢宁县水利局,并终生在睢宁工作。他从技术员、工程股副股长到副局长,一直是技术骨干,1993年晋升为高级工程师,1999年初,获得"徐州市首批专业技术拔尖人才"光荣称号。黄辉一生追求创新,在水工结构方面创下睢宁水利史上多个"第一"。他毕业后接到的第一个工程是设计并负责施工新工抽水站,按常规抽水站机房都是矩形,而黄辉将机房设计成圆弧形,既节省了工程量又十分新颖,事后许多参观者都交口称赞;他在黄圩北潼河上设计钢丝网混凝土薄壳渡槽,钢丝网混凝土本来是用在闸门上,黄辉大胆引用到整个工程上;他在朱集北徐沙河上建干砌块石拱桥,干砌块石拱桥本来只能用在小沟小渠上,把它扩大标准引用到河道上,必须胆大心细才能做成;沙集以北徐洪河上8座60米跨度的混凝土刚架拱桥,这是睢宁水利建筑史上跨度最大的桥梁,是他配合市水利局工程师们设计;他在凌城灌区设计几座四角亭、单排井柱桩电灌站,既节省了工程造价又美化了农村环境。他注意总结经验,不断以实践为基础向理论上升华。曾经参加撰写《黄淮海平原中低产田地区综合治理与农业开发》《徐州市农水装配式建筑物》等多篇论文,分别获国家农业部特等奖及江苏省水利科技推广一等奖。黄辉的事业心极强,当私事和工作有冲突时他毫不犹豫地服从工作。爱人生育时早产、难产,爸爸因病在老家去世,他都因在工地忙于排除险情,坚守岗位,没有第一时间到家处理私事。黄辉严于律己,不谋私利,从不搞不正之风。他常把方便留给别人,困难却留给自己。水利业务必须经常在野外工作。由于生活极不稳定,长期风餐露宿,黄辉终积劳成疾,罹患严重胃病,继而发展为胃癌,于1999年5月21日不幸去世,终年55岁。黄辉病重去无锡女儿家休养,临行时交下了多年积累的大量技术资料,以后直到去世也没有见到他带走任何值钱的物品。他捧着一颗红心从江阴来,没带半根草从睢宁离去。黄辉病故后,中共睢宁县委号召全县党员干部大力学习和弘扬黄辉勤政为民、廉洁自律的公仆精神,恪尽职守、勇挑重担的敬业精神,严谨细致、真抓实干的务实精神,刚正不阿、一身正气的革命精神。此后,以各种文艺表演形式在县内外开展了一系列宣讲活动。以黄辉同志的事迹为素材创作了大型配乐诗朗诵《永远的辉煌》以黄辉的先进事迹创作的大型柳琴戏《今生无悔》,在县内外公演。省电台、省报,市电台、市报,都进行报道。黄辉的光荣事迹永远被铭记在人们心里,黄辉精神将永放光芒。

二、为水利事业做出特殊贡献典型人物

此处介绍李士益和张兆义两位光辉事迹。两位虽已作古,但其爱岗敬业精神永存。他俩不是水利大专、中专毕业生,只是文化水平低的普通职工,但凭着很强的事业心和自身的才干,在解决水利建设的关键问题上,发挥了不可替代的作用

(一)吊装技师李士益

李士益,高邮人。从小读过私塾,在苏南工作时上过夜校,没有正规学历。1959年因支援苏北到睢宁县水利局工作,20世纪五六十年代在局做采购员。计划经济时期的采购,就是拿着局的介绍信到上级有关部门领计划内的调拨单,然后到有关仓库或工厂去运水利建材物资。李士益工资低,生活很难苦,外出经常带点米借助旅馆的火炉烧点饭配点咸菜。原来县内水工建筑都是些小工程,民工抬沙石料,技工慢慢往上砌筑。到了20世纪70年代实行梯级河网工程,河沟标准扩大了许多,相应的桥闸建筑又高又大,建筑构件必须吊装才行。那时县里既没有吊装设备又没有吊装技术工人,正在困惑之际,李士益挺身而

出表示愿意承担此事。他先土法上马,搞木扒杆吊装,后恶补理论,自学力学等方面的书籍,边学边干,吊装技术逐渐提高。例如,木扒杆吊装,要使用粗大的独木扒杆,木头不够长就两根捆绑在一起;地上设地滑轮,上面设天滑轮,旋空用两门或三门滑轮组;没有起重动力,就用人工绞关推。后来条件有所改善,用人字扒杆,用电动卷扬机取代人力绞关。起先头能吊较小的工程,后来像沙集闸的闸门、工作桥,民便河船闸的人字闸门和检修钢闸门,凌城新龙河上60米大跨度的双曲拱桥等一些较大工程都能吊。这样既缩短工期又节省了工程经费。他常在工地,对土建工程的布局也能提很好的建议。他钻研机电知识,县里建几座抽水站,站厂房内机电安装他也能参与,甚至厂房内操作空间小,他也能帮助设计旋转圆形楼梯,以解上下操作之便。一些技术人员在设计、施工方面遇到疑难问题,都会找他商量。他的主业是吊装,渐渐成了水利建设上的多面手。李士益没有专业学历,开始局里只想给他报个技术师,从此就称他"吊装技师李士益"。后来局里特例给他报批工程师职称。起初人家以为他很保守,技术不传人,白天在工地,遇到人家请教他问题,他总是不言不语,自己摆弄。那时工地无论离县城多远,李士益都是骑车早出晚归,从不在工地过夜。后来才知道李士益是个在困难面前不低头的人,再难的事也是先接下来,然后再慢慢想办法。白天之所以不言不语是因为自己并没想明白。晚上回到家或找参考书,或写写画画,琢磨透了,第二天才动手干。他带的几个工人,后来都成为能独当一面的吊装能手,这说明李士益不是保守的人。他没上过专业学校,也没拜过师,而是边学边干,在摸索中求取上进。李士益带领几名吊装工人,组成吊装队伍。到了20世纪八九十年代,县乡镇工业大发展,一些城镇办工厂也会请他安装厂房和安装房内桁车等要件。退休后他依然干吊装工作,终老在睢宁。

(二)测算能手张兆义

从中华人民共和国成立初,水利局就有为开挖河道土方服务的特殊人群。他们的身份不是国家分配来的技术干部,他们的名称是工程员。他们工作是季节性的,有挖河工程时就招来,给少量补助钱粮,河工结束就回家还当农民,所以又被称为"临干"。别看这些人是临时人员,1949年建国初期水利部门年年挖河、长期挖河的环境下,没有这些自带干粮来干水利的人,水利局的业务就没法开展。张兆义就是这群人中的一个。这些人很辛苦,夏天要搞外业,进行河道测量。回到室内做内业搞计算,然后就要下工地放样施工。工程结束时,要竣工验收。寒冷冬天他们赤脚下水搞验收是常有的事。这些人干了大约20年,到20世纪70年代初,才有几个像张兆义一样被批准为水利局事业单位的正式工人,还有一些人一辈子都是临时工。

一般的工程员只是用仪器测高程,用皮尺量尺寸,算算土方数量,而张兆义是这群人中的佼佼者,他掌握了河工施工的全套技术。在测量河道时,他能用小平板仪测导线,画平面图。他长途测水准高程,先是测去一趟,回来再测一趟校对,如有小的误差他可以做平差计算。在做内业时,土方数量算好后,他能根据土质级别、挖深爬高、运土水平距离等综合因素算定额,计算工日数。这些都是专业学校学习的内容,张兆义一个小学毕业生,完成了技术员、工程师的工作。20世纪50年代,河道工程标准设计、测量、施工都是由工程师王凤悟领这些人做。20世纪60年代后,除了工程标准设计外,其测量、施工都由张兆义带领工人做。几十年人工扒河,河工开工前最难做的是分工方案。20多个公社(或乡镇)20多个施工段,要将工段长度、定额和工日数都要计算清楚。每次河工分工方案至少要编三次,还经常因工段调整又要多编几次。第一次是按睢宁县水利局研究的意见而做的,拿到睢宁县委去回报,按县里研究的意见,要重新再做方案。如有公社提合理化建议,县委同意工段进行局部调整,又要重新编方案。每年河工开工前,张兆义都要为编制施工方案而加班加点。测量后做内业算土方,多以珠算为计算工具,所以一般工程人员珠算水平都很高。张兆义用起算盘速度快而且精准。他多年做分工方案,到实地去放样从没出过差错,这与他熟练的珠算基本功不无关系。张兆义一辈子就干这一件事,而且干得很出色。

三、经常被表彰的先进工作者

一个人因某项突出贡献受表彰是常有的事,但一个人连续多年多次受表彰绝非易事。这样模范人物,必是事业心极强,常年一心扑在事业上,成绩卓著,领导满意,广大职工认可。每年评选职工都是举手表决,领导汇总上报,上级最终批准,才能成为受表彰的先进人物。

(一)相秉成

相秉成,女,镇江人,1967年7月从扬州水利学校毕业后分配来睢宁县水利局,2000年退休,终生在县局工作。她长期从事描图、晒图工作。负责设计制图的人很多,但加工描图只有她一人。往往设计图集中出来后,她经常加班加点赶制描图,她是水利局里经常加班的人。

描图、晒图是水利技术的基础工作,也是苦累的活。那年月,晒图需用氨水熏,氨水有异味,刺鼻难闻,伤及身体,相秉成工作多年,实属不易。她多年坚守岗位,在平凡的工作中做出不平凡的贡献。因表现突出,她曾多次受到市、县级表彰。由于工作勤奋,获职工好评,几乎年年被评为县里的先进工作者。她曾长期从事局技术档案管理工作,做过局工会负责人,也任过水利局人事股副股长。不管在何岗位,她工作都卓有成效,经常得到有关业务部门的好评或表彰。她曾参加市党代会一次,并被评为市优秀党员一次。多次参加县党代会,多次被评为县优秀党员。在县妇联活动中,被评为"百名女秀"之一。

(二)刘广吉

刘广吉年轻的时候就参加水利工作,是资格较老的水利工作人员。由于字写得好,又能写点文章,还会刻钢板、搞油印,所以当初多在水利工地编写快报、做宣传之类的工作。由于出色的表现,他还一度被安排在局里做文书收发工作。20世纪70年代初转正后,他长期做物资供应工作。改革开放后,他被安排做水利物资供应站站长。水利需用的物资、器材种类多,规格型号及产地也十分复杂。由于他长期从事水利工作,对水利常用材料的年需要量和泵站特需的构件都熟记于心,每年都能按季节准备充足的货源,满足全县水利建设需要。由于工作表现突出,刘广吉多次受到上级表彰为"先进个人",三次被市、县授予"模范党员"称号。

水利物资供应站成立之初,许多水利物资尚属计划供应范畴,改革开放后,由计划经济转为市场经济,水利工作也必须与时俱进,适应市场的需求。水利系统物资站率先"走出去",其经营范围从单纯在系统内经营改为向全社会搞营销。首先,积极开展以钢材、木材、水泥等各项建设用材为主的市场经营。其钢材、水泥销售誉满睢宁城乡。诸如县初期开发的威尼斯、新世纪、中国城、红叶小区、南苑小区等商业区和居民区,都使用物资站建材。当时县建筑业有过"要买好水泥,就到水利局,钢材质保规格全,还是水利物资站"的说法。市场开放后,经营钢材者甚多,其质量多没有保证。物资站坚持经营经过拉力试验的合格钢材,因声誉满全县,求购者甚多,不但一些建筑工地来进钢材,一些群众建房子也来购买,即使价格高点也愿意。该站经营各种规格型号的电机、水泵、变压器、闸门启闭机等百余类水利机械及配件,由于种类多,售后服务也能跟上,不仅满足本县需求,还销至周边宿迁、泗洪、泗县、五河等十多个县市。与上海、苏州、无锡、常州、镇江、扬州、泰州、高邮、宝应、淮阴、泗阳等地的一些单位有生意来往。

刘广吉带领物资站十几个人的团队,十来年时间营业额达两亿多元。不但加强自身建设,扩建办公、仓储、料厂地等设施,提高自身经营能力,还帮助水利系统一些下属单位搞经营,从而盘活了整个睢宁水利经济。其一部分效益还用来贴补工程经费,从而为县水利建设长足发展增强了后劲。按规定,刘广吉应在2000年退休,因水利经济工作需要,组织上挽留任职5年,直到2005年才准予履行退休手续。这在县水利系统是没有先例的。

第二节 省、市、县三级政府表彰的先进集体和先进个人

进入21世纪,是水利事业新的大发展时期。睢宁水利人不忘初心、牢记使命,在为实现"两个一百年"奋斗目标中,涌现更多、更优秀的先进人物。睢宁水利人的爱岗敬业的传统作风已经得到传承和发扬。

一、省级表彰

1999年12月,水政监察大队被评为"江苏水政监察工作先进单位",受江苏省水利厅表彰。

2004年,沙集水利站被评为"全省水行政执法工作先进单位",受江苏省水利厅表彰。

2005年12月,水政监察大队在全省"一江两道三湖"专项执法活动中被评为"先进单位",受江苏省水利厅表彰。

2005年3月,水政监察大队被评为"全省水行政执法工作先进集体",受江苏省水利厅表彰。

2012年2月,徐俊伟同志被评为"2011年度江苏省南水北调工程建设管理先进工作者"。

2012年7月24日,徐俊伟、周立云负责的睢宁县高效农业节水灌溉技术研究推广项目获江苏省水利厅"江苏省水利科技优秀成果三等奖"。

2016年11月11日,徐俊伟、周立云、张健负责的睢宁县农村生活污水处理技术研究与应用项目获江苏省水利厅"江苏省水利科技成果二等奖"。

2016年11月11日,徐俊伟、戈振超、周立云负责的睢宁县黄河故道流域水土保持研究与推广项目获江苏省水利厅"江苏省水利科技成果三等奖"。

2020年2月6日,张伟同志被江苏省水利厅授予"全省水利系统先进工作者"称号。

2020年12月,王吉青、窦静负责的睢宁县2018年度河湖和水利工程管理

范围划定项目2标段获"江苏省优秀测绘地理信息工程三等奖",受江苏省地理信息中心表彰。

2020年12月,王吉青、王明甫、张健参与徐州市睢宁县河湖和水利工程管理范围划定工作1标段获"2020年地理信息产业优秀工程铜奖",受中国地理信息产业协会表彰。

二、市级表彰

1999年4月,沙集水利站被评为"全市水利工程管理双十佳单位",受徐州市水利局表彰。

2000年5月,水政监察大队被评为"全市水政监察先进单位",受徐州市水利局表彰。

2004年4月,徐俊伟同志被徐州市政府授予"2001—2003年度徐州市劳动模范"称号。

2005年4月,水政监察大队被评为"2004年度全市水行政执法工作先进单位",受徐州市水利局表彰。

2005年8月,水政监察大队被评为"徐州市水行政执法知识竞赛二等奖",受徐州市水利局表彰。

2006年4月,水政监察大队获"2005年度全市水行政执法工作先进单位",受徐州市水利局表彰。

2007年3月,水政监察大队被评为"2004—2006年度全市水利党风廉政建设先进集体",受徐州市水利局党委表彰。

2008年4月,水政监察大队被评为"2006—2007年度全市水政监察工作先进集体",受徐州市水利局表彰。

2009年1月,徐俊伟同志在2008年度全市农村水利工作中成绩显著,被评为"先进个人"。

2011年4月,水政监察大队被评为"2010年度全市水务系统水政监察工作先进单位",受徐州市水利局表彰。

2011年4月,水政监察大队被评为"全市水务系统'五五'普法宣传工作先进单位",受徐州市水利局表彰。

2012年1月,徐俊伟同志在2011年度农村水利工作中,成绩显著,被评为"先进个人",受徐州市水利局表彰。

2012年5月,水政监察大队被评为"2011年度全市水务系统水政监察工作先进单位",受徐州市水利厅表彰。

2013年5月,王辉同志被徐州市政府授予"2010—2012年度徐州市劳动模范"称号。

2013年8月,张瑶在2013年徐州市自来水行业水质检验工职业技能选拔赛中获得第三名,受徐州市城市供水水质检测中心表彰。

2016年3月,徐俊伟同志被徐州市水务局评为首届徐州市"最美水利人"。

2019年3月,郭春玲被徐州市水务局评为第二届徐州市"最美水利人"。

2019年9月,张彦军参与建设的睢宁县地面水厂二期工程施工5标段获"2018年度'古彭杯'徐州市优质工程奖",受徐州市住房和城市建设局表彰。

三、县级表彰

1998年3月,武献云同志被评为一九九七年度绿化造林先进工作者,受睢宁县政府表彰。

2000年7月,沙集水利站被评为"1998—1999年度先进基层党组织",受睢宁县委表彰。

2002年7月,沙集水利站被评为"2000—2001年度先进基层党组织",受睢宁县委表彰。

2005年3月,武献云同志被评为2004年度全县安全生产先进工作者,受睢宁县政府表彰。

2006年6月,徐俊伟同志被评为"优秀共产党员",受睢宁县委表彰。

2006年10月,水政监察大队被评为"2001—2005年全县法制宣传教育先进单位",受睢宁县委、县政府表彰。

2006年1月,自来水公司被评为"2005年度建设系统先进单位",受睢宁县建设局表彰。

2007年2月,自来水公司被评为"2006年度建设系统先进单位",受睢宁县建设局表彰。

2009年9月,自来水公司获"国庆60周年歌咏比赛"第一名,受睢宁县建设局表彰。

2009年2月,自来水公司被评为"2009年度先进单位",受睢宁县建设局表彰。

2011年12月,自来水公司被评为"2011年度先进单位",受睢宁县建设局表彰。

2012年9月,自来水公司被睢宁县委表彰为"先进基层党组织"。

2016年6月,自来水公司被睢宁县委表彰为"先进基层党组织"。

2017年,睢宁县水利局被评为睢宁县"2016年度农业农村工作先进集体",受睢宁县委、县政府表彰。

2017年3月,自来水公司被评为"巾帼文明岗",受睢宁县妇联表彰。

2018年5月,自来水公司获睢宁县"2017年度'12345政府服务热线'工作先进单位",受睢宁县委、县政府表彰。

2009年12月,高崇被睢宁县建设局表彰为"先进个人"。

2011年12月,朱洪任被睢宁县住房和城乡建设局表彰为"先进工作者"。

2017年2月,张彦军在2016年度睢宁县城市建设管理工作中被评为"城市建设管理先进工作者",受睢宁县委、县政府表彰。

2018年,睢宁县委授予睢宁县水务局供排水科副科长张伟"新长征突击手"称号。

2019年1月,睢宁县水利局被评为"2018年第三季度红旗窗口单位",受县政务服务管理办公室表彰。

2019年3月,睢宁县水利局被评为"2018年度城市建设管理工作先进单位",受睢宁县委、县政府表彰。

2020年3月,陈辉获睢宁县"2019年度农业农村工作先进个人",受睢宁县委农村工作领导小组表彰。

第三节 主要技术骨干(高级职称)

徐俊伟,睢宁县水务局党组副书记、副局长,男,汉族,1970年11月出生,江苏睢宁人。1996年7月参加工作,2001年12月入党,本科学历,农田水利工程专业,副高级工程师。

周辉,睢宁县黄河故道管理所职工,男,1971年3月出生,江苏睢宁人。本科学历,水利水电工程专业,1994年10月参加工作,1997年7月入党,副高级工程师。

王明甫,睢宁县水利技术指导站职工,男,1972年6月出生,江苏睢宁人。本科学历,土木工程专业,1995年8月参加工作,2002年11月入党,副高级工程师。

余家军,睢宁县水利技术指导站职工,男,1967年7月出生,江苏睢宁人。

本科学历,农田水利工程专业。1988年8月参加工作,1998年12月入党,副高级工程师。

潘勇,睢宁县水利技术指导站职工,男,1970年3月出生,大专学历,电气技术专业。1991年1月参加工作,2001年12月入党,副高级工程师。

许宁,睢宁县尾水导流管理服务中心职工,男,1979年12月出生,江苏睢宁人。本科学历,土木工程专业,2000年1月参加工作,2012年入党,副高级工程师。

郭春玲,睢宁县尾水导流管理服务中心职工,男,1976年2月出生,江苏睢宁人。本科学历,土木工程专业,1997年10月参加工作,2000年11月入党,副高级工程师。

杜永生,睢宁县水利工程处职工,男,1976年7月出生,江苏睢宁人。本科学历,土木工程专业,1999年8月参加工作,2004年12月入党,副高级工程师。

鲁帮勇,睢宁县水利工程处职工,男,1974年9月出生,大专学历,水利工程专业、财务管理(工程造价)专业,1996年8月参加工作,2000年11月入党,副高级工程师。

沈雪峰,睢宁县水利工程处职工,男,1976年月出生,本科学历,财务管理(工程造价)专业,1996年9月参加工作,2003年11月入党,副高级工程师。

杨书海,睢宁县水利工程处职工,男,1966年11月出生,大专学历,土木工程专业,1988年7月参加工作,1996年11月入党,副高级工程师。

朱述义,睢宁县水利工程处职工,男,1965年2月出生,大专学历,土建类专业,1987年8月参加工作,2001年11月入党,副高级工程师。

彭阳,睢宁县节约用水办公室职工,女,1969年11月出生,大专学历,财税专业,1988年6月参加工作,1992年9月入党,副高级职称。

余希红,睢宁县水政监察大队职工,女,1963年8月出生,大专学历,工程施工专业,1983年4月参加工作,副高级工程师。

周立云,睢宁县水政监察大队职工,男,1963年10月出生,大专学历,1983年3月参加工作,1992年12月入党,副高级工程师。

郭建,睢宁县沙集水利站职工,男,1975年1月出生,大专学历,1996年12月参加工作,2011年12月入党,副高级工程师。

大 事 记

1998 年

1月9日，江苏省水利厅农水处处长周长全、徐州市水利局副局长马骏骥到睢宁县检查中低产田改造工程。

8月大雨，面平均月降雨410毫米，睢城雨量453毫米，最大雨量在高作534毫米。月降雨日数为17天。中旬雨量大，从13日23时至14日23时，县城雨量244.1毫米，为50年一遇暴雨。

8月14日，睢宁县委书记王玉柱、睢宁县县长张赴宁、睢宁县副县长王德奎、睢宁县水利局局长刘清明等到西南片查看水情灾情。桃园乡后台村王甄庄被淹。友谊大沟东堤形势紧张，徐州市防指调拨3只橡皮船抢险。夜里友谊大沟东堤失守。

8月15日，以高级工程师黄荣华为主的江苏省水利厅专家组抵达睢宁，检查汛情。

8月16日，徐州市委书记王希龙、徐州市市长于广洲到睢宁查看水情灾情。8月16日夜，江苏省政府姜副秘书长、江苏省水利厅副厅长徐俊仁到睢宁检查防汛抗灾工作。

8月18日，睢宁县委副书记贾宏芝召开潼河陈集堵口协调会。次日下午决口堵复。

8月19日，睢宁县水利局局长刘清明在清水畔水库组织大坝抢险。

9月2日，江苏省、徐州市水利部门到睢宁灾区慰问，江苏省水利厅捐款10万元，徐州市水利局捐款5万元。

冬季，睢宁县境内潼河全部疏浚。除涝5年一遇，防洪20年一遇。11月5日开工，上工18个乡镇，7万人，机械2600台套，12月15日土方工程竣工。

11月8日，睢宁县四套班子领导王玉柱、张赴宁、贾宏芝、余良瑞等在潼河工地义务劳动。

1999 年

1月12日,江苏省水利厅副厅长徐俊仁到县检查中低产田改造工程和潼河疏浚工程。

3月1日,睢宁县编委批准将"睢宁县水资源管理办公室"更名为"睢宁县节约用水办公室"。

3月1日,睢宁县编委批准成立"睢宁县水利工程水费管理所",和"睢宁县节约用水办公室"一套班子,两块牌子。

3月1日,睢宁县编委批准成立徐洪河、故黄河、徐沙河、新龙河、潼河5个堤防管理站,全民股级事业单位,隶属县堤防管理所领导。

9月下旬至10月中旬连续阴雨,影响水稻收割,三麦播种推迟。

冬,庆安水库管理所所属戴楼、顾庄两村,划归古邳镇。

12月上旬,故黄河疏浚工程开工,东从黄河西闸开始,西至房湾止,长7.1千米,土方为205万立方米,21个乡镇施工,上工10万人。

当年大干旱。1月至8月降雨514.8毫米,比同期多年平均雨量少286.2毫米。7月份、8月份持续56天高温无雨,相当于50年一遇大旱。9座中、小型水库有7座干涸,庆安、清水畔两水库均低于枯水位。睢宁县县管4座抽水站因河道无水可抽于8月16日全部停机。

当年工程管理防汛维修工程任务较重:

（1）小型水库消险。徐水管〔1999〕37号文件批准睢宁县列入消险的水库有:清水畔水库、锅山水库、土山水库、孙庄水库、二堡水库、大寺水库、梁山水库等。

（2）黄墩湖滞洪区安全建设。江苏省批准睢宁县黄墩湖区撤退道路3条,相应配套建筑物为36座,总经费为417万元。

（3）防汛应急工程。

① 沙集抽水站水毁工程。

② 沙集闸、凌城闸度汛应急维修工程。

③ 黄墩湖滞洪区古邳安全圩东门立交桥闸工程。

2000 年

7月,江苏省淮北重点地区中低产田改造领导小组组织江苏省水利厅、财政厅、农业资源开发局的负责同志和工程技术人员,对睢宁县"九五"中低产田改造工程建设情况进行了总体验收。经检查,工程达到合格等级,通过了省级总体验收。

9月,撤销工程股,成立农村水利科和规划基建科。

12月,根据有关文件精神,编制上报《睢宁县睢北河工程建设项目建议书》。

2001年

2月,江苏省发展计划委员会以苏计农经发〔2001〕241号文对《睢宁县睢北河工程建设项目建议书》给予批复。

10月,睢宁县副县长王德奎组织水利局相关人员对年度实施的故黄河治理工程房湾桥至峰山闸、陈王干渠至温白桥段编制施工方案和任务分解方案。

11月,徐州市水利局副局长宋冠川带领市相关科室负责同志和各县(市、区)分管副局长、科长到睢宁县检查学习中低产田改造和高效节水灌溉工程。

冬季,睢宁县委、睢宁县政府结合生态示范县建设对徐沙河城区段进行治理。

2002年

3月,张新昌同志任睢宁县水利局局长。

4月,根据《中共徐州市委、徐州市人民政府关于印发〈睢宁县人民政府机构改革方案〉的通知》(徐委发〔2001〕59号)和《中共睢宁县委、睢宁县人民政府关于印发〈睢宁县县级党政机关机构改革实施意见〉的通知》(睢发〔2002〕20号)有关规定,保留睢宁县水利局,为县政府工作部门。

6月,编制上报了《睢宁县睢北河工程可行性研究报告》。同年11月,江苏省发展计划委员会以苏计农经发〔2002〕1338号文给予批复。

10月,为配合睢北河工程建设,充分发挥睢北河效益,睢宁县水利局编制睢北河两侧2千米范围内农田水利工程规划,根据规划实施调整两侧灌排水系和相应配套建筑物工程。

12月,睢宁县委副书记贾宏芝组织水利局、财政局、宣传部、多管局和各乡镇主要负责人,就冬季农田水利建设工作召开专题会议,重点围绕西北片中低产田改造、睢北河沿线灌排水系调整、近年暴雨和干旱中出现的问题做出安排,要求宣传部门对冬季农田水利建设工作的意义加大宣传力度,提高群众参与建设的积极性。

2003 年

1月1日,睢宁县水利局在袁圩抽水站召开袁圩抽水站改制试点大会,会议由刘圩、梁集、魏集等水利站负责人以及袁圩抽水站全体人员参加。会上贯彻学习了江苏省政府水利工程管理体制改革文件及睢宁县水利工程管理单位改革设想,签订袁圩抽水站租赁协议书,租赁人高维成进行表态发言。

2月,完成《睢宁县2003—2007年县乡河道疏浚整治规划》的编制。

3月,启动睢宁县县乡河道疏浚整治工程。

7月,编制上报《睢宁县睢北河2003年度工程初步设计》。同年10月13日,江苏省发展计划委员会以苏计农经发〔2003〕1223号文予以批复。

11月,睢北河一期工程实施(故黄河堰下至梁庙枢纽),长度为17.4千米,开挖土方145万立方米、配套建筑物21座及沿线水土保持工程,批复投资为3831.98万元。

12月,小睢河城区段疏浚整治工程(中央大街至徐沙河)全面启动。

2004 年

4月,徐州市水利局安排睢宁县水利局编制凌城灌区规划,争取国家发展和改革委员会及水利部立项批复。

5月15日,水利部大坝安全管理中心组织专家对庆安水库三类坝鉴定成果进行了现场核查。

8月10日,徐州市水利局组织专家对庆安水库进行安全鉴定,并经水利部大坝安全管理中心审查。鉴定结论庆安水库大坝属三类坝,需进行除险加固,其相应配套建筑物进水闸、泄洪闸、南灌溉涵洞、西放水涵洞均鉴定为四类闸,需拆除重建。

宋湾枢纽于2004年建成。

11月,徐州市水利局召开会议安排各县(市、区)编制农村人畜饮水安全工程规划,睢宁县编制完成《睢宁县农村人畜饮水安全工程规划(2005—2010年)》。

2005 年

2月,全市农村河道疏浚整治工作现场会在睢宁召开。

10月29日,睢北河工程拆迁清障工作动员会议在睢宁县政府二招召开,睢宁县委副书记杨亚伟做重要讲话,副县长庄善忠主持会议。

10月30日,梁庙枢纽、邳睢路地涵工程开工建设。

11月10日,前袁闸工程开工建设。

11月11日,徐州市水利局局长冯正刚到睢北河进行实地检查指导。睢宁县委副书记杨亚伟陪同参与活动。

11月25日,江苏省水利厅厅长吕振霖率有关人员抵达睢北河工程施工现场,检查工程建设情况。徐州市委常委、睢宁县委书记蒋国星,徐州市副市长李文顺及睢宁县领导杨亚伟、陈继飞、庄善忠等陪同参与活动。

11月疏浚跃进河,从龙山闸至鲁庙闸段进行疏浚清淤(于2006年2月完工)。上工挖掘机4台套,机械施工。疏浚总长度为10.6千米,疏浚土方65万立方米,总投资为410万元。

12月7日,江苏省委第五巡视组副组长王军到睢宁县调研农村水利工作,江苏省水利厅党组成员、驻水利厅纪检组长朱泳富,徐州市水利局副局长宋冠川、纪委书记吴修勤,徐州市委常委、睢宁县委书记蒋国星,睢宁县委副书记、纪委书记刘刚等陪同参与活动。王军一行先后实地考察了白塘河清淤、官山荆西大沟、李集轴山大沟等县乡河道疏浚工程施工现场。

2006年

1月10日和7月6日,江苏省委副书记张连珍两次到睢北河工地视察,她在现场指示:"一定要高标准地建设睢北河工程,这项工程造福千秋万代,一要搞好绿化,二要加强管理,真正把睢北河建成一条风光带、景观带。"

2月下旬,睢宁县启动村庄河塘疏浚整治工程。

3月,睢宁县举办徐洪河徐沙段护坡工程。

3月下旬,梁山水库除险加固工程于正式开工建设,同年10月底完成工程建设任务,12月21日通过了水下部分阶段验收。

4月15日,开始施行《取水许可和水资源费征收管理条例》(国务院令第460号),睢宁县节水办年底着手新版《取水许可证》的换发工作(拟于2008年年底全面完成)。

6月1日,江苏省副省长黄莉新调研睢宁水利工作,在睢北河工地视察。

8月24日,江苏省水利厅对睢北河梁庙枢纽等四座涵闸工程水下部分阶段验收。

11月1日,庆安水库除险加固工程开工建设。

11月6日,徐州市水利局冯正刚局长来庆安水库检查指导工作。

11月20日,睢北河白塘河地涵工程开工建设。

11月22日,江苏省建设局副局长戴元峰、处长刘胜松,徐州市水利局副局长杨勇、基建处副处长周兴等领导一行来到睢北河工地现场视察工程施工情况,睢宁县副县长庄善忠陪同。

12月7日,江苏省水利厅原副厅长戴玉凯视察庆安水库工地。

2006年,黄墩湖滞洪区安全建设工程有:新建、改建、扩建撤退路4条,总长为16.412千米,配套桥梁13座,涵洞12座(该工程后于2007年12月初开工建设,2008年6月底完成)。

2006年,县水利局多次受奖:

(1) 水利局2006年、2007年连续两年被评为徐州市水利工作先进单位。

(2) 2006年度,睢宁县水利局被评为"人民武装先进单位""扶贫开发工作先进单位""睢宁县文明机关""旱厕改造工作先进单位"。

(3) 2007年度,睢宁县水利局成为河海大学大学生社会实践基地并获得城市建设贡献奖。

(4) 睢宁县水利局在县"金孔雀"杯乒乓球比赛中获得男子团体第四名。

2007 年

1月6日,江苏省水利厅副厅长陆永泉、江苏省水利工程质量监督总站站长黄海田、徐州市水利局副局长杨勇等一行对庆安水库除险加固工程进行调研。睢宁县人大主任贾宏芝、睢宁县副县长庄善忠等领导陪同。

1月30日,江苏省水利工程建设局总工陈志明、江苏省水利工程质量监督中心站肖志远、市水利局周兴处长等检查庆安水库除险加固工程安全生产工作。

2月12日,徐州市政府副市长刘兆勤在徐州市水利局副局长刘民、睢宁县副县长庄善忠及县直有关单位负责人陪同下检查视察庆安水库除险加固工程施工及安全生产情况,并在建设处召开会议。

3月10日,徐州市水利局局长冯正刚率领副局长杨勇、总工张元岭等在睢宁县委常委陈继飞、睢宁县政府副县长庄善忠的陪同下,到庆安水库除险加固工程工地调研施工情况。

4月7日,徐州市委常委、睢宁县委书记蒋国星,睢宁县委副书记杨亚伟等领导检查庆安水库除险加固工程建设进展情况。

4月20日,江苏省水利厅基建处赵曰平副处长、江苏省水利工程建设局副局长刘胜松检查庆安水库除险加固工程施工进展情况。

5月25日,睢宁县县长王天琦,副县长庄善忠、田传国、徐卫东及县直机关主要负责人视察庆安水库除险加固工程建设情况。

6月18日,徐州市水利局受江苏省水利厅委托,组织由省、市、县有关专家、领导和各参建单位组成的"睢宁县庆安水库除险加固工程通过水下工程验收委员会",对睢宁县庆安水库除险加固工程水下工程进行验收。验收委员会同意质量监督单位的质量评价意见,同意庆安水库除险加固工程通过水下工程验收,同意按灌溉要求蓄水。

7月,刘一凤同志任睢宁县水利局局长。

8月,庆安水库南放水涵洞铸铁闸门爆裂。

12月20日,黄墩湖滞洪区安全建设工程开工建设。

12月,为配合市局水资源管理信息系统建设,在市水资源处等业务部门的指导下,睢宁县节水办完成了水资源基础数据库录入等相关工作。

2008年

1月,徐州市水利局召开各县(市、区)水利局分管负责人会议,安排农村饮水安全工程相关工作,会后睢宁县核查上报全县农村饮水不安全人口数量、种类,并编制相关实施规划。

2月下旬,项窝水库除险加固工程正式开工建设。

4月,国家审计署对庆安水库除险加固工程进行专项审计。

5月29日,江苏省副省长徐鸣、江苏省水利厅厅长黄莉新调研庆安水库、项窝水库除险加固工程建设情况,徐州市副市长漆冠山、徐州市水利局局长冯正刚、睢宁县委书记王天琦陪同。

8月14日,江苏省水利厅对《睢宁县2008年度村庄河塘疏浚整治工程》进行省级验收。

12月6日,江苏省水利厅农村水利处副处长汤建熙、主任科员王滇红检查睢宁县2007年度农村饮水安全工程进度情况。

12月16日,中央水利部、科技部、发展和改革委员会、审计署联合检查组到沙集工地检查指导睢宁县年农村饮水安全工程施工情况,并提出指导意见。徐州市副市长漆冠山、市水利局局长冯正刚、睢宁县委书记王天琦陪同。

2009 年

2月,江苏省大型泵站更新改造工程规划上报工作启动,会后睢宁县上报古邳泵站、凌沙泵站更新改造规划,争取中央和省级资金。

小睢河地涵开工建设(小睢河与徐沙河交汇处)。

7月,徐州市水利局、江苏省水利勘测设计研究院召开南水北调徐洪河影响处理工程规划会议,会后睢宁县上报南水北调工程建设后对睢宁县徐洪河沿线乡镇的影响规划材料,并提出相关意见和建议。

11月13日,睢宁县长王军调研睢宁县农村饮水安全工程建设情况。

11月15日,徐沙河航道"六改五"升级改造工程开工,东起沙集2号闸,西至徐宁路桥西侧,全长11.55千米,总投资为640万元。2010年1月31日,徐沙河航道"六改五"升级改造工程完工。

2010 年

1月13日,江苏省水利厅农村水利处处长朱克诚、江苏省纪委驻水利厅纪检组长、农村水利处副处长汤建熙等一行调研睢宁县农村饮水安全工程建设情况。

2月20日,云河西段土方工程开工,自县法院东侧至104国道穿路涵洞处共3000米,4月20日全部完成,总投资约为350万元。

4月10日,城建工程城区的文学桥、红光桥、康盛桥、睢水桥、中山北路桥陆续开工建设,至年底全部完成,总投资约为1800万元。

5月14日,睢宁县人大常委会副主任蔡森带领驻睢的省、市、县人大代表到姚集镇八一村、睢城镇七井村、汤刘村调研农村饮水安全工程建设情况,并提出工程建设意见。

12月31日,江苏省水利厅副厅长张小马带领由江苏省水利厅、财政厅组成的农村河道疏浚整治工作验收组,对睢宁县农村河道疏浚整治工程进行整体验收。睢宁县县长王军、副县长赵李参加验收。

12月30至31日,江苏省水利厅在徐州召开庆安水库除险加固工程竣工验收会议。

12月,南水北调东线一期工程睢宁二站工程移民征迁工程启动。

12月,开展第一次全国水利普查。

是年治理县城区小沿河,并在小沿河入徐沙河口处建小沿河闸。

2011 年

3月,将局综合经营管理站更名为"睢宁县水源保护中心"。

4月,徐州市农村水利工程建设现场观摩会在睢宁召开

6月11日,民便河治理工程(邳睢段—花河5.9千米、民便河南支5.4千米)开工建设,次年5月20日完工,总投资为1891万元。

7月,南水北调东线一期工程睢宁二站工程开工建设。

9月15日,江苏省水利厅农村水利处副处长吉玉高带队检查我县农村河道疏浚整治工程,徐州市财政局、水利局参加检查,睢宁县领导郭梅陪同。

9月20日,老龙河下段治理工程(汤集闸至七咀段)开工建设,总投资为2799万元。

徐沙河(104国道至外环桥段)结合城区水环境改造对该段进行了治理。

12月3日,故黄河睢宁双沟段治理工程(铜睢界至宁宿徐高速公路2号桥)开工建设,次年7月20日工程完工,总投资为2584万元。

12月6日,江苏省水利厅农村水利处副处长汤建熙、主任科员王滇红在徐州市水利局农水处副处长李建忠陪同下视察、指导睢宁县农村饮水安全工程建设。

2012 年

2月12日,睢宁县发展和改革委员会以睢发改经济投自〔2012〕374号批复了《睢宁县沙集镇、邱集镇、官山镇、凌城镇区域供水工程项目建议书》。

3月,在睢宁县第十六届人民代表大会一次会议上,人大代表联名提出了《关于加大城区水系治理力度营造碧水流清生态环境》的1号议案。9月12日,代表们进行了第一次视察问政,实地察看了项目的建设现场,听取了"碧水清流"项目建设情况的汇报,与会代表进行了座谈、询问,提出了很多建设性的意见和建议。11月,睢宁县人大常委会对项目推进情况进行巡查活动,由人大常委会领导带队,分成三组对项目推进现场进行巡查,对照各个项目的推进计划,深入开展四问:问进度、问原因、问措施、问态度。

3月,江苏省水利厅"三解三促"调查组来睢宁县水利局调研了解情况。

4月,将睢宁县自来水公司归属变更为隶属于睢宁县水利局。

6月20日,徐州市水利局王文劲常委、李建忠副处长到魏集镇浦棠水厂、梁集镇刘圩水厂检查指导施工工作。

7月,高效农业节水灌溉技术研究推广项目获全省水利科技优秀成果三等奖。

11月,将睢宁县城河管理处更名为"睢宁县供排水管网管理处",隶属于县水利局。

11月,睢宁县水利局在农村河道疏浚工程建设评比中获先进单位。

11月,县水源保护中心成立。

11月,县供排水管网管理处成立。

11月,完成《睢宁县区域供水规划(2012—2020年)》编制。

12月,徐洪河(徐沙河至民便河段)河道扩挖工程开工建设,2013年5月10日通过竣工验收,总投资为1.2亿元。

12月,《睢宁县水利水务现代化规划(2011—2020)》编制完成并批复。

是年,治理老龙河上段(姚集公路至104国道段),长20.96千米,同时新建鲍滩节制闸和邱圩节制闸。

2013年

2013年设立睢宁县水务局,挂县水务局牌子,为县政府工作部门。

2012—2013年,睢宁城区水环境综合治理领导小组牵头启动实施"碧水清流"工程:截污管网检测、疏通、搭接工程,污水提升泵站维修工程,城南闸改建工程,内城河与小睢河贯通工程,城区河道连接工程等,以及城区排水专项规划、污水收集处理系统专项规划等。8月1日,睢宁县人民代表大会开展"百名代表"跟踪视察"碧水清流"活动。10月25日,睢宁县人民代表大会再次对"碧水清流"工程的实施情况进行视察问政。

1月18日,黄河故道中泓贯通2012年度工程(宁宿徐高速公路2号桥至峰山闸)开工建设,当年8月15日完工,总投资为1587万元。

2月,南水北调徐洪河影响处理工程睢宁县境内开工建设。

3月1日,老龙河上段治理工程(姚集公路至104国道)开工,当年10月8日完工,总投资为2790万元。

4月10日,城南闸站工程开工建设,2014年6月20日竣工,完成投资867.6万元。

4月29日,朱东闸除险加固工程开工,当年12月30日完成,总投资为1065万元。

5月,根据《中共睢宁县委 睢宁县人民政府关于印发〈睢宁县人民政府机构改革实施意见〉的通知》有关精神,设立睢宁县水利局,挂睢宁县水务局牌子,为睢宁县政府工作部门。

5月,薛静任睢宁县水利(水务)局局长。

7月19日,《睢宁县水利局(睢宁县水务局)主要职责内设机构和人员编制规定》(睢政办发〔2013〕88号文),确定供排水科为睢宁县水利(水务)局内设机构。

10月24日,徐州市"水更清"行动计划领导小组办公室组织开展对《睢宁县"水更清"行动计划实施方案》的评审工作。

10月28日,江苏省水利厅副厅长张小马调研黄墩湖滞洪区工程建设情况,徐州市水利局局长卜凡敬、睢宁县人大常委主任赵李陪同,并参加2013年江苏省水利厅黄墩湖滞洪区"爱心助学活动"。

12月20日,内城河清淤工程正式开工,清淤标准为河底高程为17.5～18.0米,河底宽度为7～18.5米,土方量约8万立方米。2014年1月25日通过竣工验收。同时对两岸12处损坏护坡进行维修加固,新建站墙50米,合计投资近600万元。

2014年

1月,徐沙河上段治理工程(源头大赵至埝头闸)开工建设,次年8月28日通过竣工验收,总投资约为2900万元。

1月10日,江苏省水利厅以苏水农〔2014〕11号文件《省水利厅关于农业综合开发睢宁县庆安灌区节水配套改造项目初步设计的批复》对工程建设批复。

3月20日,黄河故道干河治理工程(峰山闸至房湾桥、黄河西闸至徐洪河段)开工建设,总长为41.63千米,概算总投资为5.16亿元,省级补助为70%共3.6亿元,县配套30%,共1.56亿元,为历年投资之最。

3月27日,睢宁县人大常委副主任郭梅率领驻睢省、市、县人大代表视察我县农村河道和村庄河塘疏浚整治工程。

8月28日,睢宁县发改委以睢发改经济委〔2014〕82号批复了《睢宁县沙集镇、邱集镇、官山镇、凌城镇城乡统筹区域供水工程可行性研究报告》。

9月10日,睢宁县发改委以睢发改经济委〔2014〕83号批复了《睢宁县沙集、邱集、官山、凌城镇城乡统筹区域供水工程初步设计报告》。

9月28日,中央审计署南京特派办检查睢宁县农村饮水安全工程建设、资金使用及运行管理工作。

10月28日,徐沙河中段治理工程(埝头闸至田河口)开工,次年9月29日完成全部工程,总投资为2942万元。

11月10日睢宁县沙集、邱集、官山、凌城镇城乡统筹区域供水工程开工建设,2016年3月31日通过了合同项目完工验收。

11月15日,黄河东闸除险加固工程开工,次年11月20日工程完工,总投资为2117万元。

11月15日,杜集闸除险加固工程开工,次年5月30日完成,总投资为1333万元。

11月21日,徐沙河下段治理工程(外环路桥下—沙集闸)开工,长10.62千米,次年5月21日完成全部工程,总投资为2878万元。

12月11日,睢宁县自来水公司代表县政府与欧亚华都(宜兴)环保有限公司签订回购协议。回购工作完成后,睢宁县政府拨款800万元对地面水厂进行整改,2015年2月整改完成,重新恢复供水。

12月19日,睢宁县发展和改革委员会以睢发改服〔2014〕267号文件批复了睢宁县梁集、庆安、桃园镇城乡统筹区域供水工程项目建议书。

2015 年

1月20日,徐州市水利局副局长王艳颖、基建处处长杨翠萍来工地检查施工及安全。

1月21日,江苏省水利厅农村水利处副处长汤建熙,在徐州市局农村水利处处长尹伟陪同下视察、指导睢宁县农村饮水安全工程建设。

1月26日,睢宁县发改委以睢发改经济〔2015〕7号文件批复了睢宁县梁集、庆安、桃园镇城乡统筹区域供水工程可行性研究报告。

2月,睢宁县王集、岚山、李集、双沟镇城乡统筹区域供水工程开工建设,2017年2月17日通过了合同工程暨单位工程完工验收。

2月5日,江苏省水利厅厅长李亚平,徐州市副市长李荣启,徐州市水利局局长卜凡敬、副局长周兴、王艳颖,睢宁县委副书记、县长贾兴民,县人大主任赵李等及新闻媒体检查睢宁县水利工程。

2月16日,睢宁县发改委以睢发改服字〔2015〕39号文件批复内城河截污管线工程可行性研究报告书,该工程列入2015—2016年城建计划。

3月2日,睢宁县发改委以睢发改经济〔2015〕15号文件批复了睢宁县梁集、庆安、桃园镇城乡统筹区域供水工程初步设计报告。

3月5日,江苏润水建设工程有限公司注资1000万元,成立睢宁县润田水务有限公司。

4月14日,睢宁县政协主席刘礼春、副主席、政协委员等,副县长李曙光,在睢宁县水利局局长薛静的陪同下到水利工地检查工作。

5月11日,睢宁县发展和改革委员会以睢发改服字〔2015〕80号文件批复了睢宁县王集、岚山、李集、双沟镇城乡统筹区域供水工程项目建议书,以睢发改服字〔2015〕81号文件批复了睢宁县魏集、姚集、古邳镇城乡统筹区域供水工程项目建议书。

5月22日,睢宁县梁集、庆安、桃园镇城乡统筹区域供水工程开工建设,次年4月22日通过了合同工程暨单位工程完工验收。

5月25日,徐州市政府副市长漆冠山、徐州市水利局局长卜凡敬调研睢宁县农村饮水安全工程建设进度情况,睢宁县副县长李曙光、睢宁县水利局局长薛静陪同。

6月3日,睢宁县发改委以睢发改经济〔2015〕56号文件批复了睢宁县王集、岚山、李集镇城乡统筹区域供水工程可行性研究报告。

6月23日,睢宁县发改委以睢发改经济〔2015〕60号文件批复了睢宁县魏集、姚集、古邳镇城乡统筹区域供水工程可行性研究报告。

6月24日,睢宁县发改委以睢发改经济〔2015〕62号文件批复了睢宁县王集、岚山、李集镇城乡统筹区域供水工程初步设计报告。

7月16日,徐州市水利局领导查看现场及监理部检查指导工作,睢宁县水利局薛静局长陪同,对在安全、质量、进度方面提出一些具体要求;睢宁电视台到现场对各参建单位人员进行了采访。

8月,成立"睢宁县黄河故道管理所"。

8月11日,睢宁县发改委以睢发改经济〔2015〕73号文件批复了睢宁县魏集、姚集、古邳镇城乡统筹区域供水工程初步设计报告。

9月24日,徐州市水务局副局长吕刚协同市供排水处检查我县区域供水工程进度。

10月15日,新龙河治理工程(汤集闸至凌城闸)开工建设,次年5月完工,总投资为2989万元。

10月20日,老濉河治理工程(全段)开工建设,次年5月完工,总投资为2985万元。

10月25日,睢宁县王集、岚山、李集、双沟镇城乡统筹区域供水工程开工建设,2017年8月31日通过了合同工程暨单位工程完工验收。

10月29日,徐州市委督察室在市水务局陪同下检查我县区域供水工程进度。

10月30日,睢宁县发展和改革委员会以睢发改经济〔2015〕127号文件批复了睢宁县双沟镇城乡统筹区域供水工程可行性研究报告。

11月,2010—2012年小型农田水利工程重点县项目通过市级总体验收。

11月5日,睢宁县魏集、姚集、古邳镇城乡统筹区域供水工程开工建设,次年6月20日完成,次年10月29日通过了合同工程暨单位工程完工验收。

11月13日,睢宁县发展和改革委员会以睢发改经济〔2015〕142号文件批复了睢宁县双沟镇城乡统筹区域供水工程初步设计报告。

11月17日,江苏省住房和城乡建设厅党组成员、副厅长陈浩东到睢城镇、经济开发区、岚山镇检查我县农村饮水安全工程和区域供水工程进度情况,徐州市副市长漆冠山、徐州市水利局局长卜凡敬、睢宁县副县长李曙光陪同。

12月5日,高集闸除险加固工程开工建设,次年8月11日通过合同工程完工验收,总投资为1076万元。

12月7日,睢宁县副县长李曙光检查区域供水工程进度。

12月8日,徐州市水务局水资源处范荣亮副处长、农水处李建忠副处长来睢宁县检查区域供水工程进度情况。

12月,黄河故道干河治理工程全部完成(后利用结余资金又建设了刘庄橡胶坝和古邳送水河水源地保护工程)。

12月20日,凌城闸除险加固工程正式开工建设,次年12月28日工程完成,总投资为3507万元。

2016年

1月20日,睢宁县经发局以睢发改投〔2016〕6号文件批复了《睢宁县城东污水处理厂及污水收集管网工程项目建议书》。

2月19日,徐州市水利局领导检查区域供水工地,睢宁县副县长李曙光及睢宁县水利局局长薛静陪同。

2月24日,睢宁县发改委以睢发改投〔2016〕27号文件批复了《睢宁县城东污水处理厂及污水收集管网工程可行性研究报告》。

3月,睢宁县成立尾水导流管理服务中心。

3月1日,官山闸除险加固移址重建工程正式开工建设,次年8月5日完工,总投资为1252万元。

3月,徐俊伟同志被徐州市水务局评为徐州市首届"最美水利人"。

3月10日,睢宁县人民政府以睢政复〔2016〕4号文件批复了《睢宁县农村饮水安全巩固提升工程"十三五"规划》。

3月28日,内城河截污管线工程开工,12月28日完成通水试验。工程批准总概算为814.95万元,施工合同总价为524.56万元。

4月7日,江苏省水利厅下达睢宁县姚集镇八一村农民安置小区"美丽库区幸福家园"建设项目初步设计的批复,批复投资为1295.83万元。工程于2017年11月26日开工,2019年4月15日完工,2019年10月31日通过竣工验收。

4月13日,由徐州市人民政府组织的全市小型水利工程管理体制改革现场会在官山镇召开。

5月20日,睢宁县水利局召开"两学一做"学习教育暨作风建设大会。全体局领导、局机关及直属单位党组织负责人参加会议。

6月2日,睢宁县纪委书记徐军,在县水利局局长薛静的陪同下检查工程施工和防汛。

7月4日,睢宁县发展和改革委员会以睢发改投字〔2016〕160号文件批复了睢宁县区域供水与农村饮水安全对接工程项目建议书。

7月12日,中共睢宁县水利局召开代表大会,会议选出薛静、王辉、周辉3名同志代表睢宁县水利系统出席睢宁县第十三次党代会。

7月25日,水利局走进"政风热线"直播节目活动,水利局局长薛静带领相关科室负责人,就广大群众关心的水利、水务的热点、难点问题,与大家进行了面对面的交流。

8月9日,睢宁县委副书记王敏视察县水务工作并召开座谈会,睢宁县水利局党委书记、局长薛静及水利局相关领导陪同参加。

8月18日,举行地面水厂二期工程开工奠基仪式。

9月29日,睢宁县发展和改革委员会以睢发改投〔2016〕216号文件批复睢宁县原水输送工程项目建议书。

10月13日,江苏省水利厅建设局束东、陆泽群、陈晓东,徐州市水利局基建处处长王承芳进行工地施工安全飞检。

10月20日,沙集闸除险加固工程开工,2018年12月28日完工,总投资为2831万元。

12月15日,水利部工管司祖雷鸣专员,水利厅、水利局领导到徐洪河埋桩现场2标段预制场检查并指导工作。

12月底,高集闸除险加固工程完工,总投资为1076万元。

2017年

1月,王甫报任睢宁县水务局局长。

1月5日,睢宁县水利局邀请县委党校副校长刘志芹宣讲和解读了党的十八届六中全会精神。

1月11日,睢宁县发展和改革委员会以睢发改投〔2017〕6号文件批复了睢宁县城区供水完善工程项目建议书。

3月8日,睢宁县水利局组织举办"发挥三个作用,奋力比学赶超"主题演讲比赛。有16位选手参加了此次比赛。选手们声情并茂的演讲赢得了现场观众的阵阵掌声。

3月10日,睢宁县发改委以睢发改经济〔2017〕25号文件批复了睢宁县区域供水与农村饮水安全对接工程可行性研究报告,以睢发改经济〔2017〕26号文件批复了睢宁县原水输送工程可行性研究报告。

4月14日,江苏省水利厅陆泽群、陈晓东、沈炜皓,徐州市基建处处长王承芳等来工地安全飞检。

4月25日,睢宁县发改委以睢发改经济〔2017〕39号文件批复了睢宁县城区供水完善工程可行性研究报告。

5月5日,徐州市水利局副书记刘刚、农水处处长尹伟来睢宁县检查施工和防汛。

5月19日,睢宁县发展和改革委员会以睢发改投〔2017〕120号文件批复了睢宁县庆安水库水源地保护工程的项目建议书。

6月14日,江苏省水利厅副厅长叶健带队对徐州市"十二五"农村饮水安全工程进行总体抽验,上午抽验小组对睢宁县进行抽验。

6月15日,睢宁县委副书记王敏视察县水务工作,主要查看防汛防旱工作及河长制工作,睢宁县水利局党委书记、局长王甫报陪同。

6月27日,睢宁县发改委以睢发改经济〔2017〕61号文件批复了睢宁县城区供水完善工程初步设计报告。

6月28日上午,全市城乡一体化建设现场推进会在睢宁县召开,市委副书记杨时云、副市长毕云瑞、县委书记贾光民及市各县(市)区主要分管领导出席活动。

7月11日,睢宁县发改委以睢发改经济〔2017〕67号文件批复睢宁县农村饮水安全与巩固提升工程初步设计报告,以睢发改经济〔2017〕32号文件批复了睢宁县原水输送工程初步设计报告。

7月24日,睢宁县发改委以睢发改经济〔2017〕67号文件批复了睢宁县区域供水与农村饮水安全对接工程(区域供水完善工程)初步设计报告,以睢发改经济〔2017〕69号文件批复了睢宁县庆安水库水源地保护工程的可行性研究报告。

8月5日,官山闸除险加固移址重建工程完工,总投资为1252万元。

8月29日,睢宁县发改委以睢发改经济〔2017〕78号文件批复了睢宁县庆安水库水源地保护工程的初步设计报告。

11月2日,睢宁县农村饮水安全与巩固提升工程开工建设。

11月7日,睢宁县发改委以睢发改经济〔2017〕118号文件批复了睢宁县加压泵站工程的初步设计报告。

11月8日,江苏省水利厅以苏水建〔2017〕84号文件《省水利厅关于黄墩湖滞洪区调整与建设工程徐州市境内工程初步设计及概算的批复》对工程批复建设。

11月11日,古邳送水河水源地保护工程开工,次年4月19日完工,工程投资约为800万元。

11月17日,睢宁县区域供水与农村饮水安全对接工程(区域供水完善工程)开工建设。

11月17日,睢宁县城区供水完善工程正式开工。

11月20日,徐州市水利工程质量监督站站长田平魁等到现场查看工程质量情况。

12月6日,睢宁县水利局召开睢宁县区域供水与农村饮水安全对接工程调度会议,会议由王甫报局长主持。

12月18日,睢宁县发改委以睢发改经济〔2017〕127号文件批复了睢宁县梁集、庆安、桃园镇城乡统筹区域供水补充初步设计报告(梁集至刘圩)。

12月21日,睢宁县委书记贾兴民前往睢河街道、梁集、魏集、古邳、庆安实地调研全马赛道路况,睢宁县水务局党组书记、局长王甫报详细汇报了全马赛道沿线水系实际情况。

12月26日,江苏省水利厅下达睢宁县2016年大中型水库移民后期扶持结余资金项目古邳镇旧州村"美丽库区幸福家园"工程初步设计的批复,批复投资

509.48万元。工程于2018年4月1日开工,2018年9月15日完工,2019年10月31日,通过竣工验收。

12月27日,睢宁县地面水厂二期工程投入试运行并正式供水。

2018年

1月,2013—2017年农村河道疏浚工程通过市级总体验收。

1月,睢宁县黄墩湖滞洪区调整与建设工程开工建设。

2月,睢宁县梁集、庆安、桃园镇城乡统筹区域供水工程(梁集至刘圩)开工建设,7月11日通过了合同工程暨单位工程完工验收。

3月,江苏省水利厅副厅长叶健调研睢宁水利,庆安灌区项目通过市级验收。

3月6日,睢宁县委副书记、睢宁县县长朱明泉调研水利工作,副县长李曙光陪同。朱明泉先后深入创源污水处理厂、新水厂工程、庆安镇污水处理厂、庆安镇"美丽库区幸福家园"移民工程、古邳送水河整治工程、庆安水库水源地等地进行实地调研并召开座谈会,详细了解各项目进展情况。

3月10日,睢宁县加压泵站工程开工建设,11月30日完工,12月25日通过合同工程暨单位工程完工验收。

3月11日,黄河故道干河刘庄橡胶坝工程开工,次年6月全部完工,工程投资约为800万元。

3月15日,睢宁县庆安水库水源地保护工程正式开工建设。

4月10日,黄河故道后续工程(主要是治理魏工分洪道、新建黄河故道管理房)开工,次年年底全部完成,工程总投资为3087万元。

4月18日,睢宁县副县长李曙光等到睢宁县城区供水完善工程现场调度工程进度。

4月28日,徐州市水务局处长王洪民等到睢宁县城区供水完善工程施工现场检查指导工作。

5月3日,睢宁县副县长毛孝泉,城建指挥部主任苏良桥,高海峰等到城区现场调度工程进度。

5月23日,睢宁县人大视察睢宁县庆安水库水源地保护工程。

6月4日,睢宁县人大常委副主任徐卫东、副县长陈楚等到水利工地调度工程进度。

6月14日,睢宁县区域供水与农村饮水安全对接工程(区域供水完善工程)

通过了合同工程暨单位工程完工验收。

6月27日,江苏省水利工程建设局副局长刘胜松督查黄河故道后续工程施工建设情况。

6月27日,睢宁县总河长、睢宁县县长朱明泉,县副总河长、副县长李曙光带领县政府办、水利局、环保局、公安局、督查室等部门负责人调研防汛防旱及河湖"三乱"整治工作。

8月7日,江苏省水利厅移民办李桂林主任调研移民工程项目建设。

9月28日,睢宁县城区供水完善工程通过了合同工程暨单位工程完工验收。

10月12日,睢宁县疾控中心主任唐月娥查看睢宁县加压泵站工程进展情况。

10月15日,睢宁县水利局机关支部组织开展"不忘初心 牢记使命"主题教育集中交流研讨活动,局机关支部全体党员参加。

10月17日,睢宁县水利局党组书记、局长王甫报走进县人民广播电台"阳光政风热线"直播间,围绕群众关心的水务、水利的热点、难点问题与广大群众进行互动交流。

10月19日,睢宁县人大常委副主任郭梅等人大代表到水利工地查看工程进度。

10月31日,江苏水利工程建设局局长蔡勇、睢宁县副县长李曙光检查县水利工程进展情况。

11月20日,城建工程朱庄闸开工建设,次年11月10日完工,总投资为824万元。

12月11日,江苏省水利厅、财政厅在江苏省水利厅副厅长叶健的带领下,组成睢宁县庆安灌区农业综合开发节水配套改造项目核查组对庆安灌区进行省级核查。

12月,王吉青、魏来负责的睢宁县2016年、2017年度河湖和水利工程管理范围划定工程分获江苏省优秀测绘地理信息工程一等奖、二等奖,受江苏省测绘地理信息中心表彰。

12月28日,沙集闸除险加固工程完工,总投资为2831万元。

2019年

1月8日,通过了睢宁县农村饮水安全与巩固提升工程3、4标段合同工程暨单位工程完工验收。

2月26日,西沙河治理工程开工建设,次年年底完工,总投资为4179万元。

3月,郭春玲同志被市水务局评为第二届徐州市"最美水利人"。

3月,根据《市委办公室市政府办公室关于印发〈睢宁县机构改革方案〉的通知》(徐委办〔2019〕19号),成立睢宁县水务局,县水务局是县政府工作部门,为正科级。

3月7日,睢宁县副县长李曙光调研水利工程建设情况。

3月27日,睢宁县委书记贾兴民、副县长李曙光到水务局进行调研水务工作,对供水保障和水生态环境工作做出重要指示。

3月,睢宁县政府机构改革,经睢宁县委常委会研究决定,原中共睢宁县水利局党委改为中共睢宁县水务局党组。

4月3日,徐州市水务局以徐水汛〔2019〕10号文件《关于睢宁县农村基层防汛预报预警体系建设项目实施方案的批复》批复项目建设。

4月17日,睢宁县副县长李克武来水利工地调研。

6月,黄河故道干河刘庄橡胶坝工程全部完工,工程投资约为800万元。

6月14日,睢宁县副县长李曙光带领县财政局、机关工委(督查室)等相关部门负责人在水务局党组会议室召开全县重点水务工作推进会。

6月26日,江苏省水利厅纪检组处长卓晓琪、江苏省水利厅工程移民处乔娇娇等领导调研移民后扶工作。

8月19日,江苏省发展和改革委员会以苏发改农经发〔2019〕740号文件《省发展改革委关于江苏省淮河流域重点平原洼地近期治理工程初步设计的批复》对睢宁县境内工程批复建设。

8月29日,睢宁县庆安水库水源地保护工程通过了合同工程暨单位工程完工验收。

9月4日,江苏省水利厅副厅长朱海生、副县长李曙光等调研移民工程项目建设。

9月10日,江苏省水利厅以苏水建〔2019〕44号文件《省水利厅关于淮河流域重点平原洼地近期治理工程徐州市境内工程初步设计及概算的批复》对睢宁县境内工程批复建设。

10月,启动城北片区污水收集系统项目,计划近期铺设北环路污水收集主管网,近期实施总长度约为11千米,新建污水提升泵站2座,收集农业园区、高铁商务区以及宁江园区污水,经钢铁路进入城东污水处理厂管网系统,工程总投资为8323.98万元。

10月15日,睢宁县水利局机关支部组织开展"不忘初心 牢记使命"主题教育集中交流研讨活动,局机关支部全体党员参加。

10月17日,睢宁县水利局党组书记、局长王甫报走进睢宁县人民广播电台"阳光政风热线"直播间,围绕群众关心的水务、水利的热点、难点问题与广大群众进行互动交流。

10月31日,江苏省水利工程建设局局长蔡勇在睢宁县副县长李曙光的陪同下,检查睢宁县水利工程进展情况。

11月10日,城建工程朱庄闸完工,总投资为824万元。

11月30日,睢宁县农村基层防汛预报预警体系建设项目正式开工建设。

12月1日,睢宁县境内淮河流域重点平原洼地近期治理工程开工建设。

12月3日,淮河水利委员会建设局副处长王诗祥莅临黄墩湖洼地治理工程施工工地进行检查指导。

12月10日,徐州市水务局以徐水农〔2019〕55号文件《关于睢宁县凌城灌区节水配套改造项目实施方案的批复》对工程批复建设。

12月,成立"县防汛防旱抢险中心",次年7月,变更为睢宁县应急管理局下属事业单位。

12月23日—25日,江苏省南水北调办公室在睢宁县组织召开南水北调睢宁县尾水资源化利用及导流工程竣工验收技术性初步验收会议,南水北调睢宁县尾水资源化利用及导流工程通过技术验收。

2020年

1月14日,睢宁县水务局召开系统学习中纪委四次全会精神暨警示教育大会会议,睢宁县纪委派驻六组组长吴恒科同志解读习近平总书记在十九届中央纪委第四次全体会议上的重要讲话精神并发表警示教育讲话,睢宁县水利局党组书记、局长王甫报发表《肩膀要硬 心胸要宽》主题讲话。

1月15日,睢宁县水库移民安置村环境综合整治项目经江苏省水利厅下达初步设计批复,批复资金703.74万元,工程于2019年4月22日开工,同年10月15日完工,2020年11月20日通过竣工验收。

1月18日,徐沙河环境整治工程(小沿河至徐宁路)开工,当年完工,工程总投资为3062万元,1月18日,城建工程项目现场观摩会召开,睢宁县委、县政府主要领导均参加观摩。

1月22日，睢宁县水利局党组书记、局长王甫报主持召开班子会，各科室负责人列席，主题为调度工作，如节假日期间如何安排、节后如何开展工作等。

2月12日，睢宁县副县长李曙光到我局检查新冠肺炎疫情防控工作。

2月16日，鲁庙闸开工建设，当年完工，工程总投资为1450万元。

2月25日，朱西闸开工建设，当年完工，总投资为1482万元。

3月6日，睢宁县水利局党组书记、局长王甫报在县委中心组学习会上领学《关于进一步强化河长湖长履职尽责的指导意见》暨睢宁县河湖长制工作情况。

4月14日，睢宁县委副书记朱韶伟到睢宁县水利局召开座谈会，调研指导水务工作。

4月28日，江苏省水利工程建设局蒋建云、陈晓东及市局王承芳处长、李宁对鲁庙闸开展安全生产"飞行检查"。

5月12日，睢宁县县长薛永主持召开防汛抗旱、河长制、农村水环境提升工作会。

6月2日，江苏省水利厅副厅长叶健调研睢宁农村水利和农业水价综合改革工作。

6月4日，睢宁县水利局党组书记、局长王甫报走进睢宁人民广播电台"政风行风热线"专题节目，就群众关心问题进行解答。

6月14日，江苏省水利厅下达睢宁县古邳镇移民集中居住区综合整治项目初步设计批复，批复投资614万元，工程于2019年8月26日开工，2020年6月2日完工，2020年6月29日通过完工验收。

6月15日，江苏省住房和城乡建设厅组织专家现场调研指导城东污水厂运行。

6月底，城东污水处理厂投入试运行，试运行期间日处理污水近1.8万吨，稳定达标排放，大幅提升了城区水环境质量。

7月，江苏省水利厅副厅长朱海生调研睢宁黄墩湖洼地治理工程建设。

7月1日，江苏省水利厅束东、邓燎在睢宁县水利局局长王甫报的陪同下，检查施工工地安全度汛和超大警戒洪水应急预案。

7月29日，江苏省水利厅副厅长朱海生调研鲁庙闸工程。

8月12日，江苏省水利厅二级巡视员张春松检查鲁庙闸工程。

10月21日，江苏省水利厅移民处处长张树麟，在睢宁县副县长李曙光陪同下，到全省水库移民后期扶持工作会议现场观摩。

10月21日，睢宁县水利局局长王甫报陪同江苏省住房与城乡建设厅副处长何伶俊、主任葛其龙,徐州市水务局领导对睢宁县城市供水安全保障工作进行考核。

10月30日,白塘河地涵开工建设,当年完成底部工程,总投资为4007万元。

11月2日,睢宁县县长李曙光对睢宁县城市供水安全保障省级考核后整改工作进行现场检查。

11月25日,胡滩闸和四里桥闸开工建设,胡滩闸投资1901万元,四里桥闸投资1691万元。

11月27日,徐州市水务局以徐水农〔2020〕82号文件《关于睢宁县高集灌区续建配套与节水改造实施方案(2021—2022)的批复》对工程批复建设。

12月11日,南水北调睢宁县尾水资源化利用及导流工程通过竣工验收。

12月25日,睢宁县农村基层防汛预报预警体系建设项目合同工程完工。

12月,新龙河二期(魏陈大沟—汤集闸)治理工程申报成功,总投资为6458万元,年底完成招标。

12月,农业水价综合改革通过省级验收。

2021年

1月30日,黄墩湖滞洪区调整与建设工程完工验收。

2月,睢宁县委书记苏伟先对菁华路官网疏通检测点进行调研,苏书记仔细观看了检测仪器的变化,询问了检测的重点难点,并对相关工作提出要求。

2月5日,新龙河二期治理工程凌城闸至徐洪河段通过水下验收并通水。

3月12日,睢宁县高集中型灌区节水配套改造项目完成各项施工准备工作,正式开工建设。

4月23日,新龙河二期治理工程魏陈大沟至汤集闸段通过水下验收并通水。

5月7日,四里桥闸除险加固工程通过水下验收并通水。

5月9日至11日,江苏省水利厅、财政厅联合组织第三方机构对睢宁县2020年度农村生态河道建设、农田水利管护进行绩效评估考核。

5月10号,省级第三方对睢河辖区6条生态河道进行现场验收。

5月19日,江苏省水利厅联合新浪微博"大V"行在睢宁开展"水韵江苏 幸福'移'居——寻找水库移民乡村振兴先行村"现场采风活动。

5月20日,胡滩闸、白塘河地涵除险加固工程通过水下验收并通水。

5月25日，新龙河二期治理工程汤集北闸通过通水检查验收并通水。

6月4日，睢宁县凌城中型灌区节水配套改造项目完工验收。

6月10日，徐州市水务局污水处理提质增效专项组来睢检查2021年度睢宁县城镇污水处理提质增效工作开展情况及汛前排水防涝工作开展情况。

6月22日，徐州市水务局以徐水农〔2021〕18号文件对睢宁县2021年度农村生态河道建设实施方案进行批复，治理新源河6.5千米，新源河投资概算为59万元。

1月至7月，气象情况整体偏差。1月至7月累计降水量为879.5毫米，6月13日8时至6月15日8时普降大雨，面上平均降水量为121.95毫米，邱集镇最大降水量达149毫米。7月，受第六号台风"烟花"影响，26日上午至29日下午，降水量达到暴雨和大暴雨、局部特大暴雨。"烟花"登陆期间，全县累计平均降水量为149.8毫米，最大降雨点在沙集镇，降水量为209毫米。此次降雨强度大，并伴有大风，由于提前预降河、库水位，时刻关注客水水情，科学调度，未产生较大灾害。

7月16日，睢宁县委书记苏伟调研城区防汛工作。

7月26日，睢宁县县长张晨在睢宁县水务局10楼防汛防旱会议室召开防御台风"烟花"的工作会议。

7月27日，睢宁县委书记苏伟主持召开全县防疫防汛工作调度会议。

7月28日夜间，睢宁县委书记苏伟带领有关工作人员奔赴睢河街道和梁集镇交界处韩庄中沟、高作镇曹庄村高东大沟、凌城镇凌城闸、城区睢梁河北辅道等地，详细了解台风过境造成的影响、睢宁未来天气情况，以及河道蓄水水流水位变化、应急预案、防汛物资储备、值班值守等情况。

8月3日，国家水利部、发展和改革委员会以水规计〔2021〕239号文件《水利部　国家发展和改革委员会关于印发"十四五"重大农业节水供水工程实施方案的通知》，将凌城大型灌区列入国家"十四五"重大农业节水供水建设项目。

8月27日，睢宁县农村基层防汛预报预警体系建设项目竣工验收。

2021年水资源管理工作：

（1）以优异成绩通过江苏省水利厅最严格水资源管理考核监督检查。

（2）睢宁县政府制定《睢宁县国家级县域节水型社会达标建设方案》，并开展国家级县域节水型社会达标建设创建工作。

（3）按照《睢宁县"五水引领"构建生态水美格局实施方案》高标准水效领跑工程。

（4）制订并实施《睢宁县取水工程（设施）规范化管理工作实施方案》，按照"三规范、二精准、一清晰"（工程建设规范、取水行为规范、档案台账规范；取水计量精准、监控传输精准；标志标识清晰）的要求，以非农取水工程（设施）为主，开展全县取水工程（设施）管理规范化管理，不断提升我县水资源管理水平。

　　（5）按照省级节水教育基地、水情教育基地创建标准，完成睢宁县省级节水教育基地，省级水情教育基地建设工作，并申报创建。

　　（6）编制《睢宁县地下水利用与保护规划》。

附　录

附录共八篇,含三个内容:附录一至附录六是对上期水利志(2000版)的补充、完善、纠错;附录七是记录1998年8月14日徐洪河堤发生管涌、沙集抽水站被淹的事故调查;附录八节录睢宁县"十四五"水务发展规划,备后人再续写水利志便于衔接,其有些规划项目还待最后审定。

附录一　睢宁水系演变简述

睢宁水系演变,1194年黄河侵泗夺淮是其重大转折点。

一、公元1194年前淮泗水系

历史上睢宁属淮泗水系,《禹贡》载:禹(公元前2286年至公元前2278年)"导淮自桐柏,东会于泗沂,东入于海"。直至南宋初,历时近3500年,泗水、睢水横贯睢宁,睢入泗、泗入淮。睢泗之水排泄通畅,泗水又是沟通黄、淮的重要运道。

春秋时期,相当于现在的睢宁版图上,水利骨干工程是"六水一陂"("水"相当于现在的"河")。泗水为总骨干(现在的故黄河),有沂水、武源水两条河流自北向南在下邳(今古邳)附近汇入泗水。睢水是睢宁县中部东西方向一条干河,在下相(今宿迁)南入泗。睢水南又有乌慈水、潼水两支流,自南向北汇入("六水"在北魏郦道元著《水经注》中均有记载),"陂"即蒲姑陂。

(1)泗水。泗水又名清水、南清河,源出山东泗水县陪尾山,因上游四源并发而得名。泗水经山东省曲阜西流会洙水、荷水(济水分支),经兖州南流至彭城(今徐州),西会古汴水,至下邳纳武原水、沂水,至下相(今宿迁)南纳睢水,至淮阴(今淮安)杨庄汇入淮河。

(2)沂水。沂水发源于山东沂蒙山区,源出鲁山南麓,南流经今沂水县西、临沂市东、郯城县西,进入江苏后,沂水南流过良城(今邳、新之间),至下邳(今睢宁古邳)西南入泗。沂水于下邳城北分为二：一水于城北西南入泗，谓之大沂水；一水经城东，屈从城南，亦注泗，谓之小沂水。

(3) 武源水与武水。《水经》注曰：武原水出武原县西北，南径其城西，又南合武水，又南至下邳入泗谓之武源水口。在下邳附近是祠水入武水、武水入武源水、武源水入泗水，其交会点平面距离均不远。

(4) 睢水。睢水是泗水以南承泄豫东、皖北内涝的一条大河。上源是河南省陈留县西浪荡渠(开封东南)，经睢州(睢县)北，商丘南，永城县南，宿州北，从灵璧北入孟山湖，至睢宁界后，历孟山、潼郡集(现灵璧县高楼东)，至子仙，经岗头，过庙湾，绕县治流经县城北至高作、沙集，横穿睢宁后出境，于宿迁南入于泗。

(5) 乌慈水。《水经注》载：睢水又东合乌慈水。水出取虑县西南乌慈渚，东北流与长直故渎合，又东经取虑县南，又东屈经其城东而北流注睢。

(6) 潼水。《水经注》载：睢水又东与潼水会，旧上承潼县西南潼陂，东北流径潼县故城北，又东北径睢陵县下会睢。

(7) 蒲姑陂。蒲姑陂在今睢宁县西南部，"陂"即陂塘，相当于现在的湖、库。修陂池以蓄流水，筑塘堰以防止水溢出。涝时用以滞蓄，旱则赖以灌溉，既能缓解降雨丰枯悬殊的矛盾，又能为农业用水提供必要的水源。蒲姑陂是睢宁县境内发现的最早的水利工程之一。《淮系年表》载：春秋时(亦说周朝)"徐州有蒲姑陂，在今江苏睢宁县……景王十一年(公元前534年)齐伐徐至于蒲隧是也"。该记载有"蒲姑陂"，"蒲隧"在睢宁县城西南方向，在"蒲姑陂"附近，如附图1-1所示。

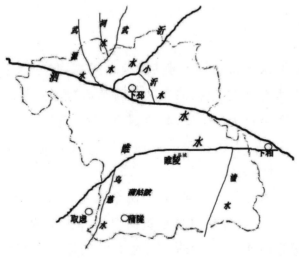

附图1-1 六水一陂示意图

二、公元1194年后三个独立水系

从1194年黄河夺泗始,至1855年河决铜瓦厢(河南兰考县北)黄河再度北徙止,黄河流经睢宁共661年。此间洪水时常泛滥,睢宁河湖淤积,水系大乱,地形、地貌大幅度变化。由于600多年的逐步演变,1855—1949年的94年间,全县变成了三个独立水系。

(一)故黄河滩地独立水系

黄河自身高亢形成故黄河滩地独立水系,而且成为南北两个水系的天然分水岭。黄河曾经决口处,长期成为防汛重点险工地段。

(二)运河水系

睢宁县故黄河北黄墩湖地区为运河水系。原黄河北沂、武等河,先是由于黄河淤高,沂、武河洪水逐渐流不进黄河,形成洪水无出路;后来开挖南北运河,又将沂、武等河从中间切断,洪水横溢,积水成为骆马湖。由于黄河冲决,形成东西走向的白马河、白山河、旧城河等支河,东入运河,此称中运河水系,或骆马湖水系、沂沭泗水系。上游从山东沂蒙山区下来的洪水,峰高势猛,直泻江苏的徐淮平原。因骆马湖水长期没有较好的出路,洪水经常漫流遍地,无所归宿。睢宁县黄墩湖低洼地区经常受灾,轻者受雨涝灾害,重者成为临时滞洪区。

中华人民共和国成立后,黄墩湖地区治理,将原白山河、旧城河连接,疏浚后统称民便河(中华人民共和国成立初期也曾一度被称为"门面河")。中华人民共和国成立后,黄墩湖地区有小阎河,是在原五工河基础上改建,因下游宿迁境内阎集而得名。

(三)安河水系

故黄河南为安河水系。黄河夺泗后,泗水淤高,睢水入泗口逐渐南移。明天启二年(1622年)及崇祯二年(1629年),因黄河决溢,睢宁境内睢水"淤为平陆,故道遂湮"。乾隆年间挑浚睢安河,因睢河南移,东侧故道形成安河,安河成为东入洪泽湖独立水系。安河担负故黄河南睢宁县大面积排水任务,因其标准不高,睢宁长期遭受洪涝灾害。

安河上游睢宁境内又分为龙河、潼河两个水系,在泗洪县的大口子(归仁集附近)合流为安河。县境内各支河多是黄河决口冲击形成,其显著特点有两个。一是开始都冲成弯弯曲曲的、长条形的、宽而浅的洼地,雨涝时洪水猛涨,遍地积水,平时无水,一片飞沙,大部分都是中华人民共和国成立后连年治理,才形成通顺的、标准较高的河流。二是凡黄河决口处,到 1855 年以后都成为故黄河的险工险段,而险段下都有一条小河,如田河、老龙河、白塘河、沈家河(中华人民共和国成立后叫西渭河)、涵沙河(中华人民共和国成立后叫中渭河)、沙河(中华人民共和国成立后称东渭河)、双沟新源河等。这些河道都是冲决后经过人工疏理成河,中华人民共和国成立后经过多次疏浚,适当裁弯取直,扩大了标准,中华人民共和国成立后还利用低洼地疏理三条河,如小睢河、白马河、潼河,又平地开挖三条河,如新龙河、跃进河、徐沙河,如附图 1-2 所示。

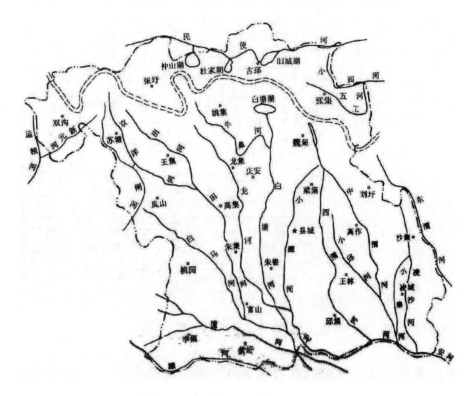

附图 1-2　睢宁县水系示意图(中华人民共和国成立初期)

三、中华人民共和国成立后贯通三个水系

中华人民共和国成立后三个水系治理首先从建立洪水出路开始。中华人民共和国成立初即参加新沂河工程,扩大黄墩湖地区洪水出路;多次扩浚安河,逐步提高安河排水标准;徐洪河全线疏通,贯通了睢宁三个水系。

1992 年,徐洪河贯通三个水系后成为两个排水系统。徐洪河切断故黄河后,在魏工水箱建魏工分洪闸作为滩地洪水出路,并在闸下顺故黄河南堤外开挖魏工分洪道,睢宁故黄河滩地洪水,直接排入徐洪河,由此故黄河滩地不再成

为独立水系而是加入了徐洪河的排水系统,如附图1-3所示。自此,睢宁县形成两个水系:

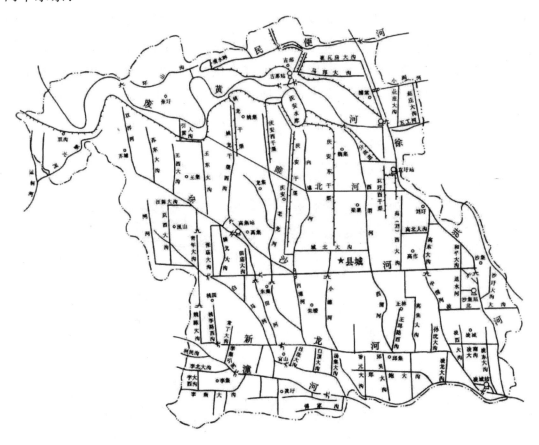

附图1-3 睢宁县水系示意图(现状)

(1)故黄河以北黄墩湖地区仍属于沂沭泗骆马湖水系。

(2)故黄河滩地和故黄河以南广大地区,统属于洪泽湖水系。龙河、徐沙河、潼河、故黄河以及后来开通的睢北河,都汇入徐洪河后流入洪泽湖。即使双沟南新源河一小块面积,排水入安徽濉唐河,最终也是流入洪泽湖。

两个水系之间既独立又相通,可独立自成体系单独运作,又可通过徐洪河上黄河北节制闸进行防洪、排涝、引水相互调度。各体系内有统一的治理标准,相互调度后增加排水、引水机会,等于进一步提高了工程标准。

附录二　黄河泛滥灾害年表

（按：此表灾害较过去有所增加，故此再录，增加条用括号标注）

睢宁受黄河泛滥的影响，可分三个阶段：第一阶段，1194年黄河大规模侵泗夺淮前；第二阶段，1194—1855年黄河流经徐州661年间；第三阶段，1855年黄河再度北迁至中华人民共和国成立前。经查阅有关资料，睢宁县受黄河泛滥共有86年成灾，其中1194年前有7年泗水受黄河泛滥影响成灾；1194—1855年中有77年成灾，其中本县境内决口成灾52次〔经查找较以前增加明天启七年（公元1627年）一次〕，县境外决口严重波及境内成灾25次（下面排列带"△"者），连续2年受灾有9次，连续3年受灾有4次，清嘉庆元年（公元1796年）连续7年受灾，清嘉庆年间共25年中有14年受灾；1855年至1949年有2年成灾。按成灾顺序排列如下（记载影响范围较大的且有文字根据的决口泛滥灾害，按受灾年排列。多数为一年一次灾害，也有一年数次灾害，没有按次排列）。

1194年前：

西汉前元十二年（公元前168年），河决酸枣（河南延津县西北），东溃金堤，河溢通泗。

西汉元光三年（公元前132年）河决瓠子，通于泗淮，达二十四年之久。

东汉永寿三年（157年），黄河横流，泗水遭水灾。

东晋元熙二年（420年），河决滑州，至徐州与清河（即泗水）合流。

宋太平兴国八年（983年）五月，河决滑州，至徐州与泗水合流。

宋咸平三年（1000年），河决郓州五陵，舟浮巨野入淮泗。

南宋建炎二年（1128年），东京留守杜充决河，夺泗入淮。

1194—1855年：

△南宋绍熙五年、金明昌五年（1194年）八月，河大决阳武之光禄村，注梁山泺，分为两派，北派由北清河入海，南派由南清河入淮，即泗水故道。

△元元贞二年（1295年），黄河从封邱决口，睢宁受灾。

元大德元年（1297年）三月，徐、邳、宿、睢等州县河水大溢，漂没田庐。

△元皇庆二年（1313年），黄河从陈、亳决口，大水流经徐、邳。

△元泰定元年（1324年），河决汴梁，合泗水入淮。

△元致和元年(1328年),黄河从砀山虞城决口,河水漫流入睢。

明正统三年(1438年)八月,邳州河决。

△明弘治二年(1489年),河决原武,黄水入睢宁西部,田禾尽没,民多溺死。

[△明弘治八年(1495年),在此之前黄河分两股,这年北股黄河阻断,全河之水走南股,南股经过睢宁。]

明弘治十四年(1501年)夏,邳州黄河泛滥。

△明嘉靖三十一年(1552年)八月,河决徐州,房村决四处,房村集至邳州新安运道淤阻五十里,睢宁等县大水,禾稼尽伤。由于决口堵塞未竣,河水复涌,前力尽弃,此灾害延续到第二年。次年春,睢宁等县俱大饥,"人相食"。至次年六月,"山东、徐、邳赤地千里,大水腾溢,草根树皮掘剥无余,子女弃飧,道殣相望,盗贼公行"。

明隆庆四年(1570年)八九月,河大决邳州、睢宁,南北横溃,大势自睢宁白浪浅出宿迁小河口,正河淤百八十里,运船千余不得进。

明隆庆五年(1571年)四月,"河复决邳州王家口,自双沟而下北决三口,南决八口,损漕船、运军千计,没粮四十万余石,匙头湾以下八十里悉淤"。

明隆庆六年(1572年)七月,黄河暴涨决口,徐砀以下悉成巨浸,邳宿睢受灾尤甚。

△明万历元年(1573年)七月,河决徐州房村,邳大水。

△明万历三年(1575年)七月,河决砀山,徐邳淮南北漂没千里。

明万历四年(1576年)七月,河决大水浸城3尺许,百姓逃亡者三分之一;九月黄河决口睢宁田庐漂没。

明万历十七年(1589年)六月初五,黄水大发,合睢水注县城,平地丈许。秋,河溢萧县,睢宁平地水丈余。

明万历二十一年(1593年)五月,河决邳州,河溢陷城。又黄河决于徐州小店,坏庐舍,睢宁民多溺死。

△明万历二十五年(1597年),黄河大水,多处决口,洪水横流于颖、亳、凤、泗、符离、睢宁等地。

△明万历四十年(1612年)八月,河决徐州三山口,冲遥、缕堤,水灌睢宁等处。缕堤决口二百丈,遥堤决口一百七十余丈。又载邳县、睢宁两县,河水耗竭。

△明万历四十一年(1613年)七月,河决徐州祁家店,睢宁大水。

明天启元年(1621年),河决灵璧双沟(今属睢宁)、黄铺。

明天启二年(1622年)六月,黄河决口于双沟可怜庄,同时上游河决徐州小店,平地水深7尺,睢、灵人民溺死很多。

明天启三年(1623年)七月(一说九月),河决徐州青田、大龙口。九月,徐、邳、灵、睢并淤。双沟决口,亦满上下百五十里,悉成平陆。

明天启六年(1626年)七月,河决邳州匙头湾,灌骆马湖,邳宿周围皆水。

[明天启七年(1627年),河决睢宁露铺,越二岁决辛安口,睢宁城坍,及羊山改河,水归故道。经查找《江苏水利全书》在此较以前资料增加此一次灾害。]

明崇祯二年(1629年),黄河决口于石碑,睢宁城淹没(一说:河复决辛安口,睢河淤。睢城尽圮,民居漂流一空)。

[明崇祯三年(1630年),河在下邳改挑新河,引水出羊山前。]

明崇祯五年(1632年)八月,黄河涨漫,邳州、睢宁、宿迁等十八州县尽为淹没。

明崇祯十三年(1640年),睢宁先大旱,黄河水涸,后雨注河决,流亡载道,人相食。

[清顺治元年(1644年),邳州塘池坝塞,改由新河。《江苏水利全书》载明末清初河在羊山、半戈山改道过程。]

清顺治六年(1649年),黄河二次决口于半山。

清顺治九年(1652年),河决睢宁县,自鲤鱼山下,逼武官营(南岸),冲决遥月等堤十八道,越三载始塞(又载,河决邳州,北徙坏城)。

清顺治十二年(1655年),河决峰山口。

清顺治十五年(1658年),河决睢宁峰山口,小河(即睢水)淤为陆。

清顺治十六年(1659年),河决归仁堤,水入洪泽。黄河从小河口自白洋河逆灌入淮,睢口淤成陆地,睢河诸水,不复入黄刷沙,悉随决河下洪泽。

清康熙元年(1662年),河决睢宁。

清康熙二年(1663年),河决睢宁武官营,旋塞。

清康熙三年(1664年),河复决睢宁朱官营,猖獗奔溃,有冲城夺漕之势。

清康熙七年(1668年)六月十七日,地大震,土裂泉涌,地起黑坟,民舍倾塌,伤人无数;七月十二日河又决睢宁花山坝,邳州城廓庐舍尽陷于水,古下邳就此沉没而为旧城湖。

清康熙十一年(1672年)秋,河决邳州塘池,邳州城又陷于水。

清康熙十四年(1675年)六月,河又决睢宁花山坝,漫淹邳宿。

[△清康熙二十四年(1685年),建峰山分洪闸。]

清康熙三十八年(1699年)秋,河决睢宁南岸王家堂,培修堵闭。

清雍正元年(1723年),黄河决口于朱海(当年睢宁与宿迁交界处),冲成东渭河(宿迁称西沙河)及沿岸大片沙土荒地。黄水下注洪泽湖。

清雍正三年(1725年)六月,河决睢宁朱家海,睢、宿被水淹。宿、睢、桃、虹、泗五州县地多沙淤。

△清雍正七年(1729年)九月,毛成铺决口,黄水入睢。

清雍正八年(1730年),邳、宿、睢大水,河复溢睢宁。运河、六塘河、沭河皆涨,不辨涯岸。六月,海州大水逼城,海潮逆灌睢宁,卤水坏田。

清雍正十一年(1733年)秋,黄水入睢,田禾被淹。

清乾隆六年(1741年)夏,睢宁县河溢伤稼。

△清乾隆七年(1742年)河决石林口,铜山、邳州水。六月,睢宁大雨,连绵数日,三麦未刈被淹,连秋禾也被淹完。

清乾隆十一年(1746年),五月下旬至六月初,河湖骤涨,邳、宿一带堤工民垫均有冲决,田亩房屋被淹。

△清乾隆十三年(1748年),河溢宿州等处,黄水入睢,禾尽淹没,岁大饥。

△清乾隆十五年(1750年)夏秋,大雨连绵。北部受山东洪水影响,宣泄不及。

△清乾隆十八年(1753年)九月,河决铜山张家马路,浸水南注灵、虹等县,归洪泽湖,分由睢、宿下注,出小河口,十二月塞。

清乾隆二十六年(1761年),黄河水涨,睢宁水灾。双沟水灾。

△清乾隆三十一年(1766年)八月,河决铜山县南岸韩家堂,经睢宁、宿州、灵璧、虹县入洪泽湖。峰山闸过水。

清乾隆三十六年(1771年)六月,黄河盛涨,启放峰山闸。

清乾隆四十五年(1780年)六月,河决睢宁郭家渡,掣溜入洪湖,启放峰山四闸;七月,又决睢宁。

清乾隆四十六年(1781年),六月朔,河决睢宁南岸魏家庄(在郭家渡稍东),水入洪泽湖。孟山诸湖、归仁堤河,均冲塌淤没,归仁闸废,睢河由归仁闸缺口达安河。此次决口冲成西渭河(原名沈河),到沈集又分支出中渭河,形成魏集、梁集、高作沿河两岸荒地。

清乾隆四十八年(1783年),河决睢宁黄家马路,睢水古道全没。

清乾隆五十三年(1788年)六月,黄河水涨启峰山四闸。

清乾隆五十四年(1789年)五月,河在睢宁境周家楼漫溢,宿迁水灾。

△清乾隆五十五年(1790年)六月,河决砀山,水入睢境,睢宁被水淹。

△清嘉庆元年(1796年)六月,河决丰县,沛、铜、萧、邳皆水。

△清嘉庆二年(1797年)七月,河决砀山南岸杨家坝,旋决曹县北岸二十五堡,分道由单、鱼、曹、沛下注邳宿。

△清嘉庆三年(1798年),秋河溢,下注微山湖,铜、丰、沛、邳皆水。

△清嘉庆四年(1799年)八月,河决砀山,肖、邳皆水。

清嘉庆五年(1800年)九月,睢宁河溢。

清嘉庆六年(1801年)六月,睢宁河溢,启放峰山二、三两闸。

清嘉庆七年(1802年)九月,睢宁河溢。

清嘉庆九年(1804年),河决于郭家房。

清嘉庆十年(1805年)六月,黄水涨,启发峰山闸。

清嘉庆十一年(1806年)七月,河决睢宁南岸(周家楼、郭家房),旋塞。房湾决口,冲成河南岸的金潭、银潭及姚集周围大片荒滩盐碱地。

清嘉庆十三年(1808年)六月,启放峰山闸。

清嘉庆十六年(1811年)七月,河决睢宁,一是决南岸周楼和郭家房,二是决邳州绵拐山,由花山湖归顺河堤三岔河入运,邳州大水。

[清嘉庆十八年(1813年)睢工漫口,江境黄河断流。]

清嘉庆二十年(1815年)四月,河溢睢宁北岸叶家社。

清嘉庆二十四年(1819年)闰四月,河涨,启放睢南龙虎山腰滚坝。

△清咸丰元年(1851年)八月十九日,河决丰北厅蟠龙集(砀山北岸)。铜、丰、沛、邳、宿等邑皆大水。

△清咸丰二年(1852年),黄河丰工决口仍未堵塞,徐州、宿迁、睢宁等处大水,六塘河漫溢。

1855年黄河北迁至1949年:

清同治十年(1871年)秋,山东侯家林黄河决口,大水流至睢宁,旧黄河北各庄俱罹灾。

清同治十三年(1874年)十月,山东石花户黄河决口,水至废黄河北岸,旧邳州一带俱罹难。

附录三　古黄河流经睢宁期间10处重大灾害纪实

（按：附录一黄河泛滥灾害年表中所记甚多，有的灾情重，有的灾情轻，有的则是有惊无险，主次不清。为反映黄河在睢宁为害之大，特选10处严重者详细介绍。）

1194—1855年黄河流经睢宁，计661年。

史载黄河六次改道，第四次是1194年，此时黄河流道分两股，南股即是夺汴（水）泗（水）水道，流经睢宁。300年以后第五次改道，即明弘治八年（1495年），筑黄河北岸360里太行堤〔另有载是明弘治七年即1494年，因弘治七年（1494年）冬开工，弘治八年竣工〕，将北股黄河流道筑堤阻断，正流全侵汴、泗，入淮（北股阻断后，南股主流先是走涡水入淮，后一度主流走睢水入泗入淮，最后主流长期固定走汴、泗，入淮）。从此可看出，黄河夺泗的661年间，前301年是部分黄河水流经睢宁，后360年是承受黄河全部来水。根据有关资料的粗略统计，黄河流经睢宁661年间，在睢宁决口成灾共51次，在前301年只发生过2次，其余49次全发生在后360年。其中因黄河决溢泛滥造成地形地貌巨大变化的有10处，多发生在明末、清初年间。现将有文字记载的10处重大灾害摘录综合如下。

一、古下邳处黄河南北两堤溃决"睢宁平地为湖"

1495年，全黄河之水流经睢宁后，黄泛便频繁发生。除了县境内有黄河决口成灾，还有上游徐州、房村等地黄河决口严重波及睢宁。全河之水流经睢宁后第75个年头，即1570年县内暴发了一次黄河多处溃决的悲惨局面。

史载明隆庆四年（1570年），八、九月，"河大决邳州、睢宁，南北横溃，大势自睢宁白浪浅出宿迁小河口，正河淤百八十里，运船千余不得进"。又载明隆庆五年（1571年），四月，"河复决邳州王家口，自双沟而下北决三口，南决八口"。民国年间武同举著《江苏水利全书》载："明隆庆四年（1570年），秋八月，河决睢宁之白浪浅，既而白浪浅淤，复决青羊浅，既而青羊浅淤，河益分裂溃决，决而南为王家口张摆渡口马家浅口曲头集口。决而北为曹家口。共小口在辛安左右者七。于是河流悉由南趋，睢宁平地为湖，漂没军民田庐无算。"

黄河水高漫堤决口，一般是单侧决口。从以上一系列记载可知，此次下邳处决口起初是双侧决口，先是河南侧白浪浅（约在现庆安水库北面）决口，然后是河北侧青羊浅（约在现古邳之北）决口。两浅决口处被河带泥沙淤积，又形成上游河益分裂溃决达 11 处决口（自双沟而下北决三口，南决八口）。先两侧对决，后全线崩溃，睢宁平地为湖，县城也被淹没，这的确是一次不寻常的黄泛之灾。

明代潘季驯是中国历史上一位著名的治黄专家，创造了不朽的治黄业绩。他不仅在中国河工史上是一位杰出人物，在世界河工史上也占一席之地。下邳这次不寻常的黄泛之灾，朝廷急调归休在家（守孝）的潘季驯到下邳抢险。潘季驯曾经四次出任总理河道的职务，这是他第二次出任总理河道，历时只一年半，其间约有 10 个月在邳州（今睢宁县古邳镇一带）坐镇抢险。潘季驯治河在睢宁留下了许多可歌可泣的动人事迹和美好传说。

潘季驯到任后第一件事就是制订堵复方案。时有人议论故道不可复，宜因决势而利导。潘季驯博访群情，力排众议，主张按故道修复。当年调集相当于现在的山东、河南、安徽、江苏一带的民夫五万，历经三次反复，才将诸口堵复。第一次于隆庆五年（1571 年）正月十六日，修堤工程正式开始。由于河水暴涨，水流湍急，决口合垄困难。潘季驯即组织人用树枝、秫秸、石块等材料捆成圆柱形大埽，沉入水底，才将决口堵住。修筑大堤需要用山土，运土距离远，施工难管理，潘季驯便叫人发筹计工，论工记酬，工效立即倍增。经过 24 天紧张施工，大堤修复。第二次因为不久遇"桃花汛"，风雨骤作，水复大涨，睢、邳决口竟达 43 处。这时潘季驯正患背疮，他强忍疼痛，亲率民工昼夜抢堵决口。经过半个月的辛勤劳动，诸口渐合。第三次是四月七日"麦黄水"大发，狂风挟水势，于半戈山（黄河古绕半山北转向东南，明崇祯末，改流半山之南）左右黄河又决口。潘季驯亲自在工地督工，他身体衰弱，骨瘦如柴，为消除水患，照样拿起畚锸，和民夫一道在泥泞中劳动，直至六月诸工完成。当年他一到睢宁就带领随员沿河查看，向船工、篙师、沿河居民详察细访。修堤施工期间，民工齐集，工头们常在邳州东南的一个小村聚会议事，后来便有"五工头村"的美名。有一次，潘季驯勘察水情，船到铜山和睢宁交界处（今睢宁县双沟镇）时，天昏地黑，狂风撕天裂地，突然一阵大风，把小船推到了浪尖，船上人觉得难逃厄运了，可这时奇迹出现了，小船被挂在倒于水中的大柳树上，柳树救下了全船的人。后徐州知州刘顺之于双沟东门里侧"关侯庙"中建"柳将军庙"，庙中立一座穹碑，上刻"潘公再生处"五个大字。

二、河决摧毁县城,经济萧条,几成废治

笔者在历史上能查到的河决危及县城和强降雨毁城的记载共有9次:明隆庆四年(1570年)八月、明万历四年(1576年)七月、明万历十七年(1589年)六月、明万历二十一年(1593年)五月、明天启二年(1622年)、明天启七年至八年(1627至1628年)、明崇祯二年(1629年)秋、清顺治十六年(1659年)、清康熙三十九年(1700年)。在这9次毁城记载中,有两次最为严重。

明隆庆四年(1570年)八月、九月,黄河大决邳州、睢宁,下邳处南北横溃,进而从双沟至下邳多处分裂溃决。此间不单"睢宁平地为湖",同时县城也毁没。直至明万历十四年(1586年)知县申其学,积极请款,带头捐献,士民响应,才重新建起了县城,毁城16年得以恢复。

明崇祯二年(1629年)秋,黄河在辛安口(一说在姚集石碑)决溢,洪水汹涌,冲没县城。全城被埋于地下,仅露城垛,城墙、官府、民房被大水吞没后,荡然无存。城没以后没有立即恢复,旧城周围荒凉萧条,芦苇丛生,一望无际。历时9年,凉州人高岐凤任睢宁县知事,到任后第二年即用权通的办法下了一道命令,凡是百姓应缴款项,允许缴草折金进行抵偿。百姓欣然听从,时间不长,交纳的柴草堆积如山。于是在四门外,设窑十余座,招工匠烧砖,不到一年,新筑县城告毕,此时是崇祯十一年(1638年)。从此睢宁县便有城上有城的历史奇观。

每遇黄河溃决,县内都是洪水遍地漫流、无所归宿,洼地积水成湖,遍布大小湖荡和沼泽地。大片沃土变成了泡沙盐碱土。水冲沙淤,大量的民房甚至县城墙被埋入土中,民众死伤无计,存者流离失所,经济全面崩溃。人们由于缺乏起码的生存条件,只能四散逃离。明嘉靖末年(1566年)到隆庆初年(1567年),全县人口只有七八千,几成废治。

三、双沟是多灾多难的受害区

1855年黄河北迁以后,故黄河一线并不太平,因为经过661年淤积黄河成为一条悬河,河泓、河滩均高于两侧地面。黄河河身很宽(南北两堤距离4～7千米),上游从河南、安徽、江苏徐州境故黄河自身来水,对处于下游的睢宁仍有很大威胁。中华人民共和国成立后,睢宁县境内故黄河沿线有10处险工地段,双沟境内就有3处。即上坝、炮台、可怜庄,每当汛期便要组织专人看守。从此不难看出,当年的双沟也是重灾区。

史载:明天启元年(1621年),河决灵璧双沟(今属睢宁)、黄铺。明天启二年

(1622年)六月,黄河决口于双沟可怜庄,同时上游河决徐州小店,平地水深7尺,睢、灵人民溺死很多。明天启三年(1623年)七月,河决徐州青田、大龙口。九月徐、邳、灵、睢并淤。双沟决口,亦满上下百五十里,悉成平陆。

双沟当年隶属灵璧县,睢宁史料所存不多。从上述三条记载看除了双沟自身河决形成的灾害外(现存可怜庄决口冲成的新源河尚在),其余均是上游灾害严重波及,如"平地水深7尺,睢、灵人民溺死很多""亦满上下百五十里,悉成平陆",骇人听闻。

四、从辛安至房弯屡屡决口

姚集北部黄河南堤从西向东数,辛安(有写作新安)、石碑、王家堂(王塘)、房弯一线河堤是薄弱易决地段。其中影响巨大的几次记载有:

(1)明天启七年(1627年),河决睢宁县露铺,越二岁决辛安口,睢宁城坍。

(2)明崇祯二年(1629年),黄河决口于石碑,睢宁城淹没(一说河复决辛安口,睢河淤。睢城尽圮,民居漂流一空)。

(3)清康熙三十八年(1699年)秋,河决睢宁南岸王家堂,培修堵闭。

(4)清嘉庆十一年(1806年)七月,房湾决口,冲成河南岸的金潭、银潭及姚集周围大片荒滩盐碱地。

由于频繁决口成灾,铁牛曾被立于天塘祈求镇水防灾(毁于"文化大革命")。在20世纪六七十年代,此堤作为防汛重点,每年汛期都组织专人看护,加土固堤。堤外也是一片荒凉,金潭、银潭(有称郭铁潭)长年积水,水塘四周芦苇荡,大面积沙荒盐碱土,光长茅草不长粮,农业产量极低,中华人民共和国成立后多次实行围垦灭荒工程,兴修水利,种绿肥,改种水稻,于20世纪70年代才被改造成良田。

五、睢水淤为平陆

古载睢水是承泄豫东、皖北洪水的一条大河,上源是河南省陈留县西浪荡渠(开封东南)。从灵璧北潼郡(现在灵璧县高楼东)入睢界,此处有古取虑县城。睢水经取虑县城西向东北行,取虑县城东又有乌慈水自南向北汇入睢水。睢水又东北行,历子仙,经岗头,过庙湾,绕县城后再向东,于县城东又有潼水自南向北汇入睢水。睢水再向东,于下相(今宿迁)南入泗水。由此可看出,睢水是流经睢宁中部的一条流域性大河,河南又有乌慈水和潼水两条支河,肩负着县中、南部排水任务。古睢水入泗水,泗水入淮水,一直是安流局面。黄河夺泗后,几千年的安流局面被打破,睢水也因黄河多次决溢淤为平地。

睢水淤平是一个渐变过程。明天启二年(1622年)、崇祯二年(1629年),黄河冲决,睢水逐渐淤为平地。睢水淤塞变窄小,一度又名"小河"。清顺治十五年(1658年),河决睢宁峰山口,小河(即睢水)淤为陆。清乾隆四十八年(1783年),河决睢宁黄家马路,睢水古道全没,乌慈水和潼水也一同消失。从此,睢水被迫逐步向南改道。现在李集、官山南部与泗县交界处就有一条老濉河,再向南安徽省境内有中华人民共和国成立后新开的一条新濉河。

六、古下邳因地震,河决而泯灭

据载,清康熙七年(1668年)六月十七日,下邳地大震,七月十二日河又决睢宁花山坝,邳州城廓庐舍尽陷于水,古下邳就此沉没而为旧城湖。花山坝在黄河北岸,花山坝决口实质上是黄河南岸一系列决口后的连锁反应。

清初顺治年间,黄河南岸自鲤鱼山南溃决,逼射武官营,淹民田30余里。康熙二年(1663年)河复决武官营。顺治三年(1664年),又复决朱官营,猖獗奔溃,有冲城夺漕之势。从顺治到康熙初年,连续20年睢宁人民不得安生。康熙三年(1664年),知县石之玟建议河泓北移(因北面靠近山地,北堤安全),自陈油坊(今张圩集附近)前开浚新河545丈,顺流东下,然后向东复归故道。南面旧河槽逐渐淤塞成滩地,滩堤巩固睢宁人民稍感安宁。但此后只维持四年,又于康熙七年造成黄河下游北岸花山坝之决,使处于花山坝下游的下邳地震后遭洪水淹没而城陷。这说明当时地方官员和治河官员都急于解决河南决口之害而忽略了上下游相适应的问题。古人云:左隄彊(强壮)则右隄伤,右隄彊(强壮)则左隄伤,左右俱彊即伤下方(下游地方)。当时只虑及20年的水害,把上游堤加固了,没有想到矛盾被搬到了下游,发生了更大的灾害。按说地震毁坏房屋建筑完全可以在原地重建,可是由于河决水淹,地层下陷,形成湖水一片,下邳再难重新复建。可惜大约2000年的历史文化名城就这样因地震加黄河决溢水淹而毁于一旦。

七、峰山附近因建闸分洪而重复受灾

清初顺治年间,峰山附近黄河连年决溢成灾。史载:清顺治九年(1652年),河决睢宁县,自鲤鱼山(在峰山附近)下,逼武官营(南岸),冲决遥月等堤十八道,越三载始塞。清顺治十二年(1655年),河决峰山口。清顺治十五年(1658年),河决睢宁峰山口,小河(即睢水)淤为陆。实际上,早在明隆庆四年(1570

年)峰山东侧的马家浅、曲头集已曾决口。这些决溢已经使当地受灾严重,清康熙年间又在峰山建闸,长期分流黄河洪水,使之成为县境内黄泛最频繁的地方。

峰山紧靠黄河南岸,在县城西北约65里。旧志把峰、太、龙、虎四山统称为"风虎山"。从西向东排列:龙山、虎山、峰山(史称风山)、太山(有史料写成泰山)。清康熙二十四年(1685年)在龙山和虎山间,就山开凿建减水石闸四座,以减黄(水)合睢(水)入淮(水)。头闸在西以次而东,减水闸下有"闸河"。峰山四闸的管理使用,视徐州城北门志桩(立在水中的标尺)为准,决定峰山四闸的开闸时间和开闸孔数。例如,清乾隆二十二年(1757年)奏请确定当徐城北门志桩长水至一丈一尺,开放头闸,水再加长再依次启发。分洪闸、分洪道(闸河)本是为了黄河分流杀势,目的是保黄河进而保运河这个大局。但闸河所经过的地方,像黄河一样日久淤高,两侧也常决溢成灾。保黄是国家大局,地方承担分洪风险是小局,小局只能服从大局。闸河修守寻防,历次堰工培浚,皆系民办民守,由地方群众负担。当年小局利益受到严重损害时,也曾产有过突发性的矛盾。

峰山附近先是河决成灾,后是人为分洪,曾造成严重的后果。

黄河水夹带大量泥沙,每次决口便在决口外形成一个沉积大量沙土的冲积扇,像峰山这样天然决口加上长期分洪,久而久之,冲积扇相互重叠复盖,成为县内最大的决口扇群。据打井土层记录分析,黄河沿线沙土层厚度为8~10米,而峰山处沙土厚度超过10米,峰山处扇顶地面真高有32米之多,是县内故黄河以南的最高点。地形由此向东南方向倾斜,至凌城镇东南角地面真高不足18.5米。睢宁县历史上凡是有重大决口地方都有决口扇群,扇顶至扇缘距离平均都在25千米左右。凌城、邱集、官山境内,北部是沙性土,南部是黏性土,其两种土质的交界处,便是冲积扇的扇缘(边缘)。

黄河北迁后,给峰山冲积扇留下了大面积的沙荒盐碱地,只生长杂乱的细小芦苇和茅草。每遇干旱季节,风沙满天飞扬,一片凄凉。中华人民共和国成立后,为改变恶劣自然环境,睢宁不断进行治水改土工程,继而又被省列入围垦灭荒专治工程项目。经过多年连续专项治理,终于在20世纪80年代初,将不长庄稼的盐碱荒地改造成为旱涝保收的高产农田。

八、朱海连年决口

古代朱海位于睢宁、宿迁交界处。清雍正初连年决口,据载:清雍正元年(1723年),黄河决口于朱海,冲成东渭河(宿迁称西沙河)及沿岸大片沙土荒地。

黄水下注洪泽湖。清雍正三年(1725年)六月,河决睢宁朱家海,睢、宿被水淹,宿、睢、桃、虹、泗五州县地多沙淤。清雍正四年(1726年)四月,朱家海既塞复决(《江苏水利全书》载"坝埽又蛰陷")。此次连年决口,影响范围大,灾情重。虽灾区大部分在县境外以东诸县,但边界刘圩、高作、沙集、凌城一线的地形地貌,显然受其影响很大。

九、魏工决口冲成三条河

魏工位于魏集镇区北、黄河南岸。史载:清乾隆四十六年(1781年),六月朔,河决睢宁南岸魏家庄(在郭家渡稍东),水入洪泽湖。孟山诸湖、归仁堤河,均冲塌淤没,归仁闸废,睢河由归仁闸缺口达安河。从此记载看,这次决口影响范围广,损失巨大。县中、东部地形地貌发生剧烈变化,决口冲成西渭河(原名沈家河,又称林子河),到沈集又分支出中渭河(原名涸沙河,又称观音沟),形成魏集、梁集、高作沿河两岸荒地,又从魏集南到县城冲成长条形洼地,中华人民共和国成立后疏理成河,取名小睢河。

十、古邳镇处是复杂的决口扇群

现古邳镇北侧是古下邳,历史上曾经历过黄河决口、黄河流道多次向南位移、地震河决下邳沉没,其局面十分复杂。

古下邳有沂、武河入泗水(后入黄河)的河口地带,地处凹岸部位。夏季时洪水猛涨,沂水大量注入,常易决口。后黄河底淤高,沂、武河水不能入黄。明隆庆四年(1570年),秋八月,河决睢宁青羊浅(现古邳镇北侧),形成古邳决口扇,扇形地向东北延伸较长,其前缘已投入骆马湖。

黄河在古下邳处水流方向是从西南向东北,然后折转向东南,是弯道拐点。由于地形所限,河道弯且狭窄。为使水流通畅,河身逐渐向南位移。本来明代邳州河行半戈山北,后又屈经邳州城南羊山北(即在邳州城和羊山之间)。明崇祯三年(1630年)改挑新河,引水出羊山前,即改流羊山之南。此时河北是羊山,河南有象山。清雍正元年(有载康熙六十一年)于象山南开引河,于是河流改行象山南。从此河流虽稳定,但历次改道都会引起社会动荡,更有清康熙年间地震河决毁城之巨变,至今古邳还有讲不完的历史故事。

附录四 老碱地变成米粮川
——古今睢宁地区水土变化考略

土壤变化是随水系的变化而改变的。水系巨变,地形地貌大变,耕作层的土壤也随之改观。纵观古今睢宁地区土壤变化:在黄河未流经睢宁之前,大部应是偏酸性的黏土地;黄河流经睢宁以后,由于黄泛冲积,大部分土地成为碱性的飞沙土;中华人民共和国成立后,长期治水改土,土质变成酸碱适中的壤土。三个阶段界限十分明显。

一、"下湖干活"

从"下湖干活"说起,是因为它是水土变化而形成的方言,其中蕴藏着睢宁水土文化的丰富内涵。

记得我在童年的时候,农民到田间劳作叫作"下湖干活",如"下湖耕地""下湖锄草""下湖收庄稼"等,有的还以村庄为中心,称东、西、南、北方向的土地为"东湖""西湖""南湖""北湖"。在当时社会上,这样的语言使用频率非常高。后来上学了,随着年龄的增长,渐渐发现在教科书上、在小说报刊中、在影视和舞台戏剧里,都把农民到田间劳作叫作"下田干活"或"下地干活",从来都不叫"下湖干活"。可见"下湖干活"只是睢宁地区的方言土语,是不规范、不通用的。那么"下湖干活"的方言是怎么样形成的呢?经过几十年的寻访查找,我终于弄清了它的来龙去脉。

现在的故黄河前身就是古代的黄河,黄河的前身是泗水。古泗水本来是流入淮水(淮河),黄河是夺泗水、淮水流道入海的。黄河水位高、泥沙多,多年多次决堤成灾,使整个苏北淮河流域生态环境遭到不可逆的破坏,从此睢宁也加入了"黄泛区"的行列。史载黄河流经县境661年,其后半期黄患灾害频繁发生,而且愈演愈烈。例如,据《江苏水利全书》载:"明隆庆四年(1570年),秋八月,河决睢宁之白浪浅,既而白浪浅淤,复决青羊浅,既而青羊浅淤,河溢分裂溃决,决而南为王家口张摆渡口马家浅口曲头集口。决而北为曹家口。共小口在辛安左右者七。于是河流悉由南趋,睢宁平地为湖,漂没军民田庐无算。"此述是说在现在古邳镇这个地方,黄河堤先两侧对决,后从古邳到双沟全线崩溃,睢宁平地为湖,县城也被淹没。类似这样吞噬众多良田村庄城镇的灾害又发生多次。无休止的黄灾严重破坏了睢宁地区的农业生产,也败坏了当地的生态环境。这些冲决成的大小湖地,有的长期积水,有的因蒸发渗漏干涸成湿地。黄河北迁以后,面对遍布的大小湖荡和沼泽地,农民纷纷围湖造田。造田初期,"田"在"湖"里,"湖"里有"田",很多地方的民众已分不清"田"与"湖"的区别。因为田地是在湖里逐步开垦的,所以田地就被统称为湖地。据民国时期有关文字记载,睢宁最典型的方言是把农民下田耕作称为"下湖"。该文后面又载在海沭(也属黄泛灾区)方言中,至今也把农田称为"湖""荡"。其实睢宁也有称洼地为"荡"的。在20世纪五六十年代进行官山地区洼地治理工程时,有的就直接说成改造官山荡。黄河侵泗夺淮给沿线人民生存环境造成极大的破坏。从徐州到淮安沿故黄河两侧,人民把"湖""荡"深嵌在地方语言里,是对这段历史最深刻的记忆。

二、原始面貌

春秋时期,相当于现在的睢宁版图上,水系是"六水一陂"("水"相当于现在的"河")。泗水为总骨干(泗水是现在的故黄河),有沂水、武源水两条河流自北向南在下邳(今古邳)附近汇入泗水。睢水是睢宁县中部东西方向一条干河,在下相(今宿迁)南入泗。睢水南又有乌慈水、潼水两支流,自南向北汇入。"陂"即蒲姑陂。县志载:自古以来,睢宁河道,泗水为大,睢水次之,潼水等又次之,诸河之水皆注入淮河。当时淮河宽广,泗、睢、潼畅流,虽有涝年也不致酿成大灾。

战国时代设名为"职方氏"的官职,掌管全国地图,记录各民族户口和各地资源等。《周礼·职方氏》记有先秦主要水利资源,分九区(九州)叙述,其中每州所述"薮"(sǒu)为沼泽,"川"为通航河道,"浸"为灌溉水源。徐州地区(包括睢宁)当时属青州,《周礼·职方氏》载青州宜种稻、麦。薮是望诸(在今商邱东北,已湮没);川是淮泗(淮水和泗水);浸是沂沭二水(沂水和沭水)。

通过以上记载和查找到的有关资料,睢宁地区历史面貌(指黄河夺泗前)大体可归纳为三条:

(1) 水系安流。在历史长河中,水旱灾害还是经常发生的,但没有大起大落的毁灭性灾害发生。泗水可以通航,且是通向其他地区的重要航道。因为水系安流,地形地貌无重要变化,耕作的土壤也相对稳定。

(2) 古之睢宁有灌溉农业。北部有沂水是灌溉水源,"宜种稻、麦"。南部有睢水,睢水南侧有蒲姑陂。"陂"即陂塘,相当于现在的湖、库,修陂池以蓄流水,筑塘堰以防止水溢出，涝时用以滞蓄，旱则赖以灌溉，既缓解降雨丰枯悬殊的矛盾，又能为水稻种植提供必要的水源。据有关史料记载，在明代以前，淮北地区是稻麦两熟轮作区。黄河夺淮后频繁水患让淮北很多地区只能种一季越冬的旱作物。

（3）从各种因素推断，古代睢宁土壤多数属于偏酸性的黏土地。现今凌城、邱集、官山三镇北部受黄泛冲积都是沙土地，三镇南部在黄泛冲积影响之外，都是黏土地，可以视为原状土壤，中华人民共和国成立后在沙土地区打了几千眼农田灌溉水井。根据多年的土层记录，一般都是表层沙土甚至是流沙土，沙土下面多是黏土，黏土向下是砂礓土，再向下是含水沙层。表层沙土有厚有薄，这应是黄泛带来的客土，下面的黏土应为原状土。另外，中华人民共和国成立后在挖河、钻井等水事活动中，偶尔也发现在沙土层下的黏土层面有人类活动的踪迹。例如，1991年开挖徐洪河，在高作镇境内（镇东北角）建张皮桥，在开挖桥墩土方时，于地面向下约7米处发现数口腐旧棺材，因年代久远，人骨已不完整。墓葬层面是黏土质，以上是沙土层。据此也可验证埋棺材的地方是原始地面。

三、地貌骤变

1194年黄河侵泗夺淮，到1855再度北迁，黄河流经睢宁661年。黄河水夹带大量泥沙，又频繁决口，每次决口便在决口外形成一个沉积大量沙土的冲积扇，久而久之，冲积扇相互重叠复盖，迫使睢宁黄河以南大部分地区形成了"西北高东南低"的缓坡地面。睢宁县历史上凡是有重大决口地方都有决口扇群，扇顶至扇缘距离平均都在25千米左右。黄河沿线（河南侧）沙土层厚度为8～10米，最多在峰山处沙土厚度超过10米。从黄河向南沙土层厚度逐步递减。凌城、邱集、官山三镇境内，北部是沙性土，南部是黏性土，其两种土质的交界处，便是冲积扇的扇缘（边缘）。从此，水系变化巨大，睢宁境内所有水利设施被毁坏，水系全被打乱。原排水流向本来是向北流水被迫改向南另找出路。因邻县乃至邻省区划边界影响，至中华人民共和国成立初期约700余年，始终不能形成上下游相适应的新排水系统。更有甚者，是原有大片肥沃土壤盐碱化、沙化，黏土地被碱性飞沙土或重碱质沙土所覆盖，这种土是极不利于农作物生长的劣质土壤。

水系巨变，地貌骤变，生态环境大不如从前。

沙荒盐碱地有的是大面积存在，有的是在农田中小片显现出来。像王集镇马浅、苏塘、柴湖一大片,姚集北片,魏集东沈湖片等,都是大面积荒滩,只生长杂乱的细小芦苇和茅草,"光长茅草不长粮"。每遇干旱季节,遍地白茫茫,风沙满天飞扬,一片凄凉景象。在已被开垦的农田里,一块田也会有几小片盐碱地,俗称"花秃子"。此一小片土色发白,土质坚硬,播下种子也不出苗。直至中华人民共和国成立初期,全县还有花碱地70万亩左右(其中重盐碱地40万亩左右)。

沙荒盐碱地抗旱涝灾害能力极差。涝灾是主要威胁,涝灾又分明涝和暗涝。明涝时往往一场大雨,因无较好的排水系统,田面大量积水,庄稼便会全部淹没,草籽不收。泡沙盐碱土土颗粒细小,土中空隙少,涝时易包浆,俗称包浆土。水土融为一体长时间呈饱和状态,使农作物受渍害,甚至烂根枯死。地表积水是明涝,受渍是暗涝,如遇连续数日阴雨甚至数月连绵阴雨,沙土严重饱和,形成"恶性内涝"。涝灾经常发生,渍害面广量大,这种劣质土壤的特有性质,造成了睢宁长期的自然灾害。沙碱土雨后易板结,土中空隙少,保水保肥能力不强,抗旱能力也很弱,从前有"五天一小旱,十天一大旱,半月不下雨,庄稼就难看"之说。

中华人民共和国成立前睢宁灾害频繁,"小雨小灾,大雨大灾,无雨旱灾"。人民普遍过着"糠菜半年粮"的穷苦生活,人随天变,靠天吃饭。"冬天白茫茫(盐碱地),夏天水汪汪(遍地积水)"是那时的写照。中华人民共和国成立初也是"大灾大减产,小灾小减产,风调雨顺增点产"。"易旱易涝,涝渍、干旱交替为害,致使农业产量长期低而不稳。"这是睢宁长期水旱灾害的高度概括。

四、治水改土

中华人民共和国成立初期国民经济以农业为基础,要发展农业必须先改良土壤。那时国家补助的工程项目,很多都以围垦名义立项。围垦项目内容首先是水利工程配套,同时也包有其他改土措施。经过40多年几代人的不懈努力,终于将劣质土改造成适合农作物生长的沙壤土。水利措施方面,先后经历了开沟洗碱、灌溉压碱和种绿肥、扩水稻改碱三个阶段。

首先是建立排水系统。在开挖干、支河的同时,开挖大、中、小沟等田间一套沟排水系统。因盐碱是受渍包浆在土里,然后水分蒸发便留下了盐碱。开沟排水降渍,使土壤不致造成包浆,这就断了盐碱在土壤中的滞留条件。"碱是随水而来再叫它随水而去。"

其次是发展农业灌溉工程。广泛开辟水源,建库蓄水、建站抽引外水、打井提取地下水，挖沟结合筑渠建立一套渠系灌水系统。当年土地是大平小不平，到具体田块则是坑坑洼洼。为满足灌水必须均匀的严格要求，人们进行了平田整地工程。那时以公社为单位，组织几千人的平田整地专业队，按片轮流平整，着实下了一番硬功夫。

最后是种绿肥、扩水稻。旧时土地瘠薄，农民种田施肥是用人粪、畜粪和沤制的堆肥，因量少而远远不能满足要求。有的地方肥料不足干脆多开垦土地，扩大播种面积，"撒把种子望天收"。中华人民共和国成立后再不能沿用广种薄收的落后办法，必须在提高土壤肥力上下功夫。到20世纪70年代，全县最多种越冬绿肥50万亩、夏绿肥40万亩。绿肥品种较多，其中旱作区多种田菁，水稻区多种苕子。不论何种绿肥都必须有水沤制腐熟后才能发挥作用。以种苕子为例，每亩地可产几千斤鲜草量，机耕掩埋在耕作层中，然后放水沤制，腐熟后将土地整平，栽上水稻。从前农民将农作物连根拔起，回家当柴草煮饭，后改烧煤炭，麦草、稻草都被掩埋在地中，叫"草还田"，增加了土壤肥力。

在上述三种措施全部到位后（缺一不可），土壤就起了质的变化。盐碱土逐渐被改造，细颗粒、易板结、空隙少、土质瘠薄的细沙土，变成了有团粒结构、空隙率适中、土壤肥沃的沙壤土。

改良土壤提高粮食产量是一项综合措施，以水为头但不是唯水利一个因素。中华人民共和国成立初期，国家制定了农业八字法：土、肥、水、种、密、保、工、管，高度概括搞好农业八项要素。"土、肥、水"后又称"水、肥、土"，是搞好农业的基础条件，"种、密、保、工、管"是搞好农业的各项技术措施。八项措施到位了，改良土壤后的效益就突显出来了，后来粮食单产逐步提高就是最好地验证。

中华人民共和国成立前后粮食亩产约200来斤（市斤，下同）。全县要求一季小麦平均亩产要过百斤关，一年两熟，一年亩产也就只能200斤左右。那时的百姓习惯用斗量，一斗30斤，十斗为一石(dàn)，是300斤。当时"亩产石粮"是凤毛麟角，绝对是稀有田块。20世纪60年代末，国家提出农业发展纲要，睢宁地区被要求每年亩产500斤才算达标。当时排水系统已经确立，灌溉工程也有了起步，过不了几年全县农业也就实现超"纲要"了。70年代以后，灌溉面积、绿肥面积和水稻面积迅速增加，亩产达到了700斤，甚至出现了千斤田，实现了多年前提出的"跨淮河、赶江南"的梦想（因历史上苏南产量比苏北高）。到了20世纪八九十年代，八项要素都达到较高水平，化肥、农药、农业机械都得到了普及。农业单产普遍超过千斤，直至出现了吨粮田，亩产达到2000斤。

进入21世纪，睢宁的盐碱地绝迹了。20世纪50年代"大灾大减产，小灾小减产,风调雨顺增点产"的局面已一去不返了。"易旱易涝"变成了"遇涝排水,遇旱有水","农业产量低而不稳"变成了"高产稳产"。如今睢宁大地每一块田地都是高产田。"白茫茫""水汪汪"已不存在,取而代之的是"绿油油""平坦坦"一望无际的美好的田园景象。

王保乾　于2018年8月成稿

附录五 居民饮水
——从钻井取水到地面水厂供水

水是人生命的源泉。都说人不吃饭可以活30天,但不喝水只能存活7天;人在饥饿状态下的生命极限最多7天,7天不进食或者3天不喝水,就会面临死亡的威胁。人们常说的"饮食"二字,就包含了一为饮、二为食。饮,就是喝水。水对人的生命如此重要,所以古往今来人们对饮用水源十分讲究。睢宁人饮水从历史上饮用土井水,到中华人民共和国成立后打机井不断改善饮水质量,再到建地面水厂变取地下水为取地上水,是一个饮水文化不断发展的历史过程。

一、土井

过去俗称的"土井",实际多是砖石井。土法上马,因陋就简,依靠人力开挖大塘,然后砌砖或砌石建成井。历史上,睢宁人长期以井为中心过着平静安逸的生活。人们一天的辛勤劳作从清早开始,一般早晨取水,叫抢头水,以供一天或数天使用。一个村庄的人,虽不是同锅吃饭,却是喝同一口井水。清晨,男男女女到井边打水,是聚会的好机会,边取水边拉家常。冬天早取井温水,做饭省柴草。伏天中午取井水冷饮降温解渴。井在人心目中有崇高的地位,睢宁有些村庄就以井命名。如三里井、五里井、七里井……也有姓氏和井拼写的村名,如张井、陈井、薛井、高井、冯井、彭井、吴井、鲁井涯等。过去,建井是农村一项大事,也很神秘。挖土塘、砌砖一律是精壮男工。井工地四周拉好界线,中间高高树立旗帜,不允许闲人靠近,女人不能到打井工地,有"女人进工地井会不出水"的歪理邪说。还有相信算命的人,为保一生平安,在井和汪塘附近的地方,认"井干爷""汪干娘",每逢年节到井口给"井干爷"敬香烧纸跪拜叩头。井被大大神化。

由于受施工技术条件限制,土井深度只能在10米之内。睢宁10米之内的土层多是黄河冲积的沙土层,取用的是沙土内渗透的浅层地下水,水量和水质受降水和土质影响很大。饮用土井水有三条明显缺陷。

(1) 水质差。沙土中含盐碱成分重,对井水水质影响极大。有地方盐碱成分轻,井被称为甜水井,水的口感较好;有地方盐碱成分重,井被称为咸水井,水入口便有苦涩的感觉。中国有句话叫作"一方水土养一方人"。水的好坏不仅影响本地人的身体健康,更影响到本地人的生命。用睢宁的土井水烧开水,都会沉淀许多白色的碱垢。长期烧水的锅炉,会因积厚的碱垢而报废;长期烧水的壶,会因老碱堵塞壶嘴而倒不出水。有的井水会传染疾病,有的井水含氟量高,长期饮用使人牙齿偏黑。随着饮水知识的普及,人们渐渐懂得改变水质的重要性。例如,一些家庭把水煮沸,将碱过滤掉后,再用来做饭做菜,据说这样可避免体内生结石病。

(2) 水量少。土井水是靠降水补给,一旦天旱少雨,井水位下降,水量大幅度减少,以至枯竭。此时,有的几里路之外取水,肩挑人抬车拉,排队等水。也有取到的是浑水,必须加明矾自然沉淀后才能饮用。每遇此情况还出现过不少"临渴掘井"的法子。有的旱时掏井,即人工下井,将淤浅的井掏深。更有下竹管,临时加大井深,即将竹管钻上若干小孔,包上棕皮,从老井底向下钻,以取较深层的水。下竹管名叫"打善井",中华人民共和国成立前后睢宁打善井是很出名的,很多外地人来睢宁学习。不但善井,还能善汪,即在汪塘底部下若干竹管,以增加泉水。中华人民共和国成立后由砖石善井发展成用水泥井管、大井套小井的子母井。

(3) 提水困难。古代有用杠杆原理提井水的办法,但睢宁人用此法较少。一般多是用长长的井绳拴上木桶或铁桶,人工提水,很费气力。那时井口多设有井台,井台多用方整的大料石中间人工钻一个圆洞。人在井台上提水时,提到半空累了,就将井绳压在井台上,停顿一下,歇一歇、喘口气,再往上提。久而久之,圆井台内立面就会摩擦出一道道竖向凹沟,这样的井差不多都是百年以上的老井,提水费力,运送水也同样费劲。人们在家和井之间负重取水,成为普通群众每天生活中必办的一件大事,长年如此,风雨无阻。精壮劳力者用两只大桶担(挑)水,力量稍差者就两个人抬一桶水。年老体弱者只能用小水罐提水。取水工具也是多种多样,有木扁担、竹扁担,有木桶、铁桶、陶瓷瓦罐,家家都备有盛水的沙缸。每村还会备有一两套铁钩,以供打捞掉入的井下之物。

二、机井

从前,外地有取河水直接饮用的习惯,睢宁从前没有长流水的河,中华人民共和国成立后虽然逐渐实现了河网化,河中有水,仍没有形成饮河水的习惯。中华人民共和国成立后长期仍饮用地下水,不过打井技术、井水质量都不断提高,提水工具也不断被优化。为发展农业灌溉,打深井,从用人力或畜力机械提水,到用电力机械提水,因此同时也提高了人们饮水需求。

(一) 20 世纪 50 年代的机井、手压井、土井

1956 年,县里选派专人去河南商丘学习"五六打井法"并大力推广。一盘井架子 5~6 人,利用井架竹弓人力跑动,向下冲击,冲成井孔后,用特制的弯砖下井筒,从此不再用人工开挖大塘。由男女青年组成的打井专业队,女性不再受歧视,也成为专业队的骨干力量。与此类型井配套的提水工具叫"解放水车",构造简单、成本低,一般小农具厂都能制造。该水车用人力推动或畜力拉动,出水量约每小时 10 立方米。用"五六打井法"打井是中华人民共和国成立后打深井的初级阶段,由于仍是取浅层土壤渗透水,提水量增加,水质并没有多大改变。那时还开始出现手压井,即有专营人员,用细小麻花钻头,可钻几米深,下小塑料管,两个人操作,一天可成井。这种井出水量少,但一家一户可用。手压井到七八十年代在农村比较普及。当年广大农村仍在使用原来的土井。20 世纪 50 年代的井都是人力提水。

(二) 20 世纪六七十年代开始打机井

机井就是比土井打得更深的井,而且是使用柴油机或电力提水,为与土井相区别,取名为机井。

20 世纪 60 年代推广"人力大锅锥"打井,井深一般可打 40 米,最深约 50 余米。井筒不再用砖石,而是用预制的混凝土管。提水工具在解放水车基础上改造成链条泵,用柴油机带动,从此不再用人、畜力提水。出水量一般每小时可达 30~40 立方米。

20 世纪 60 年代末开始钻机打井,由人力打井改为机械钻井。使用的机型先后有仿苏型钻机、冲击钻、小跃进钻机和 150 型钻机。可打井深 50~100 米的中、深井,最深可打山区 500 米的小孔径岩石井。井筒不再用预制的混凝土管,而是用钢管,提水工具用电动的离心泵、潜水电泵、深井泵等。出水量每小时约为 40~70 立方米。

由于机井的普及,人们普遍饮用机井水,砖石井逐步淘汰。二者相对比较,机井明显有三大优势。

(1) 水的质量有所改善。机井取用的是深层地下水,上部沙土层部分使用封闭管,浅层土壤水不能直接进入井内。有的还要在打井前进行物探,电测含水层的深度,使透水管准确对准含水层,尽量减少土质对水质的干扰。有的还进行降氟改水措施,饮水质量有所改善。

(2) 取水量比较有保证。机井是为农业灌溉而兴起的,从而带动了人们的饮水需要。一眼机井可以保证 30~40 亩水稻用水,如果是旱作物水浇地,可以

负担百亩。人的饮用水量和灌溉用水量相比,占比很少。同时深层水受降雨影响较小,即使天旱,也不至于影响人们的饮水需求。

(3)建水塔供水。农村机井可布局在村庄附近,灌溉和饮水相结合,以自然村为单位,建水塔,埋管道,送水入户。当年不但农村使用这种粗放型的自来水,城镇也纷纷打机井、建水塔,为居民供水。一些单位、厂矿企业也都在自己的工作区域打井建塔,形成独立的供水系统。

三、地面水厂

从20世纪60年代开始打机井,至今已有50多年。但这样密集地、小型分散地、长期地抽取地下水已形成严重地超量开采。如今农业用井水灌溉的格局已形成多年,加上发达的工业需要大量的生产用水和冲污用水,取用地下水的量已严重不足。因此,加快建设以地表水为水源的自来水厂,减少地下水开采量,严防出现地下水过量开采导致地质灾害等的发生,已成为当务之急。

各地虽打深井开采承压层水,其水质仍有差异,水中含碱仍未根除。据20世纪80年代睢宁县卫生部门对农村生活饮用水调查显示,睢宁县高氟水主要存在于以县城为中心的腹部地区、县西南部和县东南部。共确定高氟水病区12个,其中轻病区3个,中病区8个,重病区1个。以后虽有降氟改水措施有不同程度的减轻,但最终未能消除。改革开放以来,在农业大发展的基础上,工业、各种养殖加工业又突飞猛进地发展。调查资料表明,农村60%以上水源周围存在污染源。生活污水、养殖畜禽粪便、工业废水等无序排放;化肥、农药过度使用;工矿企业尾矿、废渣等固体废弃物、垃圾乱堆乱放,造成河道淤积、水体污染。这些都直接或间接地影响了饮用水水源的水质。水源质量旧病未除,新的污染源又迎面而来,睢宁饮水资源受到严峻地挑战。为此,减少取用地下水、建地面水厂饮用地面水便于21世纪之初被提上重要议事日程。

2006年11月,睢宁县政府与投资方签订合同,2007年4月奠基,投资9000万元建设地面水厂水源厂、净水厂及12千米的混水管网。2008年6月28日,水厂开始运行,初步向城区居民供应干净、卫生的自来水。由于此时水源是直接从徐洪河取水,河道整修引水受限,加上管网亦有缺陷,于是做了大量前期工作开辟第二水源地。2012年2月12日,睢宁县政府主持召开了睢宁县地表水饮用水源地专家论证会,省、市、县等单位的专家和代表通过现场查勘,庆安水库现状水质基本符合《地表水环境质量标准》Ⅲ类标准,建议增设庆安水库为第二取水口。2014年10月完成了以庆安水库为主水源的水源厂建设和铺设14.3

千米球墨铸铁输水管道,工程投资为3850万元。2014年底,县政府出资近亿元将原地面水厂从投资开发商手中进行回购,从此地面水厂产权、管理使用权,归政府所有。设于梁集镇傅楼社区的睢宁县地面水厂,第一期工程日供水5万吨/天,正在使用。2016年3月,睢宁县委、县政府批准建设睢宁县地面水厂二期工程,建设规模为10万吨/天,现正在施工。第二期工程完工后,一、二期水厂合计日供水15万吨/天。

饮用地面水厂的自来水,其优越性是土井、机井无法比拟的。

(1) 饮水质量有保证。地面水厂有全自动化的加氯设备和检测装置。自来水生产净化流程自动化,确保了出厂水全面符合《生活饮用水卫生标准》,安全系数很高。已经用上自来水的社区居民也都纷纷表示,现在烧开水已消除了碱垢现象。千百年的碱水、含氟水再也不会影响人们的身体健康了。

(2) 供水数量有保证。一、二期水厂合计日供水15万吨/天,也就是15万立方米的水,这水是取自庆安水库。粗略估算,每天15万立方米,一个月是450立方米,一年的取水量是5400立方米。而庆安水库原设计兴利库容只有4770万立方米,其水源差额从哪里来?当然是从古邳抽水站抽水向水库补水。现在庆安水库拦蓄天然降雨的水量有限,大部分蓄水依靠抽外水补库。古邳抽水站可抽取和骆马湖连接的大运河水,也可以抽取和洪泽湖相连的徐洪河水。大运河是国家南水北调工程东线的主线,徐洪河是其副线。从长江多级翻水至京津地区,保证沿线工、农业生产和居民生活用水。我们饮用地面水厂的水,归根结底大部分是长江水。扎根长江,植入南水北调的大网络,其用水保证率之高,不言而喻。

(3) 优质水源提高了人民的生活质量。2015年2月15日,睢宁县地面水厂开始向睢宁城区30万人试供水。2015年底,全县16个镇、3个街道办事处已用上了干净清澈的自来水。不远的将来水厂二期工程竣工后,地面供水将覆盖全县绝大部分区域。实现农村与城市"同水源、同管网、同水质、同服务"管理,城乡供水一体化。从此睢宁县人告别了饮用地下水的历史。历史上是一村人同喝一井水,现代是全县大部分人同饮一厂之水。改革开放至今,人们生活水已大大提高,对饮用水的质量也有更高的要求。如今方便、稳定、安全的饮用水供应到千家万户,也是分享了改革开放的"红利"。人们经过一天的工作劳累后,回家拧开水龙头便有水可用,再也不会像从前到土井取水那样操劳。提水的桶、挑水的扁担、盛水的缸等人力取水工具,统统成了历史。

建地面水厂,改取用地下水为饮用地上水,是一项规模浩大的系统性工程,也是利在当代并惠及子孙的幸福工程,群众称之为"民心工程""德政工程"。建地面水厂工程的决策者、规划设计者、参与建设者的功绩,必将载入史册,后人会永远铭记。

2016 年 11 月成稿

附录六 更正三则谬误

一、考证郭诗

1961年庆安水库存废之争甚嚣尘上,正在这时国家卫生部副部长郭子化(原本地革命老领导)到水库视察并赋诗一首。该诗原件失传,睢宁只有传抄件。诗曰:"渠道纵横麦绿茵,庆安水库利为茛。工程代价云非议,伟绩丰功后世尊。"诗意既是肯定庆安水库工程作用,又希望保留水库,使其发挥更大效益。但诗中"利为茛"之"茛"是指毒草,与全诗之意不相符。虽多年多次引用,因郭子化同志已过世,谁也不好改动。2020年10月有了新的转机。县城有长于研究史志的郭福东老先生,提供一本国家卫生部与郭老同事所编写的《忆郭子化》一书,其中有庆安水库颂:"渠道纵横麦绿茵,庆安水库利无垠。工程代价容非议,伟绩雄图百世珍。""垠"指边、岸、界限,"无垠"为一望无垠之意。此诗近60年,终于得以纠正。

二、考证"睢水安宁"之说

近年来,有的人研究睢宁史志,望字生意,或说是随文释义。如说金宣宗兴定二年(1218年)取"睢水安宁"之意,定名为睢宁县。更有说盼望"睢水安宁",由古称睢陵改为"睢宁"。此背后意思是睢水不安宁,是条害河。此理解与史实大不相符。

县志载:自古以来,睢宁河道,泗水为大,睢水次之,潼水等又次之,诸河之水皆注入淮河。当时淮河宽广,泗、睢、潼畅流,虽有涝年也不致成灾。自从黄水宣泄入泗,睢宁河道遂变。……黄河屡次决口,睢、潼河河渠淤平,无法容水,以致田地被淹。

金兴定二年定名睢宁县之前,一两千年的睢水几乎没有大的灾害记录。后来黄河夺泗,是黄水为害。睢水不但没有为害,相反是被黄水不断决溢而逐渐淤平消失。

黄河夺泗入淮后,睢宁之河遂变。汛期黄河水猛涨,水位偏高,各支河向黄河排水从机会减少,到根本无法排入。排水受阻,积水成灾。黄河屡次决口,夹带大量泥沙,逐步将睢、潼等河流淤平。县志载,明天启二年(1622年)、崇祯二年(1629年),黄河冲决,睢水淤为平地。清乾隆四十八年(1783年),河决睢宁黄家马路,睢水古道全没(说明睢水淤平过程达161年)。睢水淤平后,县内各河长期无法形成新的洪水出路。清乾隆年间挑浚睢安河,安河成为睢宁向东南方向排水的独立水系,但安河标准狭小,出睢宁境河长超过50千米,所经沿线区划复杂。几乎各朝各代都想疏浚安河扩大标准,都没有成功,睢宁几乎年年有灾。直至1976年利用安河作为第一期徐洪河开挖,睢宁的排水口门才算真正打开。从明崇祯二年(1629年)睢水淤平算起,至安河口门大开,历时347年。

以上事实说明,睢水是条幸福河,其存在时睢宁是安宁的,没有了睢水,睢宁才是多灾多难的。近年有学者考证,"睢宁"二字宜分开来解,"睢"是因有睢水才称睢,而睢宁史志多记有战乱、匪乱,这些乱源才是盼望安宁之根本原因。这样的解释像是更贴近史实。

三、考证睢宁的母亲河

黄河被誉为中国的母亲河,古睢水也可誉为是睢宁的母亲河,但说小睢河是睢宁的母亲河就不对了。

古睢水是流经现河南、安徽、江苏三省的流域性大河。睢宁人受其益约2000余年,称为睢宁的母亲河当之无愧。

小睢河的历史就简单多了。历史上黄河在魏集北魏工决口,在魏集南水流分为三支。除中、西渭河外,尚有一支流向西南方向的低洼地,连通县城西关,此即中华人民共和国成立前小睢河之原形。中华人民共和国成立前没有小睢河的记载,系中华人民共和国成立后1952年整理时定名。因位居睢宁县中心地带,起名时认为应该有一条象征睢宁的河道。中华人民共和国成立初期县设建设科,戴洪鼎是建设科副科长,分管水利工作。中华人民共和国成立初整理河道时,多是他负责定名。他生前曾说过,从魏集经梁集到县城,连接一串洼地,南北开一条河,贯穿县中部地区,取名小睢河。后有人说古有睢水,小睢河就是母亲河。这说法不对,因当年取名小睢河时,那时文化水平低,没有和东西方向的古睢水相联系。

世纪之初大搞城镇建设,要在美化小睢河上"作文章",有人便与古睢水相链接,高调唱出小睢河是睢宁的母亲河。一是东西方向千年流域性大河,一是中华人民共和国成立后县内形成的南北方向的支河沟,无法相提并论。睢宁县水利战线上职工们,从不人云亦云,不接受此论。

王保乾 于2020年12月

附录七 水利工程安全管理案例
——睢宁县沙集抽水站

　　沙集抽水站位于睢宁县沙集镇境内，属淮河流域徐洪河水系，为徐沙河的一级提水站，承担向徐沙河调水补水任务，其水源为徐洪河，是睢宁县梯级河网规划骨干工程之一。沙集抽水站于 1983 年 11 月兴建，1984 年 10 月竣工，1985 年投入运行，工程总投资为 150 万元，灌溉面积（含高集抽水站以上）为 35 万亩，其中高集抽水站灌溉面积为 15.1 万亩，是睢宁县规模较大的灌溉工程之一。该站安装 10 台 28ZLB-70 型立式轴流泵，配用 JSL-15-8 型电动机，单机容量为 155 千瓦，总装机容量为 1550 千瓦，设计流量为 10 立方米/秒，设计扬程为 8.0 米。拥有 2800 千伏安主变压器和 100 千伏安站用变压器各 1 台，由睢宁县沙集变电所供电，电压等级为 35 千伏。

　　沙集抽水站前池与徐洪河一堤之隔，有进水涵洞相连通，此处堤顶高程 24.0 米。1998 年 8 月 14 日，由于特大暴雨袭击，徐洪河水位猛涨，水位持续在高程 18.5 米左右。沙集抽水站机房地面高程为 16.2 米，电机座高程为 16.5 米。由于进水闸门止水已坏，为保护机电设备不受损失，该站安排 3 人轮流值班，观察汛情和排水，将进水池水位控制在高程 15.5～16.0 米范围内。1998 年 8 月 15 日 8 时 45 分，沙集抽水站进水涵洞中心线北 46 米处徐洪河大堤发生管涌，机房被淹，淹没高程达 18.41 米，机房、电机、变压器、配电屏等设备均被淹于水中，如附图 7-1 所示。

一、事故经过

1. 发现异常，确认险情

　　1998 年 8 月 15 日早晨 8 时 45 分机房值班两位同志一人在机房开机排水，一人例行巡视检查。当走到前池东坡时突然发现进水口向北 8 米，北翼墙西侧 3 米左右处有水花并伴水泡冒出，当时怀疑是鱼甩尾形成或进水闸没落实造成的。检查进水闸门发现已经落到底部。返回原处再仔细观察，发现水花比刚才大，并好像比周边要浑，怀疑有异常情况发生。巡查同志迅速跑进院内向站领导汇报。站领导立即带领干部职工赶到现场，发现水花像开锅一样并伴有泥水涌出。组织人员沿河找寻进水口。随着水花的增大，前池东北角堤顶出现三道

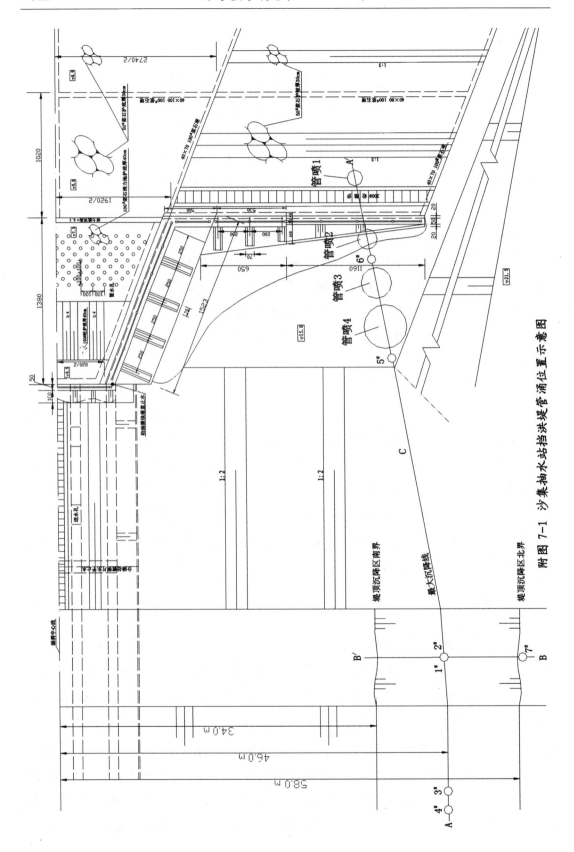

附图 7-1 沙集抽水站挡洪堤管涌位置示意图

轻微裂痕,随之发现徐洪河西岸边芦苇丛中有一个小漩涡,水草在上面打转。在场人员立即感到情况严重,意识到堤坝下有暗流,已形成管涌。

2. 全体动员,紧急抢险

8时50分站领导带领全站职工拿铁锹,蛇皮袋装土抛向水中堵塞漏洞,派人到村里联系拉稻草备用,同时,向防汛办公室汇报,向局领导汇报,并与供电局调度室联系停电,以防止机电设备遭受更大的损失。9时05分池内水如泉涌,挡洪堤裂缝增大,两道大裂缝间10多米段面凹陷,严重处约50厘米,并出现多道小裂缝。堤东边形成一个直径约2米的大漩涡。这时变压器和电机已置于水中,为了使损失降低到最低限度,站领导果断采取措施,组织人员将水闸提起,以求快速减小水位差,减少对河堤的压力和对泥土的冲刷。至9时20分前池水位和徐洪河水位基本持平,管涌消失。

3. 水毁情况

(1) 大堤。徐洪河堤水冲塌陷段面位于进水涵洞中心线向北34~58米处,长度为24米,堤顶形成不均匀沉陷,严重处沉陷0.52米,大堤严重破坏。

(2) 机房地面、降压场地均被淹于水中2米多深,10台电机、2台变压器以及油开关、配电屏、整流柜、控制台、电缆、电线等设备均泡于水中。

二、事故分析

1. 现场勘查

1998年9月4日,睢宁县供电局对沙集抽水站电气部分进行了鉴定。由于绝缘老化和水中浸泡等原因,部分电气设备损坏和绝缘水平大幅度降低,具体鉴定结果如下:

(1) 站内的所有控制电缆、直流电缆和交流电缆均绝缘击穿,需要全部更换。

(2) 站内的保护控制屏、直流屏、电容补偿屏、操作控制屏等均由于在水中浸泡而损毁,需要全部更换。

(3) 站内的10台电动机由于在水中浸泡而导致绝缘水平大幅度降低,需要进行大修烘干处理。

(4) 站内的35千伏电流互感和电压互感器设备老旧,绝缘水平大幅度下降,需要大修处理。

(5) 站内35千伏多油断路器绝缘老化,需大修处理(包括操动机构)。

1998年9月23日,徐州市水利局和睢宁县水利局有关专业技术人员对沙

集抽水站进行现场初步勘查,情况如下:

(1) 堤顶破坏现状。堤顶沉降区总长18米,最大沉降为49厘米,沉降区两端堤顶张裂缝发育,裂缝之间呈台阶状,最大裂缝缝宽26厘米,两侧落差为13厘米,裂缝最大可视深度为2.45米,说明堤身下部已被管涌严重侵蚀破坏形成较大悬空区,使上部坝体严重下沉而破坏。

(2) 迎水坡(挡洪堤外)破坏现状。对应最大沉降处的迎水坡面在标高19.0~12.25米区间土体已流失,形成上宽9.0米、下宽6.8米、深2.6~3.0米、斜坡面长21.35米的凹坑,在坑顶部有一直径约2.6米、深约2.0米的落水洞。在凹坑下部河坡及河底无明显滑坡体和堆积物,说明在堤身形成管涌通道后,入口处的土体被强大的漩涡流携带至下游。

(3) 背水坡(挡洪堤内)破坏现状。背水坡滩面标高15.0米,东北坡脚有明显水流冲刷现象,在坡脚至前池翼墙由大到小分三堆土,土粒由粗变细,在不远处前池水下也有较厚堆土,从坡脚至前池将四堆土依次编号为4#、3#、2#、1#,四堆土呈串珠状分布。根据土堆大小及颗粒粗细由远及近变大、变粗的现象,表明管涌由远及近、由深及浅发展,管涌携带能力由弱变强的变化过程。

(4) 大堤管涌位置。当徐洪河水位一段时间维持18.5米后,在挡洪堤内形成稳定的渗流场,经计算坝体浸润线在背水坡出逸点高程为16.14米。随着长时间高水位浸泡,坝体土强度逐渐降低,渗流沿坝体中的薄弱部位逐渐发展并形成管涌。后查明管涌位置在距离进水涵洞中心线北46米处,即堤顶最大沉降处。

受徐州市水利局工管处委托,徐州市水利建筑设计研究院于1998年11月25日在破坏堤段施工了钻孔6个,其中在迎水坡施工3#、4#孔,背水坡前池戗台上施工5#、6#孔,在破坏堤顶原1#孔处施工2#孔,在1#孔北侧10.0米正常堤段施工7#孔,目的是对比坝体土层结构以进一步确定管涌产生的原因和位置。具体土层结构如下:

(1) 正常坝段

在正常堤段施工的7#孔揭露的正常地层分布与1983年《沙集站钻探报告》所反映的资料基本吻合,虽然土层编号不同,但土层对应的标高是一致的。

(2) 破坏坝段

在破坏堤顶施工的2#孔,其查明情况如下:

① 标高18.41米以上为大坝填土,土料以粉土为主,含较多直径1~3厘米砂礓和碎石,粉土干燥、较密,钻进困难。

② 标高 15.51~18.41 米为黄色粉砂,上部稍密,中下部密实,无水力破坏迹象。

③ 标高 13.41~15.51 米为褐灰色壤土,多呈块状,可见草根等杂物,表明土层近期受到明显扰动。

④ 标高 11.51~13.41 米为褐黄色壤土含砂礓,虽然砂礓含量较多,但壤土可塑,易变形。

⑤ 标高 8.11~11.51 米为黄色粉砂,其中在标高 10.01 米以上粉砂混杂较多壤土块,层顶有少量砂礓,以下粉砂夹黏土薄层,层理清晰。这种差异说明标高 10.01~11.51 米间砂层受过水力扰动破坏。

⑥ 标高 8.11 米以下为栗色壤土,可塑至硬塑。

通过正常坝段与破坏坝段土层结构对比、分析及钻孔静探曲线对比,可以认为堤身内标高 10.01~11.51 米、13.41~15.51 米两处受到了近期水力强烈作用,原状土层已经扰动破坏并杂含大量外部冲填物,是沙集站挡洪堤管涌破坏的两处通道。

2. 管涌形成过程分析

为了查明管涌的出入口,分别在上、下游施工的 $3^\#$、$4^\#$、$5^\#$、$6^\#$ 孔中 $4^\#$、$5^\#$、$6^\#$ 孔冲填土极软弱,是管涌后淤积土所致,产生本次管涌破坏的因素大致有:

(1) 第⑤层粉砂是导致管涌的主要原因。该层粉砂正常分布在 8.11~11.51 米标高内,而上游河底高程为 8.5 米,下游前池翼墙底高程为 7.6~14.7 米,由于翼墙底板完全坐落于粉砂层,因此有良好的导水地层,又有足够的过水断面在前池底板下形成渗流,经过长期的水力作用,前池浆砌块石底板因潜蚀而出现坑洞,地下水在抗渗最弱的部位出渗而产生管涌,于是在紧挨前池内踏步边缘形成 $1^\#$ 堆土。

(2) 管涌将管涌通道内的土和上游管涌口附近河边土体裹带至下游,使上伏第④层可塑砂礓壤土因局部失去支撑在重力作用下出现整体微下沉,由于含砂礓层渗透系数大,是较强的水力通道,加之 $1^\#$ 土堆形成的反压作用,同时翼墙背后和滩面填土被水浸泡软化,以致该部位产生管涌并沿墙后填土中喷出形成 $2^\#$ 堆土。

(3) 第③层褐灰色壤土干缩裂缝极多,整体性差,土体在干燥状态下呈薄片状。当第④层壤土下沉时,由于第③层壤土整体性差,在下沉中出现张拉裂缝,使原先存在的干缩裂缝迅速贯通,形成直接的过水通道,在水流强烈作用下,使整体性差的片状壤土很快被破坏并冲出。随着通道的进一步扩大,形成的悬空区使上部干燥坝体在重力作用下形成不均匀沉陷,并产生无数道台阶状分布的张裂缝,最终使坝体破坏,同时迎水坡上部的土体又被携带至下游或充填悬空区,在戗台上形成 3#、4# 堆土。由于存在上下两个管涌口,迎水坡塌陷坑平面呈葫芦形。

3. 结论

(1)管涌破坏有两个阶段,第一阶段发生在第⑤层粉砂,第二阶段发生在第③层壤土,先有第一阶段管涌,后因坝体沉降而次生第二阶段管涌。

(2)第一阶段管涌的产生是因为第⑤层粉砂在上游有足够的过水断面形成渗流,而在下游粉砂段翼墙底板又无防渗处理措施,同时前池底板又是防渗能力较弱的 50# 浆砌块石,在长期的渗流潜蚀下在坝体及前池内逐渐形成管涌通道,在突遇高水位时诱发管涌群区而破坏。

(3)年久失修的闸门在洪水来时不能有效地控制前池水位,导致前池翼墙后填土被水淹没而浸泡软化,降低了其抗冲渗能力,促发了第一阶段管涌由远及近、破坏力由弱到强的发展。

(4)第③层壤土因长期干燥而干缩缝较多,整体性差,客观上在突遇高水位时有形成管涌破坏的条件。

(5)由于沙集抽水站管理所的同志在关键时刻采取提闸放水保持堤内外水位平衡的正确措施,控制住了管涌,避免了溃堤现象。

三、解决措施

沙集抽水站设计采用上海水泵厂生产的 28ZLB-70 型轴流泵,经过十几年运行,机泵老化,气蚀严重,严重影响其装置效率。加之大水浸泡,机电设备急需更新。2001 年 9 月睢宁县水利局安排 65 万元(其中省抗旱经费 30 万元,县级水费 35 万元),解决了沙集抽水站电气设备的更新和 10 台水泵的大修问题,在机房外观处理上也下了一定的功夫,使这座老站焕发出青春的活力。

1. 土建工程

(1)抽水站机房部分。对机房屋面进行防漏处理,重新考虑屋面排水,对机房全部门窗进行了修理,由于机房外观陈旧,对机房进行了全面粉刷,并刷涂外墙漆。

(2)沙集抽水站挡洪堤部分。① 在前池对应的挡洪堤段采用粉体喷射搅拌桩进行加固处理。② 破坏的坝段恢复断面形态,对塌陷区重新换土填筑夯实，质量满足堤防规范要求。③ 对前池内管涌点进行封堵夯实。④ 对前池进水闸闸门进行了检修。

2. 主水泵维修

2001年9月15日，进水池内水排净后，睢宁县水利局立即对原水泵解体，查找问题，测量其有关参数，发现10台套机泵主要参数严重超标。睢宁县水利局对10台套机泵全部进行重新调整安装，并更换了进水喇叭口5台、叶片21片、叶轮端帽7只、中间轴承10只、平面轴承6只，维修导叶体3台和泵轴10根，校正传动轴3根。

3. 主电机维修

沙集抽水站站内10台电动机由于在水中浸泡而导致绝缘水平大幅度降低，因此，对10台电动机进行大修烘干处理。

4. 电气设备更新

（1）更新主变控制信号屏、主变保护屏和直流屏各一面，主变采用DW2-35/630型断路器，带电磁操纵机构，通过电流继电器、中间继电器及信号继电器等各种继电器使其对变压器及低压线路中出现的短路、过流、过负荷均能起到保护作用。

（2）更新10面主机控制屏，屏内采用DW15-630型自动空气开关，对电机进行运行、控制和保护，电机出现的短路、过流故障能自动分闸。这比原配电屏内交流接触器的保护要完善得多，大大提高了保护功能的灵敏性、快速性和可靠性。

（3）更新2面电容补偿屏，对电机运行无功补偿，总无功补偿为256千瓦，可使正常运行的电动机的功率因数达到0.9以上。无功补偿不仅增加了变压器的供电容量，而且可在用电高峰时提高电压，确保机组的安全运行。

（4）对高压电压互感器、高压电流互感器、户外多油断路器和主变压器进行了大修处理，更新了一组35千伏避雷器，并对变压器油进行了过滤处理。

（5）因变压器池损坏，电缆沟尺寸不合理，对变压器池和原电缆沟进行拆除重建，并且对变压器池内石子进行了清洗和更换。

5. 水毁修复后效益

沙集抽水站水毁工程修复后，可充分发挥效益，恢复了原有的灌溉面积，同时还为高集抽水站的抽水水源提供可靠的保证。

四、经验教训

(1) 未按设计要求做好黏土心墙。根据徐州市水利建筑设计研究院钻探资料显示挡洪堤身未按设计要求做好黏土心墙,致使防渗长度严重不足,在超标准洪水位情况下,致使渗水严重,形成管涌。

(2) 工程缺乏及时维修养护。工程年久失修,进水涵洞闸门漏水,在超标准洪水位情况下,闸门不能有效地控制水位。

(3) 设计不能只考虑经济,更要考虑安全管理。沙集抽水站电机层高程原考虑在19.0米,后因经费限制,设计进行了修改,降低了电机层高程,虽然考虑到防洪措施,但仍因经费不足等原因未能按标准做到。

今后无论在设计方面还是在施工方面,不仅要经济还需高标准、严要求、严把质量关,充分考虑各种因素对工程安全运行造成的影响。

附录八 睢宁县"十四五"水务发展规划(节录)

目 录

1 "十三五"水务发展成就
2 水务发展形势和存在问题
  2.1 水务发展形势
  2.2 发展现状及存在问题
3 水务发展总体思路
  3.1 指导思想
  3.2 基本原则
  3.3 发展目标
  3.4 总体布局
4 水务改革发展主要任务
  4.1 水安全保障工程
    4.1.1 区域治理工程
    4.1.2 城市防洪排涝
    4.1.3 城市供水工程
    4.1.4 工业供水工程
  4.2 水效领跑工程
    4.2.1 水源工程
    4.2.2 节水工程
  4.3 水系贯通工程
    4.3.1 城区水系连通工程
    4.3.2 区域水系连通工程
    4.3.3 镇村水系连通工程
    4.3.4 通江达海工程
  4.4 水美实现工程
    4.4.1 "一环三横四纵"整治工程
    4.4.2 农村生态河道整治

4.4.3　村级黑臭水体治理
　　4.4.4　水土保持工程
　　4.4.5　水库移民后扶与水利帮扶
　　4.4.6　"幸福河湖"建设
　4.5　水质保障工程
　　4.5.1　庆安水库水源地保护工程
　　4.5.2　城区污水处理提质增效工程
　　4.5.3　城区污水处理厂扩建工程
　　4.5.4　镇级污水处理设施建设工程
　　4.5.5　村级污水处理设施建设工程
5　保障措施
　5.1　加强组织领导，履行政府职能
　5.2　落实投入政策，稳定增长机制
　5.3　加强管理服务，优化营商环境
　5.4　强化行业监管，建立监管机制
　5.5　强化队伍建设，推进科技创新
　5.6　加大宣传力度，加强监督检查
附表：
　　睢宁县"十四五"水务发展规划项目表
附图：
　　附图1　水安全保障工程建设
　　附图2　水效领跑工程建设
　　附图3　水系连通工程建设
　　附图4　水美实现工程建设
　　附图5　水质保障工程建设
　　附图6　"智慧水务"平台建设

正　　文

1. "十三五"水务发展成就

（略）

2. 水务发展形势和存在问题

2.1 水务发展形势

"十四五"期间,我国将在实现全面建成小康社会的基础上开启建设社会主义现代化国家新征程。"十四五"水务发展规划是国家机构改革后的第一个五年规划,是新时期新要求新形势下睢宁经济与社会发展规划的一项专项规划,也是"十四五"及今后一段时期水务发展的统领性规划。我县将加快建设"全面转型、全域美丽、全民富裕"新睢宁,并向"第二个一百年目标"进军。全县水务工作将积极践行新时期治水方针,按照"水利工程补短板、水利行业强监管"的总基调,高标准推进故黄河、庆安湖、徐洪河、徐沙河、白塘河等骨干河湖"五水引领"生态水美格局构建,推动睢宁水务工作取得新的更大成就,为全县经济社会高质量发展提供保障和资源支撑。

(1) 以习近平新时代中国特色社会主义思想和十六字治水方针指引全县水务工作,改进水务发展思路。习近平总书记提出的"节水优先、空间均衡、系统治理、两手发力"治水思路,是习近平新时代中国特色社会主义思想在治水领域的集中体现,为做好水务工作提供了强有力的思想武器和根本遵循。坚持绿水青山就是金山银山的理念,坚持生态优先、绿色发展,坚持山水林田湖草综合治理、系统治理、源头治理,按照"共同抓好大保护,协同推进大治理"的要求,加快把工作重心转移到"水利工程补短板、水利行业强监管"上来。统筹解决水安全问题,确保堤防不决口、河道不断流、水质不超标、推动睢宁水务工作取得新的更大成就,为全县经济社会高质量发展提供保障和资源支撑。

(2) 围绕"双千双百,撤县建市,五年再造一个新睢宁"目标,扎实推进水务基础建设。"十四五"是我国向"第二个一百年目标"进军的起步阶段,也是睢宁县在全面建成更高水平小康社会的基础上开启现代化建设新征程的关键时期。县委县政府提出必须围绕产业空间格局、城市发展格局、乡村建设格局、生态水系格局、民生普惠格局,全力实施"五五工程",于大处着眼,于小处着手,于细微处见真章,用五年时间再造一个新睢宁。要突出故黄河、徐沙河、徐洪河、庆安湖、白塘河五水引领,统筹做好沿线廊道整治、生态保护、基础设施建设,彰显亲水睢宁之美、铸就美丽睢宁之魂,加快构建水岸一体、河湖两清的生态水系格局。

(3) 全面推进生态文明建设,切实加强水资源与河湖库保护。水是生态之基,是生态环境的主要控制因素,健康的水生态环境是生态文明的重要组成和基础保障。当前,河湖污染、水生态退化、部分地区的水资源短缺等问题,已成为建设更高水平小康社会和实现基本现代化的制约瓶颈。新形势下,需要牢固树立生态文明理念,坚持"以水定城、以水定地、以水定人、以水定产"的原则,把水资源作为最大的刚性约束,把节水放在优先位置,大力实施节水行动,加快完善水资源配置格局,规划完善再生水利用体系,着力保障河道生态基流。要进一步加大水资源保护力度,开展重点河湖库生态治理保护,逐步修复受损的水生态系统,完善河长制,持续开展河湖库"清四乱"行动,推动河湖库生态系统持续向好。要持之以恒开展水土保持建设,严控人为水土流失,提升水源涵养和水土保育能力。

(4)保障经济社会高质量发展,加快水务改革创新。江苏省委省政府明确了"高质量发展走在前列"的目标定位,要求引领全面开启基本实现社会主义现代化建设新征程。水务作为治理体系和治理能力的重要组成部分,迫切需要落实新一轮机构改革要求,按照"补短板、强监管、提质效"的水务改革发展总基调,深化水务体制机制改革,推进水生态文明建设,健全水务治理体系,加强水务行业监管,加大水资源管理、河湖管理、工程管理以及水务投融资等重点领域和关键环节的改革攻坚力度,巩固提高水治理体系与治理能力,为推动水务持续健康发展提供强大动力。同时,针对当前水资源短缺、水生态损坏、水环境污染等问题,以及用水浪费、河湖侵占等行为,迫切需要全面加强水务行业监管,健全水务行业监管体系,改进监管手段和方式,做到涉水行政事前事中事后监管并重。大力提升监管能力水平,推进区域协同管控,强化水资源、水生态、水环境刚性约束,实现水资源与河湖资源的可持续利用以及人与自然的和谐共处。

2.2 发展现状及存在问题

(1)区域防洪除涝标准依旧偏低,减灾任务仍需加强。区域水利治理仍是全县水利治理的短板。近年来,通过中小河流、区域治理、黄河故道干河治理等治理的河道共有6条,治理长度233.6 km,治理率为60%。仍有睢北河、潼河、白马河、田河、老龙河、白塘河、小睢河、小沿河、西渭河、中渭河等10条河道(段)多年未曾治理,现状排涝标准大多不足5年一遇。另外,受工程投资限制等因素制约,近期治理过的部分河道仅对淤积严重的河段进行了治理,剩余河段仍然不同程度存在河槽淤积、堤防残缺、建筑物年久失修等问题,河道整体防洪除涝能力达不到规划标准。

城市防洪方面,老龙河东堤还未建成,城市防洪封闭圈还未形成,防洪标准尚不能达到50年一遇。

城市排涝方面,形成了"一环三横四纵"的排涝布局,仅对内城河、小睢河、小沿河、西渭河、睢梁河、春水河、秋水河、付楼大沟、八店中沟、小睢河北段等10条河道清淤治理,尚未进行综合整治,城区排涝标准依然较低。付楼大沟、八店中沟东西两端未能贯通,小睢河北段排涝压力较大,汛期北环路以北片区涝水进城,抬升城区河道水位,对城区排涝造成一定影响。

(2) 水资源保障能力还需进一步加强,用水效率有待提高。高亢地区工程型缺水问题依然突出,缺乏有效的灌溉配套设施,干旱缺水成为制约当地农业发展的因素,部分地区农田粮食产量不高。

农业用水方式相对粗放,灌溉水利用系数为0.620,与节水先进地区仍有差距。工业用水效率有待提高,再生水及非常规水源利用水平不高,配套设施相对薄弱,全社会节水意识和节水管理仍需加强。

(3) 水生态环境承载压力日趋加大,水污染防治形势依然严峻。侵占河湖、水域现象依然存在,污染物排放强度仍然较高,河湖库水环境质量脆弱,水功能区水质达标率与水生态文明建设目标尚有差距。

水污染防治是水生态文明建设的短板。城区现有污水处理厂4座,其中,创源污水处理厂现状规模4万吨/天、城东污水处理厂现状规模2万吨/天、经济开发区污水处理厂现状规模2.25万吨/天、桃岚化工园区污水处理厂0.3万吨/天,污水处理能力达到8.55万吨/天。全县共建成15座镇级污水处理厂,污水处理能力达到1.92万吨/天。城区污水处理厂、镇级污水处理厂存在配套管网不足、雨污合流等问题,严重影响了污水收集与处理。同时,管网老旧、渗漏问题尚未解决,外水入侵污水管网,导致管网高水位运行,存在溢流风险,导致污水浓度偏低,污染物消减效能偏低。

农村生活污水治理是农村人居环境整治的重要内容,是实施乡村振兴战略的重要举措。2020年底已建成164个村级污水处理设施,覆盖295个行政村,行政村污水治理覆盖率为76%,自然村治理覆盖率不足30%,距离自然村污水治理全覆盖还有一定差距。

(4) 农村水利综合保障能力相对薄弱,民生水利仍需加强。近几年县委县政府加大了对农村水利工程建设投资力度,取得了一定的成效。但由于农田水利工程基础薄弱,面广量大,建设任务依然繁重。部分工程老化失修、完好率偏低,农村河道淤积、引排能力不足,影响农村水利工程整体效益发挥。面广量大的农村水利工程缺乏长效管护机制,面临着管护人员、管护资金不足等问题。

(5) 区域供水不能满足发展需求,城乡供水仍需提升。现有地面水厂1座,总规模15万吨/天。2020年日供水量已达到13.5万吨/天,高峰期日供水量超过15.5万吨,第二地面水厂的建设迫在眉睫。

城区部分供水管网陈旧老化,供水能力不足,供水范围跟不上城市扩展的速度,城市扩展区域管网缺失,不能形成供水联网闭环,局部地区仍存在停水、断水与水压不稳现象。农村饮水安全任务依旧繁重,部分乡镇供水管网破旧,漏损率偏高,管理水平较低,水费收缴率偏低,影响城乡供水一体化运行。

城市二次供水尚未实现统建统管,由物业管理的二次供水设施布局混乱、设施陈旧、管理不善,二次供水管线老旧且渗漏严重,造成二次供水设施漏损率居高不下,水质二次污染等问题。

(6)城乡排水防涝能力亟须增强,污水处理还需完善。部分排水管网排水能力不足,随着城区的快速发展,早期建设的排水管网不能满足排水需求,管网管径不足、老化漏损,部分地势低洼地段遇强降雨时易造成短时积水,加之地下管线情况复杂,排水设施改造难度大,实施雨污分流改造难度大,雨污分流工程进展慢。

(7)水利依法行政还需加强,水务管理服务水平有待提高。侵占河湖、岸线现象依然存在,"两违三乱"执法难度大。水利依法行政需进一步加强,法规制度执行力度需进一步加大,综合执法能力需进一步提高。

水务工程"重建设,轻管理"的现象仍然存在。水务工管单位存在人员老化断档、管理经费不足、专业技术人才紧缺等问题。镇村管理由于缺少管理体制建设、资金支撑、技术人才短缺,造成农村水利建设工程交付地方使用后,遭受自然的、人为的不同程度的损坏。灌区管理存在管理人员短缺,技术力量薄弱,管理经费不足,管理设施不够完善,导致渠系管护不到位,渠系淤积、引排不畅等问题。

3. 水务发展总体思路

3.1 指导思想

以习近平新时代中国特色社会主义思想为指导,全面贯彻党的十九大和十九届二中、三中、四中、五中全会以及习近平总书记系列重要讲话精神,统筹推进"五位一体"总体布局和协调推进"四个全面"战略布局,牢固树立"创新、协调、绿色、开放、共享"的发展理念,全面践行"节水优先、空间均衡、系统治理、两手发力"的新时代治水思路,坚持"水利工程补短板、水利行业强监管"的总基调,全面落实河长制工作要求,实行最严格的水资源管理制度。围绕"五年再造一个新睢宁"宏伟蓝图,锚定"双千双百、撤县建市"奋斗目标,构建"五水引领"格局,统筹做好沿线廊道整治、生态保护、基础设施建设,聚焦全面转型、全域美丽、全民富裕,奋力走好社会主义现代化强县建设新征程。

3.2 基本原则

一是坚持绿色发展、人水和谐。全面贯彻落实新发展理念,坚持以水定需、因水制宜、量水而行,促进经济社会发展与水资源、水生态、水环境承载能力相适应,确定生态文明发展理念,走生态优先、绿色发展之路。

二是坚持节水优先、高效利用。严格落实用水总量控制和定额管理制度,扎实推进全行业、全过程、全社会协同节水,推动形成有利于水资源节约利用的产业结构、生产方式和消费模式。

三是坚持统筹兼顾、综合治理。强化整体保护、系统修复、综合治理,统筹解决水灾害、水资源、水环境、水生态问题,不断提高水安全综合保障能力,充分发挥水资源综合利用效益。

四是坚持深化改革、创新驱动。切实落实"工程补短板、行业强监管、系统提质效"的水务改革发展总基调,坚持政府主导和市场机制协同发力,全方位推进水务事业创新发展。

3.3 发展目标

深入践行"绿水青山就是金山银山"理念,高标准推进"五水引领"生态水美格局构建,着力推动水务行业固根基、补短板、强弱项、增优势,不断提高统筹贯彻新发展理念的能力和水平。控减水旱灾害损失,着力化解资源环境约束,维护河湖健康,夯实农业发展基础,高效发挥水务功能,以优良水安全、优质水资源、优美水生态、优越水环境构建水生态水美样板。推进全域无积水、全域消除黑臭水体,实现"全域美丽"新睢宁发展目标。

(1) 防洪减灾

流域性河道防洪标准巩固20年一遇。区域骨干、跨县重要及县域重要河道防洪标准20年一遇、排涝标准5~10年一遇。城市防洪标准基本达到50年一遇,河道排涝标准基本达到20年一遇。河湖堤防达标率达到93%。

(2) 水资源保障

落实"三条红线"控制指标、水资源消耗总量和强度双控管理,全县用水总量控制在6.08亿 m^3 以内,全县万元GDP用水量、万元工业增加值用水量下降完成下达目标,地下水年开采量控制在1760万 m^3。城市再生水利用率达到25%。

(3) 水生态

严格水域管理保护,确保水域面积只增不减。全面建立河湖空间岸线管控体系,深入推进幸福河湖建设,改善水环境,增加河道水体流动性。实现重点河湖生态水位(流量)保障率大于60%。恢复水域面积5 km²。

(4) 农村水利

统筹解决农村防洪除涝、灌溉供水、水环境保护等问题,完成凌城灌区、高集灌区大中型灌区续建配套与现代化改造,灌溉水利用系数达到0.627,有效灌溉面积率达到95%,水土保持率达到98.5%,旱涝保收田面积率达到90%。

(5) 城乡供水

适应城镇化和城乡一体化发展要求,加强供水工程建设,持续完善城乡供水体系,城市公共供水漏损率控制在8%以内,集中式饮用水源地达标建设完成率达到100%。

(6) 城镇排水

新建雨水管道设计暴雨重现期达到2~3年一遇。强化雨污分流系统治理,加强污水处理设施和配套管网建设,基本实现污水管网全覆盖、全收集、全处理。力争城市生活污水集中收集率达到70%以上,污泥资源化利用率达到100%。

(7) 水务管理与改革

推进水务治理体系和治理能力现代化,加快构建系统完备、务实管用的规章制度体系,进一步提高依法行政水平、执法监管能力。推动河湖长履职,强化部门联动、严格督查考核,进一步完善河湖长制工作体制机制。着力扭转"重建轻管",优化管理队伍,提高工程管理水平,加大运行管理管护经费投入,保证水利工程高质量运行,加大对工程安全规范运行的监管,充分发挥工程效益,全面提升水旱灾害综合防治能力。

统筹推进各项水利改革,加大灌区管理体制改革力度,强化人才队伍建设,建立科学的管理运行人才配置体系,整体提升人才综合素质和创新能力。提高水务工程建设科技含量,促进传统水务全面技术升级。推进水务治理体系和治理能力的现代化,保障水务持续科学发展。

睢宁县水务"十四五"规划主要目标指标表(略)

3.4 总体布局

服务全县协调发展战略,加快水务建设,增强防洪排涝协调性、水资源保障均衡性、生态保护系统性、农村水利适应性、城乡供水可靠性、城镇排水全面性、水利管理规范性以及水利发展可持续性,保障防洪安全、供水安全、生态安全、粮食安全、排水安全,全面提升水管理服务水平,发挥水务基础性、全局性、战略性作用。十四五期间,水务工作通过补短板、强弱项、强监管,实现全域美丽、全域无积水、全域消除黑臭水体。

(1)着力提升防洪排涝设施建设,增强流域、区域、城市间的协调性,保障防洪安全。按照新型城镇化和城乡一体化发展战略要求,适应区域城市发展态势,坚持把防洪保安放在十分重要的位置,完善流域、区域、城市间相协调的防洪除涝工程体系,协调治理标准、工程规模、实施时序和调度运用,着力提高对洪水的综合防御能力。一是突出区域综合治理。加快区域治理力度,提高区域防洪排涝标准。继续实施黄墩湖洼地治理工程,加快病险水闸除险加固工程,着力推进区域骨干河道综合整治。二是围绕"撤县建市"为目标,加快城市防洪排涝能力建设。完善城市防洪排涝体系,增强城市水灾害的综合防御能力。加强城市排水设施建设。围绕"管网建设提标准、规范管理保安全"的目标定位,加快实施易淹易涝片区治理,通过管网建设、加强监管、市场化养护及信息化建设等综合措施,提高雨水排水达标率。

(2)继续完善水资源供给设施建设,增强水资源利用的节约性和供给均衡性,保障供水安全。围绕区域协调发展战略要求,适应经济社会发展需求与资源禀赋条件,在完善区域调配水的同时,主要通过节水型社会建设、适宜产业布局引导和实施差别化供水策略,提升水资源承载能力和保障能力,保障供水安全。一是加快区域水资源配置工程体系建设。积极配合省开展南水北调东线后续工程规划研究。二是强化节水工程建设。以创中华人民共和国成立家级县域节水型社会为抓手,落实节水优先方针。推动灌区续建配套与现代化改造,大力发展农业节水。抓好工业节水工程建设,提高工业用水重复利用率,大力开展节水型企业、社区、学校等各类载体建设。加强城镇节水,进一步推进再生水、雨水等非常规水的利用,建设再生水厂,提高水资源利用效率,实现经济社会发展与水资源、水环境承载能力相协调。

(3)抓紧实施生态治保设施建设,增强水资源与河湖治理与保护的系统性,保障生态安全。围绕生态文明建设,立足山水林田湖生命共同体,推进以流域水系为单元的水生态科学管理和系统治理,打造低污染排放、低生态影响的新型城镇和"幸福河湖"。一是推进城乡河湖水系连通工程。大力实施河湖水系连通工程建设,建设城市活水清水工程,增强水资源和水环境承载能力,改善城乡水环境。二是加强水土流失治理。以生态型、清洁性小流域为重点,加强水土流失综合治理,构建水土保持监测网络,健全水土流失综合防治体系。三是开展水生态文明建设。积极开展"幸福河湖"、水利风景区等不同层面的水生态文明创建。

（4）大力健全农村水利设施建设，增强农村水利保障体系与现代农业的适应性，保障粮食安全。重点围绕加快发展现代高效农业、保障粮食安全和新农村建设目标，强化现代农村水利工程体系和基层水利服务体系建设，保障粮食安全，提升服务"三农"水平。一是推进农村生态河道整治。以问题为导向，开展农村水系综合整治，打造"河畅、水清、岸绿、景美"的农村生态河道，建立健全农村水利工程管护机制，提高管理水平。二是推进村级黑臭水体整治。实施村级黑臭水体治理，实现沟渠水面无杂草、秸秆等垃圾漂浮物，无有害水生植物，无污水集中超标排放，水体清洁、无异味。三是加强灌区建设。加快灌区续建配套与现代化改造，进一步改善高亢地区缺水现状，提高农业综合生产能力，提升粮食安全保障能力。三是加强水库移民后扶与水利帮扶。通过完善精准扶持机制，实施贫困区脱贫解困和移民增收计划，解决贫困区、库区和移民安置区基础设施建设和安居环境薄弱问题。

（5）继续推进供水安全设施建设，增强城乡供水水质可靠性，保障饮水安全。围绕新型城镇化和城乡一体化发展战略，进一步推动城乡供水提档升级，保障城乡一体化供水高质量发展，完善供水体系，提升城乡供水可靠性。按照"水量保证、水质达标、管理规范、运作可靠、监控到位、应急保障"的要求，健全城乡供水体系，铺设扩展区域供水管网与城市主管网形成联网闭环，加快实施第二地面水厂建设及其附属设施，推进城市二次供水改造，按照"统一新建、规范在建、逐步改造已建"的方式逐步实行统建统管。实施经济开发区工业水厂二期工程建设，提高工业供水安全保障能力。

（6）加快实施雨污分流设施建设，增强城镇污水处理的全面性，保障排水安全。加大城区雨污分流建设力度，加强污水处理设施和配套管网建设，不断提高污水收集处理率。一是实施庆安水库水源地保护工程，确保水质达标。二是加强城区污水处理提质增效工程建设。加大城市排水雨污分流建设力度，推进县城镇建成区雨污分流建设。三是加强污水处理工程建设。加强县镇村三级污水处理设施建设，提升污水处理规模，加大城市排水雨污分流建设力度，加快乡镇污水处理厂管网配套，提高污水收集处理率，继续推进农村污水治理，并加强再生水利用。

（7）依法改进水务管理服务，增强水利社会管理和公共服务的规范性，提升水务管理服务水平。坚持"水利工程补短板、水利行业强监管"，深入推进水务工程的规范化管理，完善工程管理制度建设。一是坚守水资源"三条红线"管理。严格水资源管理制度考核体系,严格水资源消耗总量和强度"双控"管理。二是强化河湖库与水域岸线管理。依法划定河湖库管理范围,建立河湖库空间管理制度,规范水域、岸线开发利用行为。严格涉河项目审批和监管,落实占用水域补偿制度。三是加强农村水利管理。建立健全管护制度,落实管护经费、管护人员,确保河道长久发挥效益。四是加强城乡供水管理。大力提高供水安全保障能力,实现供水安全保障体系全覆盖,同服务。五是加强城市排水管理,积极推行排水设施市场化运作和社会化管理新机制和新方法,加强污水处理厂运行管理,保证出水水质达标。六是提升基层管理服务水平。建立健全、职能明确、布局合理、队伍精干、服务到位的基层水利服务体系,全面提高基层水利服务能力。七是不断完善监管体制,优化营商环境。

（8）继续加强水务监管体系建设,增强水务发展的可持续性,提升水务治理能力的现代化水平。围绕水治理体系和治理能力现代化的总要求,健全河湖管理体制机制,提高水务行政执法效能,强化依法行政、建设管理、生产安全管理,构建有利于提升水务行业管理水平、增强水务保障能力的体制机制。一是健全河湖管理体制机制。推动河湖长履职,强化部门联动,健全河湖长上下联动机制。二是加强工程建设管理与安全生产管理。深入探索和推行集中项目法人、工程代建制、设计施工总承包制和区域集中监理制等管理模式。全面落实安全生产责任制,大力推进安全生产标准化建设。三是加强防汛抗旱应急能力建设,健全完善各部门协调联动机制。四是深化乡镇水利站改革。进一步加强乡镇水利站能力建设,提升乡镇水利站服务水平。五是加强智慧水务建设。建成覆盖全县水利系统的并与省、市水利平台共享的交互式水利系统网络。六是推进水文化建设。完善水文化遗产保护利用体系,高度融合水务工程建设与水文化建设。

4. 水务改革发展主要任务

4.1 水安全保障工程

贯彻"全面规划、统筹兼顾、标本兼治、综合治理"的方针,继续推进黄墩湖洼地治理工程建设,增加低洼圩区排涝动力,改善低洼地区易涝状况。加快完成中型病险水闸除险加固工程,实施区域河道整治工程,提高区域防洪除涝标准。完善城市防洪排涝工程体系,进一步增强流域、区域、城市间协调性,提高洪水的调控能力和安全保障能力,力争5年内实现常规降雨"田间无积水"、"城镇无积水"目标。实施区域供水完善工程,推进第二地面水厂及配套设施建设、经济开发区工业水厂二期工程建设,提高生活、工业供水安全保障能力。

4.1.1 区域治理工程

黄墩湖洼地治理。继续推进黄墩湖洼地治理工程建设,通过疏浚骨干河道、加固堤防,提高防洪排涝标准。配套完善沿线挡排建筑物及圩区抽排泵站,改善圩区防洪除涝条件,进一步提高该地区的除涝减灾能力。

"十四五"期间疏浚民便河、小闫河2条骨干排涝河道,总长度8.87 km;拆建排涝泵站5座;拆建、加固沿线挡排涵闸15座;拆建小闫河地涵1座。工程投资19268万元。

中型病险水闸除险加固。全县共有中型水闸16座,通过省厅、淮委和水利部审查的大中型病险水闸共12座。截至目前,已全部实施完成。

"十四五"期间计划实施散卓闸、黄河西闸、中渭河闸、魏洼闸除险加固工程,工程投资7313万元。

洪泽湖周边及以上地区区域治理。根据《洪泽湖周边及以上地区区域治理规划》,实施区域河道整治工程,提高区域防洪除涝标准。

"十四五"期间实施新龙河、徐沙河、白马河、潼河、睢北河、老龙河等6条区域骨干河道,治理河道总长194.6 km,工程投资92283万元。

村镇无积水行动。"十四五"期间加强镇域积水内涝整治,重点实施各镇区、街道及农民集中区雨污管网排查,对管网、沟渠进行疏通,打通"断头管"。各镇(街道)编制《排水规划》和《内涝治理实施方案》,实施排水管网全覆盖工程。结合镇区、农民集中区建设及镇村污水处理厂建设进度需要,不断完善雨污水管网体系建设,按照"雨水入河、污水纳管"要求,分步实施"雨污分流"工程。

4.1.2 城市防洪排涝

防洪排涝工程建设。根据《睢宁县城市防洪规划(2016—2030)》,逐步完善城区防洪排涝体系建设,提高城区河道防洪排涝标准。

"十四五"期间实施徐沙河、西渭河、付楼大沟、八店中沟、云河、内城河、睢梁河、小睢河、小沿河等城市内河水系治理贯通、景观提升以及节制控制工程,实施徐沙河、老龙河、睢北河防洪提升工程。工程投资30000万元。

排水管网工程建设。继续推进城区排水设施建设,以排涝骨干河道为接口,进行管网布设,以重力自排为主,地势低洼区采用泵站强排。其他城镇区域结合排涝分区河道分布,按照分片治理原则建设雨水排水系统。

"十四五"期间实施城区地下管网普查、市政道路排水管网修复、道路积水点改造、截污管网改造、老旧小区排水管网改造、雨污分流改造等工程,并建立地下管网地理信息系统,搭建信息化管理平台,进一步提高管理水平。实施经济开发区永兴路、泰和路等排水管网改造,解决开发区积水问题。实施各镇区易涝易积水区域的排水系统提标改造,基本实现全县区范围无易涝区无积水点。工程投资 34800 万元。

4.1.3 城市供水工程

规划建设第二水厂及其配套设施。第二水厂位于睢邳路与下邳大道交叉处西北方向,官一村附近。第二水厂以庆安水库为水源,新建取水口及取水泵站,向睢宁县县域供水,供水规模 20 万 m^3/d。同时新建 2 根 DN1200 原水输水管线,长约 30 km。第二水厂建成后,西部片区由新建第二水厂供水,覆盖区域为古邳镇等 9 个乡镇及部分城区,更新改造供水范围内输配水管线 2500 km。对金城泵站进行改扩建,由原 0.7 万 m^3/d 扩建到 2.5 万 m^3/d。新建 2 座二次加压泵站,分别位于邱集镇与官山镇交界处和姚集镇与古邳镇交界处。第二水厂及其配套设施工程投资 110864 万元。

区域供水完善工程。实施老旧供水管网更新改造工程。提高供水效率,解决漏损率偏高问题。城市扩展区域供水管网铺设,形成供水联网闭环,确保城乡供水一体化安全运行。

4.1.4 工业供水工程

睢宁县经济开发区工业水厂原名"睢宁县桃岚化工园区工业水厂一期工程",该水厂一期工程从徐沙河朱庄桥下游 320 m 处河道左岸取用地表水,供应园区企业用水,取水规模 1.8 万 $m^3/$日。目前,一期工程已经完成,即将投入运行。

"十四五"期间实施二期工程,二期工程位于一期西侧,取水规模 6.2 万 $m^3/$日,工程投资 12000 万元。

4.2 水效领跑工程

坚持"以水定城、以水定地、以水定人、以水定产",实行最严格的水资源管理制度。积极配合省开展南水北调东线后续工程规划研究,完善区域调配水工程体系。积极创中华人民共和国成立家级县域节水型社会,落实节水优先方针,推动灌区续建配套与现代化改造,大力开展节水型载体建设,加快非常规水的利用,提高用水效率。

4.2.1 水源工程

积极配合省开展南水北调东线后续工程规划研究,根据《南水北调东线二期工程规划》,徐洪河输水规模由一期 120~100 m^3/s 增加 340~320 m^3/s,规划通过扩大徐洪河以满足输水需求。徐洪河扩挖及弃土区占压沿线灌排水系以及对沿线低洼地区排涝降渍产生影响。

4.2.2 节水工程

创中华人民共和国成立家级县域节水型社会。以创建国家级县域节水型社会为抓手,全面落实最严格水资源管理制度,推进水资源消耗总量和强度双控行动,严守水资源管控红线。严格实施取水许可和计划用水制度,落实建设项目节水"三同时"制度。不断深化水价机制和水资源有偿使用制度,不断完善水资源计量监控体系,统筹推进各类节水载体建设。加强供水管网漏损控制,大力推广节水生活器具,推进再生水等非常规水利用。

推进农业节水。优化调整农业种植结构,大力发展节水农业,全面推动大中型灌区续建配套与现代化改造工程。"十四五"期间,建设凌城大型灌区续建配套与现代化改造项目,工程投资 3.5 亿元,建设高集中型灌区续建配套与节水改造项目,工程投资 1.5 亿元。采用先进技术、先进工艺、先进设备打造灌区工程设施,用现代科技引领灌区建设,用现代管理制度、良性管理机制强化灌区管理,大幅提高灌区水资源利用效率和农业综合生产能力,为乡村振兴、农业现代化、生态建设提供水利支撑。

抓好工业节水。严格用水定额管理,加大对国家、省鼓励的工业节水先进工艺、技术和装备的推广力度,不断提高工业用水效率。纺织印染、食品发酵等高耗水行业达到先进定额标准。大力推广工业水循环利用,开展重点行业高耗水企业水平衡测试工作,推进节水型学校、节水型企业、节水型工业园区建设。到 2025 年,全县建成 10 家节水型企业。

加强城镇节水。实施老旧供水工程及管网更新改造工程,推动供水管网独立分区计量管理。限期淘汰公共建筑中不符合节水标准的用水器具,加快推广生活节水器具。推进学校、医院、宾馆、餐饮、洗浴等重点行业节水技术提升,全面开展节水型公共机构、居民小区建设。到 2025 年底,城乡公共供水管网漏损率控制在 8% 以内,公共建筑节水型器具普及率达 90%,"一户一表"改造力争全面完成。

非常规水源利用工程。实施再生水利用工程,建设创源污水处理厂、城东污水处理厂中水回用工程,用于城市道路防尘绿化,河道景观用水和农田灌溉等。实施雨水利用工程,开展"绿色海绵"节水工程,加快雨水收集利用设施建设,提高雨水资源利用率。

4.3 水系贯通工程

实施城区水系连通工程,整治引排水河道卡口段、沟通断头河、增强水体流动性。积极开展区域水系连通工程,构建"格局合理、功能完备,蓄泄兼筹、引排得当,多源互补、丰枯调剂,水流通畅、环境优美"的水网体系。实施镇村水系连通工程,实现"全域无积水"。结合南水北调二期工程,实施徐洪河、徐沙河航道升级工程,实现通江达海。

4.3.1 城区水系连通工程

解决城区水系连通性差、水动力不足的问题,让水动起来、活起来,形成"一城活水"。"应退则退、宜宽则宽",全面清淤疏浚,打通断头河,拓宽束水河道,构建引得进、蓄得住、用得好、排得出、可调控的水网体系,努力改善河道间水力联系。

"十四五"期间实施小睢河北延工程、小沿河延伸工程、云河补水排水工程、睢梁河东延工程,实施付楼大沟、八店中沟水系贯通及小睢河北段节制工程,工程投资11500万元。

4.3.2 区域水系连通工程

通过区域水系连通,沟通区域河湖水力联系,恢复河道供水、输水、防洪等基本功能,将区域水系打造成"安全的河、畅通的河",提高区域引排水条件。

"十四五"期间实施故黄河－睢北河连通工程、睢北河－徐沙河连通工程、徐沙河－白马河－新龙河连通工程、新龙河－潼河连通工程、徐沙河－白塘河连通工程,工程投资7490万元。

4.3.3 镇村水系连通工程

"十四五"期间重点实施全县394条镇级河道及2400余条村级河道畅通、扩挖及清淤工程,打通断头河沟,畅通水路,贯通全县水系,努力改善河道间水力联系,提升河道行洪排涝能力,增强防御水旱灾害的能力。实施2600余条农田沟渠扩挖、疏通工程,对沟渠内阻水梗坝、水花生、杂物等进行拆除和打捞,对淤积严重的沟渠进行疏浚。实施农田沟渠全覆盖工程,对田间易积水地段疏通内三沟,对部分实心田开挖内三沟,完善排水沟渠和排水泵站配套建设。

4.3.4 通江达海工程

结合南水北调二期工程,实施徐洪河、徐沙河航道升级工程,实现通江达海。加快黄埔港码头及配套设施建设,成立运营机构,完善市场化运营机制,争取早日投入运营。工程投资23000万元。

4.4 水美实现工程

深入贯彻党中央、国务院实施乡村振兴战略的决策部署,按照"水清岸绿,山川秀美,保护修复河湖生态"的生态水利建设目标,按照"五区协同"战略要求,着力推进"一环三横四纵"整治工程,打造城区特色生态水系。实施农村生态河道整治、村级黑臭水体治理、水土流失综合治理、水库移民后扶以及幸福河湖建设,改善农业生产与生活条件。

4.4.1 "一环三横四纵"整治工程

"十四五"期间着力推进"一环三横四纵"河道贯通、滨水公共服务设施及生态保护工程,不断改善城区人居环境,打造特色生态水系。

4.4.2 农村生态河道整治

开展县乡生态河道整治,着力构建"河畅、水清、岸绿、景美"的生态河道。同时,加强农村河道管护工作,建立健全管护制度,建立管护队伍,落实管护经费,确保河道长久发挥效益。

"十四五"期间建成农村生态河道123条,长670.2 km。其中县级河道10条,乡级河道113条。县乡生态河道长度比例达到40%以上,工程总投资14525.52万元。

4.4.3 村级黑臭水体治理

实施村级黑臭水体治理,实现沟渠水面无杂草、秸秆等垃圾漂浮物、无有害水生植物、无污水集中超标排放,水体清洁、无异味,重点沟塘要常年有水、水体清澈、水面清洁,平时无水沟塘要达到沟塘内无垃圾、岸坡整洁、无乱建、乱堆、乱耕、乱种。

"十四五"期间结合美丽宜居村庄创建、农村人居环境整治,实施村庄沟塘整治,并落实日常管护。

4.4.4 水土保持工程

建成与全县经济社会发展相适应的水土流失综合防治体系。建成布局合理、功能完备、体系完整的水土保持监测网络,实现水土保持监测自动化。建成完善的水土保持监管体系,全面落实生产建设项目"三同时"制度,实现水土保持管理规范化。

"十四五"期间水土保持总投资13020万元,水土流失综合治理规模达到11.32 km^2,水土流失重点预防规模达到113.50 km^2,全县新增1个生态清治流域,林草覆盖率达到27%以上,预计减少水土流失面积12.32 km^2。

4.4.5 水库移民后扶与水利帮扶

加大水库移民后期扶持力度,支持库区移民区水生态建设,集中成片加强移民安置区基础设施建设和改善人居环境,扶持移民产业发展,进一步提升后期扶持工作的质量和效益,提高生产生活水平。

"十四五"期间实施"美丽库区,幸福家园"建设、移民村产业项目扶持、移民村基础设施建设与完善,就业创业培训等,工程投资9407万元。

4.4.6 "幸福河湖"建设

以"建设造福人民的幸福河湖"为目标,到2025年,建成"河安湖晏、水清岸绿、鱼翔浅底、文昌人和"的幸福河湖、美丽河湖5条。

庆安水库按照水功能区水质达标率100%、入库河道水质达标率100%,水域岸线非法占用清除比例100%、水利工程设施完好率100%、河道及水利工程标准化管护率100%的"五个一百"标准建设。实施确权划界办证,安全隐患消除,水质水量保障,绿化生态提升,大数据管理,标准化管理体系建设等工程,争创省级水管单位及水利风景区。

打造黄河故道"岸绿景美"的绿色生态长廊。巩固"两违三乱"私搭乱建整治成果,规范沿线堤防承包户管护房标准。补种黄河两岸绿植,提高黄河故道沿线绿植覆盖率,打造"河畅水清"的水美生态长廊。按照不低于Ⅲ类水标准,控制黄河故道"带状水库"水质,加强水污染防治。严格执行"500 m禁养区"这道红线,控制"点源""面源"防治,对上游来水、入河口来水进行水质监测。加强黄河故道沿线水利工程维养、水毁工程修复,消除防汛安全隐患。

4.5 水质保障工程

按照"控源截污、内源治理、疏浚活水、生态修复、长效管理"的技术路线,实施水源地保护工程,城区污水处理提质增效工程,县镇村三级污水处理设施建设工程。按照生活污水"十个必接"要求,加快生活污水收集处理系统"提质增效"。

全域彻底消除水体黑臭现象,徐洪河、徐沙河等主要县级河道、水库水质达到或优于Ⅲ类,镇村级河道、沟渠、汪塘水质达到或优于Ⅳ类,满足相应功能区要求;城区提质增效达标区面积占建成区面积60%以上;镇级全面实现污水管网全覆盖,污水全收集、全处理;自然村生活污水治理全覆盖,农村生活污水治理农户覆盖率达到95%以上,污水处理设施排放达标率达到100%。

4.5.1 庆安水库水源地保护工程

实施庆安水库水源地一级、二级保护区涵养林及围网,完善环库巡查道路,对庆安水库引水河、送水河、进水河进行水生态保护,清除污染源2700 m^2,建设截污管网1.5 km。工程投资2000万元。

4.5.2 城区污水处理提质增效工程

城区雨污水管网全面排查,完善城区污水处理提质增效实施方案、城区排水规划、中心城区城市内涝治理系统化实施方案。

"十四五"期间实施老104国道以东、北外环以南、南外环以北、西渭河以西城区排水管网雨污分流改造工程,实施开发区永兴路、泰和路等排水管网改造,进一步提高城区排水管网密度,计划"十四五"末达到10 km/km² 以上。结合城区积水点改造、棚户区改造、老旧小区改造,实施小区、公建、街巷雨污分流改造、小散乱排污治理。工程投资31500万元。

4.5.3 城区污水处理厂扩建工程

"十四五"期间扩建城东污水处理厂2.0万t/天至4.0万t/天,扩建桃岚化工园区污水处理厂0.3万t/天至1.5万t/天,扩建开发区污水处理厂2.25万t/天至4.5万t/天。至2025年,睢宁县尾水总排放量14.0万t/天(创源污水厂4万t/天,城东污水厂4万t/天,开发区及桃岚污水厂6万t/天),其中,工业及园区回用1.5万t/天,农业灌溉10.0万t/天,剩余2.5万t/天导流至徐州市尾水导流通道,工程投资24741万元。

4.5.4 镇级污水处理设施建设工程

全面推进镇级污水处理厂改扩建工程,按照生活污水"十个必接"要求,实施城镇污水处理设施配套管网建设及雨污合流排水系统改造工程,实现应接必接,基本实现镇区污水全截流、全收集、全处理。

"十四五"期间新增、扩建镇级污水处理厂5座,新增污水处理能力1.25万吨/日,其中梁集镇新建0.3万吨/日,庆安镇新建0.05万吨/日,王集扩建0.2万吨/日,官山新建0.6万吨/日,姚集新建0.1万吨/日。岚山、桃园、官山镇地埋式污水处理厂改建工程,提高污水处理厂处理工艺耐冲击负荷能力,确保水质稳定达标,工程投资46000万元。

4.5.5 村级污水处理设施建设工程

继续推进农村生活污水专项治理,进一步加强污水处理设施建设,提升污水处理规模和效益,重点完善配套管网建设,提高污水收集处理率,规范运行管理,推进农村污水治理,并加强再生水利用。

"十四五"期间实施全县1821个涉农自然村生活污水收集处理工程,新建厂站800余座,铺设DN200-300主管网5070 km,DN50-160支管网2838 km,实现农村污水全收集、全处理,工程投资250000万元。

5. 保障措施

5.1 加强组织领导,履行政府职能

各级政府是水务发展的责任主体,要把水务作为"十四五"时期国民经济和

社会发展的重点领域,切实加强组织领导,把水务工作纳入政府任期工作目标,及时协调解决水务改革发展中的矛盾和问题,稳步推进规划实施。明确责任分工,强化目标考核制度,确保水务发展"十四五"规划的各项任务落到实处。

履行政府职能,规范行政许可。强化水务公共服务,规范涉水事务的社会管理,明晰水务事权划分,逐级落实管理责任,持续提升水务自身可持续发展能力和公共服务能力。

5.2 落实投入政策,稳定增长机制

积极争取中央和省级财政投资,加大县财政对水务投资力度。建立健全以公共财政投入为主、积极运用市场机制、多渠道筹措水务资金的投入稳定增长机制。发挥政府在水务建设中的主导作用,将水务作为公共财政投入的重点领域。

加强对水务建设的金融支持,引导和鼓励金融机构增加水务建设信贷资金,鼓励政府融资平台公司通过直接、间接融资方式,拓宽水务投融资渠道,积极稳妥推进经营性水务项目进行市场融资。

5.3 加强管理服务,优化营商环境

坚持"水利工程补短板、水利行业强监管"的总基调,进一步加强水资源管理,确保"三条红线"不突破。进一步加强河湖岸线管理,保证水域岸线资源有效保护和合理利用。加强水利工程建设管理,严格实行项目法人制、招投标制、合同制、监理制和竣工验收制。加强农村水利管理,建立农村水利设施管护体系,落实管护经费,实现农村水利设施管理全覆盖。加强城乡供水管理,实现供水安全保障体系全覆盖。加强城镇排水管理,保障排水设施的安全运行。强化基层水利管理,提升基层水利管理服务水平。全面落实"简政放权、放管结合、优化服务"措施,优化涉水营商环境。

5.4 强化行业监管,建立监管机制

建设制度健全、运行顺畅的水务行业监管服务体系,强化行业管理和公共服务。一是健全河湖管理体制机制。推动河湖长履职,强化部门联动,健全河湖长上下联动机制。二是加强工程建设管理与安全生产管理。优化整合工程建设管理资源,强化政府监督管理,发挥市场调节作用。加强安全生产管理,全面落实安全生产责任制,大力推进安全生产标准化建设。三是加强防汛抗旱应急能力建设。全面落实防汛责任制和汛期值班制度,健全完善各部门协调联动机制。四是深化乡镇水利站改革。建设机构健全、编制合理、人员配置到位、经费纳入财政预算、基础设施配套完善、技术装备齐全、制度健全、管理规范、运行高效的现代化乡镇水利站。五是提升智慧水务信息化建设。推动水务信息化与现代化深度融合,建立水务信息资源共享机制,建成较为完善的水务业务应用系统。六是推进水文化建设。建设高品位的水文化载体,完善水文化遗产保护利用体系,高度融合水务工程建设与水文化建设,讲好当代治水故事。

5.5 强化队伍建设,推进科技创新

主动适应水务现代化发展新要求,不断提升水务系统干部素质,持续优化水务行业人才结构,建立健全与高等院校、科研机构人才培养合作机制,着力培养高层次专业技术人才,加大干部选拔、交流和培训力度,进一步提高职工专业技术和政治理论水平,努力建设一支门类齐全、结构合理、专业水平高、综合素质好的水务干部人才队伍。

坚持科技兴水方针,健全完善水务科技创新体系,加强基础研究和关键技术研发,加大先进技术引进和推广应用力度,建设水务科技服务平台、试验研究基地和水务科技示范基地。加强产学研合作,积极组织科技工作者与科研院校、高新技术企业进行技术交流,推进科技成果转化,为水务科技推广创造一个高效有序的良好环境。

5.6 加大宣传力度,加强监督检查

加强水文化建设,积极开展水文化活动和水文化评比,把水务纳入公益性宣传范围,加大宣传力度,充分发挥电视、广播、报纸和网络等传播媒介的舆论监督和导向作用。加大水情和水务发展思路的社会宣传,提高全民水患意识、节水意识、水资源保护与防汛救灾意识,倡导节约资源、保护环境和绿色消费的生活方式,动员全社会力量关心支持水务改革发展,在全社会树立支持水务建设的责任感、紧迫感,提高水务改革发展知晓度、关注度,营造促进水务现代化建设的良好氛围。

附表:略
附图:略

后　记

新续《睢宁县水利志(1998—2020)》,从 2020 年 10 月开始编写,至今历时整一年成稿。志书分十六章,正文 42 万字,经多次修改几易其稿,编纂终告完成。

新续《睢宁县水利志(1998—2020)》,系现任县水务局局长王甫报亲自领导、亲手操办。他学水利,干水利,热爱水利事业。在水利建设任务繁忙、汛情十分紧张的情况下,仍带领局领导班子成员挤出时间,在百忙中完成一项史志编写工作,实属不易。在续志编写过程中,他多次交代以附录形式,对 2000 版县水利志进行补充、完善和勘误。并将原志再版和新志一起出版发行。原版和新版合在一起,纵看睢宁古今水系变迁,横看逐年重大水事活动。知古鉴今,观今鉴古,此举是激励今人、启迪后人重大举措,必将对今后睢宁水务事业的发展增添正能量。

新续志主编是年已八旬的王保乾,他全程带病编写。2000 版县水利志也是其为主编。他终生在县水利局工作,对水事情况十分熟悉。年近古稀的武献云也是终生在县水利局工作,这次新续志全面校审文字,保证了文字质量。已经退职的周立云,帮助校对文字,并收集编排照片。现在在职的局领导班子成员徐俊伟、赵亚德等,带领局科室几十名业务骨干,收集了大量的编写资料。更有张健、王万里、李迎等为搜集素材做了大量的具体工作。这次新续《睢宁县水利志(1998—2020)》,是在职人员和退休人员新老交替通力协作、共同努力完成的,凝聚了两代人的集体智慧。

本志书封面请睢宁县文化局原副局长单一华设计,对此表示感谢。

水利人干水利技术业务是强项,编纂文字是弱项,尽管主观做了努力,但在编写中难免出现不足之处,敬请各界读者阅后赐教指正。

编　者

2021 年 10 月 1 日